講座　これからの食料・農業市場学

3

食料・農産物の市場と流通

木立真直・坂爪浩史　編

筑波書房

日本農業市場学会『講座　これからの食料・農業市場学』の刊行に当たって

日本農業市場学会では、2000年から2004年にかけて『講座　今日の食料・農業市場』全５巻（以下では前講座）を刊行した。前講座は、1992年に設立された学会の10周年を機に、学会の総力を挙げて刊行したものであった。前講座は、国際的にはグローバリゼーションの進展とWTOの発足、国内においては「食料・農業・農村基本法」制定までの時期、すなわち1990年代までの食料・農業市場を主として対象としたものであった。

前講座の刊行から約20年が経過し、同時に21世紀を迎えて20年余になる今日、わが国の食料・農業をめぐる国際的環境と国内的環境はさらに大きく変化し、そのもとで食料・農業市場も大きく変容してきた。

そこで、本年が学会設立30周年の節目に当たることから、『前講座』刊行後の約20年間の食料・農業市場の変化と現状、今後の展望に関して、学会としての研究成果を再び世に問うために本講座の刊行を企画した。その際に、食料・農業市場をめぐる対象領域の多面性を考慮し、以下の５巻から構成することにした。

第１巻『世界農業市場の変動と転換』（編者：松原豊彦、冬木勝仁）
第２巻『農政の展開と食料・農業市場』（編者：横山英信、小野雅之）
第３巻『食料・農産物の市場と流通』（編者：木立真直、坂爪浩史）
第４巻『食生活と食品産業』（編者：福田晋、藤田武弘）
第５巻『環境変化に対応する農業市場と展望』（編者：野見山敏雄、安藤光義）

各巻・各章においては、それぞれのテーマをめぐる近年の研究動向を踏まえつつ、前講座が対象とした時期以降、とりわけ2010年代を中心とした世界とわが国の食料・農業市場の変容を、それに影響を及ぼす諸要因、例えば世界の農産物貿易構造、わが国経済の動向と国民生活・食料消費構造、食料・農業政策の展開、農産物・食品流通の変容、農業構造の変動などとの関連で俯瞰的かつ理論的・実証的に描き出すことによって、日本農業市場学会としての研究の到達点を示すことを意図した。

本講座の刊行に当たって、学術書をめぐる出版情勢が厳しいなかで、刊行を快く引き受けていただき、煩雑な編集作業に携わっていただいた筑波書房の鶴見治彦社長に感謝したい。

2022年４月

『講座　これからの食料・農業市場学』常任刊行委員

小野雅之、木立真直、坂爪浩史、杉村泰彦

目　次

序章

農産物・食料流通の現代的変容の基調とその諸局面

1．考察の対象と用語の確認

５巻本の第３巻である本書は、農業市場研究の中心的領域である農産物・食料流通の現代的変容について2010年以降を主な対象とし現状分析を行う。13を数える各章では、産地から小売・外食にいたる流通段階別に、あるいは青果物や米、食肉などの品目別に、最新の動向が考察されている。

本書での基本的用語について簡単に述べておきたい。ここでの農産物とは、米や青果物などの耕種部門の生産物はもとより、畜産物、水産物など広義の農林水産物を含んでいる。一方、食料とは、狭義では穀類、生鮮食料品を指すものの、より広く加工食品、中食食品、さらには外食をも含めた消費者が摂取する食全体を意味する[1)]。なお食品という用語は、広義の農産物および食料について、それらが流通を介して取引される商品である点を明示するものである。本巻では、各章が各分野の専門家による論稿である点を踏まえ、用語法に揺らぎがあるものの、あえて統一はしていない。肝心な点は、流通を介して農から食へのモード転換が生じるということにある。

本章では、第１に、農産物・食料流通分野の研究の潮流と分析視角を概観する。第２に、一般流通とは異なる農産物・食料流通の独自性を整理し[2)]、その上で第３に農産物・食料流通の諸局面と今日的論点を総論的に整理する。

その際、個々の章が各々いかなる位置を占めるのかについて、言及されていない論点や私見を含めて述べたい。

2．農産物・食料流通研究の潮流とその基本視角

周知の通り、戦後日本における農産物・食料の流通研究の源流は協同組合経営研究所と北海道大学農業市場論講座にある。これらの研究組織で共有された問題意識は、当時、自給的性格を色濃く残す日本農業が急速に資本主義経済に組み込まれていく過程で激化する農産物の市場問題を理論的・実証的に解明し、これを農産物市場論として体系化することにあった。1974年に設立された農産物市場研究会では、市場形成論、商業資本論、農協共販論という３つの領域を柱に研究が蓄積されていった。1992年に日本農業市場学会に改組され、対象とする市場領域は農産物市場のみならず、土地市場や資材市場、労働力市場、金融市場にまで拡張された。とはいえ、農業市場研究の基軸が農産物の市場・流通にあることに変わりはない。

市場とは、抽象的には需要と供給の会合する場であり、具体的には商品を交換、取引する場である。市場の歴史的な展開を捉える研究は市場形成論である。また、ある時点での市場における売り手と買い手のパワー関係に光を当てるのは市場関係論ないし市場構造論である。一方、流通とは、商品が生産者から消費者に移転する取引の連鎖を意味する。流通研究では、商流のみならず、物流、情報流、資金流が取り上げられ、商業者とともに物流業者など広義の流通業者の存立の態様とその機能が考察される。とくに農産物の産地流通において重要な位置を占める協同組合は不可欠の研究対象である。

農業市場研究と類似の領域を扱う新たな研究潮流はフードシステム研究である。1980年代後半にフードチェーン研究会が活動を開始し、これを継承するかたちで1994年に日本フードシステム研究会が結成された。設立の背景と目的はこう述べられている。食料問題研究を、農業から小売や外食、さらには消費を含むシステム全体として捉え、総合的・学際的に解明する必要性が

益々、高まっていると。1997年に日本フードシステム学会に改組され、学際研究と産官学連携を掲げ、産業組織論、主体間関係論、マーケティング論、栄養学、社会学などの様々な分析手法を用いて、食の安全・安心や食育など主に川下のテーマの解明に力が注がれていくこととなる。

両学会のこうした設立経緯からは、農業・産地起点の農業市場研究、食・消費者・川下起点のフードシステム研究と特徴づけることができる。とはいえ、現代の農産物・食料の生産、流通、消費の相互規定性は益々、強まっている。双方の研究アプローチにおいて垂直統合、サプライチェーン、バリューチェーンなどの鍵概念が散見されるのはその証左である。２つの研究アプローチは対立的というよりも、むしろ相互補完的なものとして捉えられる。

20世紀の現代市場・流通は、供給過剰化と過少消費を基礎に買手市場的性格を帯びることで、消費の側からの生産に対する直接的規定性が強まってきた。もちろん、生産あっての消費という本源的規定性が否定されるわけではない。今日的課題は古典的生産力主義への回帰ではなく、自然の収奪の反省に立ったその超克にある（ムーア 2015）。21世紀に入り、人々のウエルビーイング、資源の有限性と環境保全、生物との共存、倫理品質への関心が広がりをみせるからである。農産物・食料流通研究には、自然、社会、正義の価値を視座に入れた研究視角と方法の再構築が求められている。

３．現代流通の基調的変容と新たな展開

（1）商業排除の進行とその限界―日本的流通特性の存続―

農産物・食料流通という特殊領域の独自性とは何か。この点について、日本農業市場学会との親和性の強い日本流通学会における中心的研究アプローチである商業・流通経済論が提示した20世紀から最近にいたる一般流通変容の理解を手掛かりに考えてみたい[3)]。

現代流通を解明しうる商業経済論の体系化を目指した研究の橋頭保は森下（1960）であった。それによれば、商品知識や商いの技術を整理する技術論

的側面の強い旧来の商業論では、商品流通の重要な契機である価格決定のあり方を客観的に解明することはできない。経済学の根幹をなす価値論に立脚することによってはじめて、価格形成を要とする商品流通の科学的解明が可能になるとした。

森下氏が抽出した現代流通変容の特徴的傾向の一つは商業排除の進展である。生産と販売の分業により商品取引を専門的に担当する商業資本は産業資本の独占化を契機にその存立を否定されていく。森下理論の大きな貢献は、自由競争段階の合理的な商業収縮との異質性、すなわち独占的製造業者のパワーの高まりを契機に生じる現代流通に固有の商業排除が抱える問題性を明示した点にあった。売買の社会的集中を通して流通の時間と費用を縮減する積極的機能を果たす商業資本の排除は必然的に流通費用の増加を招く。それゆえ商業排除に必須な前提条件とは独占価格の設定にあり、その論理的帰結は公正な価格形成条件の喪失にあったのである。

巨大製造業者の市場支配による商業排除と流通再編という理解は、美土路(1959)が提起した独占資本の力により農産物・食料市場の態様が「あらしめられる」という「市場編制」論と呼応するものであった。

ただし、独占段階においても商業排除は全面的に進行するのではなく、商業資本介在の合理性から流通系列化がむしろ一般的となる。たとえ部分的であれ商業資本の自律性が認められるかぎり、寡占化した市場構造下においても商品流通は全体として市場メカニズムの作用を受け続けることとなる。

こうして現代流通の変容は、単一ではない２つの異質な市場編成原理の影響を受けることで複雑性と多様性をもって展開する。現在なお、日本的流通システムにおけるメーカー・卸・小売という多段階性は基調をなし、食品とりわけ農産物・生鮮食品の流通はその特徴を色濃く有している。

(2) 独占的商業資本の成立

現代流通変容のいま一つ特徴的傾向は商業資本の独占化である。その端緒は、商業資本が同一部門内において高い商品回転率の実現を通して取得した超過利潤の固定化を目指し追加投資を進めることにある。販促・営業の強力な展開、さらには店舗や物流施設、情報システムなどへの巨額の投資を通して、水平的競争における優位性の確立と参入障壁の構築が目指される。これが垂直的取引関係におけるパワーの源泉となり、水平・垂直競争の両面で独占的地位を強化・確立していく条件が構造的に形成されることになる。

従来、商業の大規模化は卸売部門で進展する一方、最終消費の零細性、分散性、個別性に直面する小売部門では微弱であった。しかしながら、20世紀初頭にアメリカで発展していったスーパーチェーン業態は、低価格訴求のマーケティング、商品調達の集中化や垂直統合を進めながら、多店舗化による巨大化を実現していった。直近のFortune500（2021）では世界の全企業の中でウォルマート・ストアーズが売上高首位の座を占め、日系小売業者ではイオンとセブン・アンド・アイが20位以内にランクされている。

（3）現代流通変容の新たな特徴とその論点

20世紀における独占化に伴う流通変容の基調は、市場からヒエラルキーへの調整原理の移行にあった。これに対し、阿部（2003）らによって、新たに第３の調整原理として提起されたのはネットワークである（木立 2013b、2015)。実態面からみると、1980年代以降、情報化を基礎に生産と流通の垣根を超えたサプライチェーン統合が進展していった。巨大小売チェーンの市場行動としてバイイング・パワーの発揮に加え、PB商品開発の深化や製造小売業態化が生じていった（木立 2017)。果たして、小売主導型サプライチェーンにおける組織間関係は対立的ヒエラルキーなのか、協調的ネットワークなのかは重要な争点となっている。

21世紀に入るとインターネット基盤のECが急成長をみせる。無店舗小売の躍進のみならず、店舗小売によるECを包摂したオムニ化、OMO化の動きが加速化している。これをめぐる論点として、第１にECによる取引の高速化は不可避的に物流サービス水準の高度化を要請し、結果的に物流部門そして地球環境への負荷を高める一種の外部不経済の影響である。食品では品質保持のために温度管理の環境負荷も大きい。第２に、供給サイドへのインパクトでは、プラットフォーマーによるマーケットプレイスは中小零細事業者の販路開拓を支援するネットワーク型流通なのか、あるいは寡占的支配を強化するヒエラルキー型流通なのか。第３は消費者への影響である。AIとビッグデータを活用したDXとマーケティングの融合は需給予測の精緻化やレコメンデーションなどを通して消費者に利便性を提供する一方で、需要の操作性を格段に高め、消費者の主体性を奪う懸念がある（木立 2020）。

21世紀の消費は、所得の伸び悩みにより低価格ニーズが高まると同時に、高付加価値・サービスや倫理品質を求めるニーズも広がりをみせる。多様化する消費者ニーズに対応していく上で、従来型の市場と独占という二項対立的システムに対し、協働的で柔軟性を備えるネットワーク型流通が果たしうる役割への期待は大きい[4)]。以下、農産物・食料流通の独自性とその諸局面について具体的に考察しよう。

4．農産物・食料流通変容の諸局面と各論的論点

（1）農業生産の特性と産地流通の多様な展開

農産物流通の際立った特徴点の一つは、零細分散的な生産と消費を合理的に接合するために、収集、中継、分散の各段階に流通主体が介在するという、日本的流通の中でも際立った多段階性である。通常、生産の大規模化・少数化に伴い、収集段階の流通主体はその存在基盤を失っていくことになる。しかし、青果物や水産物の収集段階では、現在も協同組合や産地商人などの流通主体が広範に存立している（第１章、第２章、第３章）。

収集段階に流通主体が介在する要因は次のように整理できる。第１に農業生産の担い手が小規模家族経営であるため、産地段階での大量化が欠かせない。第２に、土地を生産手段とする多くの農業生産は地力や気候・天候などの自然力に決定的に依存し、時々の生産量と品質がそれらの要因に大きく左右される。そのため、産地段階での規格・選別、調整などの品質標準化はマ

ーケティング上、必須であり、また米や果実など収穫期が限られる品目では貯蔵保管が不可欠となる。第３に、生産過程の長期性や非分割性、そして最終商品との非連続性がある。例えば、牛の生体と小売段階での精肉との需給ギャップは、特定部位のみの生産はありえず、流通段階の加工とパーツかセットかなどの販売戦略によって調整されなければならない（第６章）。

近年、小規模家族経営が激減し、農業法人経営体が増加傾向を示す。2010年時点の推計では総販売額の約３割を法人経営が占めるにいたった。さらに、AIやロボット技術を活用したスマート農業が徐々に社会実装段階に入りつつある。現時点で植物工場野菜は露地物に対し高価格であるが、非農業部門から参入した企業的経営は安全性、定質・定価、供給数量の確定性などの利点を訴求し、スーパーや外食への直納、消費者へのネット直販などのマーケティング戦略を展開しつつある。

こうした生産段階での変化に対し、農協や産地商人などの既存の産地流通組織も新たな取組をみせる。営農指導の強化をはじめ地域内の生産者との連携を強める産地システムの構築に向けた取組である（第１章）。販売戦略の多様化に向けた動きがみられる中、産地販売機構として地位を高めているのは産地直売所である。そもそも農業のスマート化が農業生産の自然的特性を完全に解消するわけではない。産地直売所は、小規模経営や高齢農家などに対し有利な販売機会を提供しながら､域内での生産と消費をつなぐローカル・フードシステムとして積極的な機能を担っている（第９章）。

青果物に代表される動向に対して、畜産物流通の様相は大きく異なる。とくに工業的畜産といえる鶏肉生産は巨大養鶏が成立し、これを起点に処理、卸売、業務用仕向、小売に至る統合的なサプライチェーンが契約型から所有型など多様な形態で成立している（第７章）。今日的課題の一つとして、EUを中心に国際的に進展するアニマルウエルフェアに配慮した倫理品質要求が高まる中、日本の畜産業はこれにどう対応していくのかが問われている。

（2）農産物・食料中間流通業者の最近の動向と再編

中継・分散段階に介在する中間業者の代表的存在である卸売市場の変容を捉えたかつての有力な見解は手数料商人化論であった。これは卸売市場における無条件委託・セリ販売により手数料を取得する卸売業者の売買形態に着目したものであった。だが、この理解は卸売業者の売買操作の実態と取得する利潤率水準の分析を欠くものであった[5)]。この対極的な見解は大手卸売業者による独占力行使を重視する集散市場体系論であった。この説も大手卸に対して商業独占論を無媒介に適用する点で同様の難点があった。

近年、人口減少と需要の低迷、輸入の増加、市場外流通の拡大により市場間競争は激化の一途を辿り、2000年以降には中央市場から地方市場への転換や市場の集約化が生じている。とりわけ遠隔地市場では、集荷面で深刻な物流問題を抱え危機に瀕している実態がある（第12章）。デフレ経済の長期化を基礎とする小売・外食からの低価格仕入ニーズ、大型共販の成立による市場の選別と希望価格要求の強まり、さらに卸売市場法改正による取引規制の大幅緩和という状況下で、市場業者は売上の維持と利益確保を図るための事業モデルの転換を迫られている。卸売市場の公共性の観点からは、行政と市場業者が連携した卸売市場のあるべき制度設計の検討が欠かせない。

最近、加工食品と生鮮食品、生鮮内のカテゴリーを越えた食品卸の部門統合に向けた動きがみられる。卸売業者の戦略的意図は、取扱規模の拡大と川下からのフルライン供給ニーズへの対応にある。しかし、保存性が高くマーケットイン型の加工食品と消費期限が短くプロダクトアウト型の生鮮食品、さらには生鮮食品であっても水産と青果など商品別にそれぞれの供給特性と取扱技術は大きく異なる。取扱規模の拡大を目指す部門統合は、果たして十分なシナジーと有効性を発揮するのであろうか。専門卸の存立基盤の変容と使用価値視点に立った現状分析が求められている。これと関連して、流通規制の撤廃と流通複線化が進展する米流通における農協や米卸売業者の役割がどう変化しつつあるのかの解明は重要な研究課題といえる（第４章）。

（3）小売段階における食品取扱の拡大と競合の激化

日本においても1970年代から現在に至るまで食品小売市場においてスーパーチェーンが伝統的専門店に代わるかたちで、その地位をほぼ一貫して高めてきた[6)]。スーパーは、セルフ化とチェーン化により多店舗化を進め、調達面では本部・センターでの集中仕入や流通加工、さらに情報技術の活用により販売、供給、調達を効率化しながら、大規模化を実現してきた。

スーパーの農産物調達は、品揃えと数量確保、物流などの利点から卸売業者への依存が基本である。他方で、産地指定、PB化、さらに生産への直接進出など差別化のための独自調達への取組をみせる。青果物では消費者の簡便化志向に対応するカット加工や直売コーナーの展開に伴い、バイヤーの拡充を含む調達体制の強化が図られている実態がある（第５章）。

とはいえ、伝統的専門小売店ないし対面販売方式が全面的に消滅したわけではない。食肉専門小売店の中には、生産段階を垂直統合し、余剰部位を活用する加工部門を展開したり、ネット販売を含む多様なチャネル開拓を行い、全体として生産を消費に合理的に接合する機能を進化させる事業者が存在する。また、本来、セルフ販売が業態特性であるスーパーにおいても食肉部門では対面販売を自社ないしテナント方式で導入するケースがみられる。これは、低価格訴求のセルフと品質訴求の対面による売場ミックスを通して、多様な消費者ニーズへの適合化を目指す戦略ということができる（第６章）。

近年、かつては食品ないし生鮮食品を取り扱っていなかった小売業態でその品揃えを強化する動きが加速している。食品を取り扱うドラッグストアがすでに一般的な中、生鮮食品の品揃えを拡充しつつあり、中食食品を柱としてきたコンビニエンスストアでも生鮮強化への動きがある。しかし、例えば、コンビニエンスストアの標準化された商品を小ロットかつ欠品ゼロで定時に各店舗に納品する供給の仕組みに生鮮食品を取り込むことは容易ではない。その際、内部化ではなく、生鮮コーナーの管理委託方式を含め中間流通主体の機能に依存することが一般的とみてよい。

近年、スーパー、生協、外食業者の農産物仕入において、品質保証の仕組みである第三者による認証制度の活用が進んでいる。とくに情報格差が著しい国際調達での品質保証の仕組みとして有効である。しかし他方、国内流通では、生産者にとって認証のための手間と費用の負担が重いとの指摘がある。認証の負担と得られる利益に関する検証が課題となっている（第13章）。

（4）生鮮食品ECの広がりとその存立条件

最近の食品小売革新としてもっとも注目すべきはECの拡大である。とくにコロナ禍の下、加工食品のみならず生鮮食品でもネット販売が大きく伸長した。まずは、短リードタイム・高サービス水準での供給を実現する生鮮ECにおいて、調達、在庫形成、配送をどう管理しているのか、そこでの中間業者が果たす役割の実態解明が課題となる（第11章）。

そこでの論点として、第１に、生産者や協同組合、産地商人、地域の食品事業者にとって一般的なプラットフォーマーのEC活用が自律的な分散型流通システムの構築につながるのかどうかがある。第２に、生鮮食品ECによる物流への影響である。腐敗性・非標準性などの商品特性、温度管理の必要性、低い商品単価に対する重い配送費負担、加えて物流危機や環境配慮という社会的責任への対応も考慮されなければならない（第12章）。

日本での食品宅配事業の先駆者は生協である。生協の宅配事業方式は、ネット宅配専業事業者の短時間配送と異なり、１週間前注文の週１回配達という低サービス水準の供給方式を採用している。これは消費者との信頼関係を基礎に受容されていると考えられる。今後の存立条件について、過剰サービスや生活様式の見直し、農業との連携という生協の運動的側面をも踏まえて検討することが求められている（第８章）。

（5）外食・中食市場の動向と食材調達をめぐる論点

近年、外食市場の成長には陰りがみられるものの、中食を加えた食の外部化は着実に進展し定着している。これに伴い、生産者にとっての最終仕向先は小売業者から外食業者や中食業者へと比重がシフトしてきた。野菜など、すでに業務用仕向けが家庭内仕向けを上回る品目は少なくない。

外食・中食事業者は1980年代以降、チェーン化による規模拡大を進めてきた。食材調達では本部一括集中方式により、大量の規格品の食材がセントラルキッチン・工場に供給される。小売業と異なりメニュー価格が固定的である外食業では、一定の価格での調達ニーズが強い。川上の供給主体は、業務用需要に対応するために、調理・加工に適合的な規格の食材を大量かつ定価定時で納品する機能が求められる。さらに、食市場の成熟化に伴い業種・業態を超えた食需要をめぐる競争が激化する中、価格競争に加え提供する食の差別化が求められ、そのための差別化された食材調達が課題となっている。また、国際的調達リスクの高まりもあり、調達先の多元化と国内農業との連携関係の構築も重要な課題として浮上している（第２章、第３章）。

外食・中食業部門では企業規模の拡大が着実に進行する一方で、中小零細事業者が全国各地に多数、存続している。それらの事業者は地域食材を利用した食の差別化を追求し、地域食材の販路確保と、地域の多様で豊かな食生活の継承に貢献している。例えば、学校給食では、地域の食材を利用しつつ、地域での食育活動につなげる取組が進められている。家庭外の公的サービスの性格をもつ食提供として、食材費の制約下でいかにして地域食材の利活用の持続性を確保できるのかが問われている（第10章）。

5．農産物・食料の市場と流通をめぐる主要課題

万人の生命と健康の維持にとって必須のインクルーシブな財である食料は、すべての人々に確実に、それも日々、供給されなければならない。食料の流通が市場システムに加え、ネットワーク型の共助、公的介入という非市場的システムを必要とするゆえんである。社会インフラ、ソーシャル・キャピタル、コモンズなどはネットワーク型流通に呼応する器として、それらの重要性が高まっている。21世紀の流通システムは、これらの器・要素からなる重

層的システムとして展望されるであろう。

2010年以降の経済と社会の特徴的変化は以下のように整理できる。第１に、2008年に勃発した世界金融危機を契機に、多くの先進国経済がマイナス成長に陥り、とくに日本経済は賃金の低迷と所得格差の拡大が続いている。第２に、食料消費における高付加価値化や物流を含む付加サービスへのニーズ、労働者福祉、地球環境、倫理品質への関心の高まりである。2015年に国連サミットで採択されたSDGsの考え方は、日本でもZ世代、ミレニアム世代を中心に広がり、食、地域、環境に関する消費者意識は着実に変化している。第３に、2011年の東日本大震災と原発事故、2020年からのコロナ禍の世界的拡大である。非常事態の多発が消費者の行動と企業の戦略に様々なインパクトを与え、とくに食料の流通ではエッセンシャルな財としての要素を踏まえた実践の展開が広がりをみせる。

こうした状況を踏まえて今後、検討すべき課題は以下の通りである。まず、安価な食料の時代の終焉という事態を踏まえ、賃金低迷と格差の拡大による消費者の低迷する購買力と農業生産者や食関連事業者の経営存続の両面を考慮した、適正な価格体系とは何かについての理論的な整理である。次に、これを具体化するものとして、コスト、環境負荷、倫理品質の要求に応える効率性と有効性を備えたサプライチェーンのモデル提示である。最後に、買い物弱者対策、コロナ禍でその社会的必要性が高まるフードバンクやこども食堂など非市場的仕組み、そして公的支援整備の成立条件の解明と政策提案が求められている。農から食への転換を担う農産物・食料流通の仕組みは、単なる商品の売買を超えた地域経済・社会の存続や活力、正義にかかわるネットワークとして展望されなければならない。

注

1）消費者の食に供せられない、い草などの農産物はここでの対象外となる。
2）本稿の２、３は、木立（2013a）と木立（2013b）を大幅に加筆・修正したものである。
3）2006年流通経済研究会研究総会の共通テーマ「森下理論と流通研究」の下で

の第１報告・阿部真也氏「森下理論の歴史的評価と残された課題」、第２報告・加藤義忠氏「森下理論の継承と発展」、第３報告・薄井和夫氏「森下理論とマーケティング研究」の報告と議論に依拠している。なお、本稿では商業資本と産業資本という用語を現代的な用語に置き換えて叙述している。

4）市場型の競争的システムでは、一般的な意味での公正な価格形成や取引の効率化の成果が期待される。ヒエラルキー型の独占的クローズドなシステムでは、高価格実現や仕入価格の引下げ、マーケット・シェアの拡大などの個別的目標の実現が追求される。これに対し、ネットワーク型の提携的システムでは目標の共有を前提に、効率性だけではない多面的な成果指標の追求が可能になる。阿部（2003）、阿部（2006）、木立（2015）を参照。

5）手数料商人化の傾向を商業者が取得する利潤率の低下とするのか、単なる利潤率取得形態の変化とみるのかでその理解は大きく異なる。三国（1971）、木立（1985）を参照。

6）玉（1995, p.252）は、川村琢氏の見解の再検討を商業独占としてのスーパーの躍進、そしてスーパー独自ブランド商品の展開といった大手スーパーの市場行動に着目した。小売主導型流通に関する理論的かつ実証的な研究業績としては、木立（2009）、木立（2011）、木立（2017）がある。川上との関連に注目した論稿として齊藤（2011）がある。

引用・参考文献

阿部真也（2003）「流通研究はどこまで進んだか」阿部他編『流通経済から見る現代』ミネルヴァ書房.

阿部真也（2006）『いま流通消費都市の時代」中央経済社.

加藤司（2006）『日本的流通システムの動態』千倉書房.

木立真直（1985）『農産物市場と商業資本』九州大学出版会.

木立真直（2013a）「農産物・食品流通研究の方法と現代的課題」美土路知之・玉真之介・泉谷眞実編著『食料・農業市場研究の到達点と展望』筑波書房.

木立真直（2013b）「ネットワークとしての流通と関係性の拡張―流通マイオピアからの脱却に向けて―」木立真直・齋藤雅通『製配販をめぐる対抗と協調―サプライチェーン統合の現段階―』白桃書房

木立真直（2015）「流通研究パラダイムの共有は可能か」日本流通学会『流通』No.36、芽ばえ社.

木立真直（2017）「小売サプライチェーン論」木立真直・佐久間英俊・吉村純一編著『流通経済の動態と理論展開』同文館.

木立真直（2020）「デジタル技術による流通変容をどう捉えるか」『流通』46巻.

齊藤修（2011）「小売主導型流通システムと産地の販売戦略」『フードシステム研究』第18巻第１号.

斎藤修・櫻井清一（1993）「フードシステムにおける関係性マーケティングの課題」『青果物流通システム論のニューウェーブ』農林統計協会.
玉真之介（1995）『日本小農論の系譜』農山漁村文化協会.
美土路達雄（1959）「農産物市場と農協」『戦後の農産物市場（下）』全国農業協同組合中央会.
森下二次也（1977）『現代商業経済論—商業資本の基礎理論—』有斐閣.
三国英実（1971）「農産物市場における手数料商人化に関する一考察」『農業経済研究』34（1）.
ジェイソン・W・ムーア／山下範久監訳（2021）『生命の網のなかの資本主義』東洋経済新報社（Jason W. Moore, Capitalism in the Web of Life, Verso, 2015）

（木立真直）

第1章

産地内外の構造変化と産地システムの変貌

1．経済成長の下での産地システムの形成

わが国における地域農業の発展では、産地形成が主要な形態の一つとなってきた。産地形成とは、自然条件による適地性を超えて形成された市場競争力に基づく生産の地理的集積（徳田 1997）と、販売面での市場競争力を支える農協共販を典型とする農業者主体の出荷組織の形成（若林 1960）である。産地形成は、園芸作部門で顕著にみられ、高度経済成長期以降、野菜、果実などの消費拡大、卸売市場体系の発展に対応して、全国的に進んだ。

農産物の生産立地は、気象などの自然的適性や市場条件などの社会経済的適性に、まず規定される。生産の集積により、生産技術の開発・改良と普及体制の拡充や生産資材供給体制の整備などにより、自然的優位性を超えた生産力の優位性が実現される。質、量両面での生産の発展は、市場での生産物の浸透、知名度の向上につながり、地域ブランドが形成される。地域に形成された生産の優位性を農業者の所得向上につなげるには、高い市場競争力を実現する販売体制の構築が必要であり、農業者が市場取引での立場の向上を目指して販売の共同化、出荷組織が形成される。このように産地では、生産から販売を通じて市場競争力を支えるシステムが形成される。このシステムを本章では産地システムと呼ぶ。

産地システムの中でも中核となってきたのが販売機能を担う出荷組織である。出荷組織の中でも農協共販が高度経済成長期に発展し、産地システムの主要な担い手となった。農協合併の進展もあり、共販の規模が大型化するとともに、集出荷施設の拡充、機械共選の導入、出荷規格、パッケージングなどの産地マーケティングの展開など、共販システムが質量ともに発展した。1970年代から80年代にかけて農協共販は一つの到達点に達し、全国的な卸売市場の整備と合わせて、農協共販、卸売市場流通が、園芸品目の中核的な流通チャネルとなった。

農協共販と卸売市場を中核的な流通チャネルとする産地システムは、1990年代頃から、卸売市場経由率の低下に端的に示されるように、揺らぎがみえてきた。従来の産地システムは、均質的な農業者を前提として、画一的なシステムが取り入れられていたが、農業者の階層分化により、画一的なシステムでは産地内の広範な農業者を結集することが難しくなり、上からと下からと共販体制から離脱する農業者が現れてきた。産地外では、小売段階での量販店の比重が高まり、影響力が強まるとともに、卸売市場を介さない取引や、卸売市場を介していたとしても固定的取引が増えてきた。

産地を出荷組織という側面でみると揺らいできたが、生産の地理的集積という側面でみると、揺らぎはみられない。**表1-1**に主要な野菜、果実について生産上位３都道府県のシェアの変化を示した。いずれの品目でも都道府県に若干の入れ替わりはあるが、生産シェアは1990年以降一貫して拡大している。この間、全国の生産は縮小しており、上位都道府県の中でも生産を縮小

表1-1　主な園芸品目の生産量上位３都道府県のシェア

（%）

	1990年	2000年	2010年	2019年
だいこん	23.6	27.8	30.2	36.9
キャベツ	34.2	37.1	45.0	45.7
トマト	22.2	23.0	27.3	32.3
温州みかん	39.0	41.7	47.6	49.3
りんご	79.0	81.4	82.2	83.5
ぶどう	46.0	47.1	48.0	49.2

資料：農林水産省「野菜生産出荷統計」、「果実生産出荷統計」

されているところが多く、相対的なシェア拡大ではあるが、生産の地理的集積は堅持されている。

生産の地理的集積は、出荷組織などによって築かれた産地システムに実現された市場競争の優位性に基づくものである。産地システムの揺らぎが現れてきた中でも、主要な産地では優位性を支える産地システムは維持されているとみられる。実際、市場シェアの高い産地では、強固な農協共販体制が維持されている産地が少なくない。しかし、強固な産地システムを維持している産地でも、農協共販と卸売市場を中核的な流通チャネルとした産地システムをそのまま維持するだけでは、市場での優位性は維持できない。産地内外の構造変化に適応した産地システムの変貌が進んでいる。すなわち、従来型の産地システムの揺らぎは、産地の衰退を意味するとは限らず、産地内外の構造変化に適応した産地システムの変貌を促しているとみるべきであろう。

本章では、園芸産地を対象とし、産地内外での構造変化に適応した産地システムの変貌を検討する。まず産地内外の構造変化を整理し、それに適応した産地システムの変貌の概要を述べる（第２節）。その上で、これまで産地論で主要な分析対象となってきたかんきつ産地の中で対照的な２つの事例から産地システム変貌の実態をみていく（第３節）。取り上げる産地は、わが国有数の優等産地である静岡県三ケ日地区と、相対的に弱小な産地で生産の縮小が進む中で新たな産地システムが模索されている三重県南紀地区である。最後に今後の産地システムについて展望する（第４節）。

２．産地内外の構造変化と産地システムの対応

（1）農業生産の縮小と輸入の拡大

産地内外の構造変化として、まず指摘すべきことは、国内の農業生産の縮小である。国内の農業生産は1980年代中頃から絶対的な縮小に転じた。多くの産地で、生産の縮小によって、産地システムの運営管理に支障が生じ、市場競争力が低下している。

国内の農業生産の縮小は、その一方での輸入の拡大と連動している。1980年代後半から1990年代かけて農産物輸入は急増した。特に野菜では1990年代に輸入が急増した。国内の農業生産縮小と輸入拡大で、市場競争環境は大きく変化した。国内産地間での産地間競争よりも、輸入との競争が大きな問題となってきた。安価な輸入品と対抗するため、コスト削減が喫緊の課題となり、機械開発などによるコスト削減の取組が進んだ（香月 2002）。

（2）流通チャネルの多様化

流通チャネルの多様化も、近年の大きな変化である。園芸品目の流通チャネルは、卸売市場流通が大宗を占めてきた。1980年代には、野菜、果実ともに卸売市場経由率はほぼ80％の水準にあった。しかし、1980年代後半から卸売市場経由率は低下し始めた。2018年には野菜で64.8％、果実で35.8％にまで低下した。さらに卸売市場流通の内実も変質した。従来の卸売市場ではセリ取引が基本であったが、現在ではセリ取引はわずかで、大部分は相対取引となっている。

卸売市場流通に替わって拡大したのは直接販売（以下、直販という）である。直販には、量販店などの実需者への直販と消費者への直販があり、いずれも増加した。最近はインターネットを利用した電子商取引も増えてきており、大手IT企業のネットショップも新たな流通チャネルとなってきた。

流通チャネルの多様化は、農協共販に大きな影響を及ぼすものとなった。農協共販は、大量の農産物を統一的な出荷調製によって均質的な商品に仕上げ、市場での優位性を実現し、実需者への販売はほぼ全面的に卸売市場内業者に依存してきた。しかし、卸売市場流通の中でも相対取引では、農協自らも実需者との取引に関わり、実需者のニーズに応えていくことが求められてきた。また直販では農協共販が得意とする量産型のマーケティングが有効とは限らない。直販では、求められる数量が必ずしも大きくなく、むしろ取引相手のニーズにも柔軟に対応しながら、個性的な商品づくりを行う方が有利な販売につながる。市場での優位性を確保するために、組織した農業者のすべての生産物を統一的に販売することが有効とは限らなくなっている[1)]。

（３）農業者の階層分化と農企業の形成

全国あらゆる産地で農業者の階層分化が進んだ。農業者の多くは高齢化、弱体化している一方で、少数ではあるが、大規模化し、企業化する農業者が現れている。**表1-2**に露地野菜作について作付面積規模別の変化を示したが、1990年以降、作付面積２ha未満の経営体は大幅に減少し、２ha以上の経営体が増加している。作付面積シェアでも1990年には作付面積２ha以上の経営体で28.8％を占めていたが、2015年には作付面積５ha以上の経営体でも35.9％に達している。現在でも小規模な経営が大多数を占めているが、面積では大規模な経営が大きなシェアを占めるようになった。

農業者の階層分化は、単一的な産地システムで広範な農業者に対応することを難しくした。企業化した農業者は、実需者直販を単独で行うだけの数量を確保できるようになり、消費者直販でも独自の販路を確保している者がある。一方、弱体化した農業者は農協共販が求める品質管理などに対応できなくなり、農協共販を抜け、直売所に新たな販路を求める者も増えている。

このような産地内の構造変化は産地システムの変貌を迫るものとなった。まず、農協共販では農業者の多様化に対応した複数の販売システムを用意する農協が現れてきた[2)]。一方で企業化した農業者は、産地システムを支える

表 1-2　作付面積別露地野菜経営の変化

	経営体数（経営体）			作付面積（百 ha）		
	1990	2000	2015	1990	2000	2015
合計	606,220	449,915	330,725	2,638	2,477	2,399
0.3ha 未満	351,603	264,548	194,534	394	310	222
0.3～0.5	98,471	63,480	43,161	332	230	158
0.5～1.0	87,673	59,362	40,932	561	397	276
1.0～2.0	45,318	35,519	25,672	592	478	346
2.0～3.0			9,554			226
3.0～5.0	23,155	27,006	8,315	759	1,061	310
5.0ha 以上			8,557			862

資料：農林水産省「農業センサス」
注：1990 年、2000 年は販売農家の数値である。

主要な担い手となってきた。農企業経営は産地システムに頼らず、独自に経営を展開し、いわば「一匹狼」的な経営と見られがちである。しかし、特に園芸作においては、農企業経営は地域内の関係を重視し、他の農業者との共存を目指している経営が目立つ（徳田 2017)。労働集約性の高い園芸作では、単独あるは少数の農企業経営で地域の農地すべてを管理することは難しく、また地域ブランドは農企業経営にとっても販売上有益な効果を持っており、その維持向上は重要となっている。そのため、新規参入希望者の研修、独立就農支援に積極的に取り組む経営がある（澤田 2015)。

（4）農協合併の進展、都道府県単位の産地戦略の展開

1990年代以降、農協合併が急速に進み、総合農協数は、1990年には3,688であったのが、2000年には1,618と半減し、2020年には627になった。産地システムの中核的な組織である農協の変化は、産地システムにも大きな影響を与える。農協合併により農協の地理的範囲が広域化すると、出荷組織と農協の地理的範囲が一致しない場合が増えてきた。農協合併では、農協共販も合併し、合併農協と地理的範囲を一致させる場合もあるが、農協共販は合併前の旧農協単位ごとに存続する場合もある。合併農協間で地域ブランド力に格差がある場合には、農協共販は旧農協単位のままにすることが多い。農協共販が旧農協単位のままの場合でも、産地システムの地理的範囲にまったく変化がないとは限らない。販売面で共販体制が旧農協のままであっても、生産面での生産資材供給や技術指導・普及の体制は統合し、合併農協全体で生産技術の高位平準化、生産資材の安定供給など取り組む場合もある[3)]。

近年は、農協県組織（全農県本部、経済連など）や都道府県が、独自に育成したオリジナル品種を利用した地域ブランドづくりなど、産地形成に関与することが増えてきた。その場合には、都道府県全域が対象範囲となる。

（5）農業労働力問題の深刻化と地域的な生産支援システムの形成

1990年代頃から農業労働力不足が顕在化してきた。労働集約性の高い園芸

作では、労働力問題は特に深刻であった。農業労働力不足問題への対策として、移植機、収穫機などの機械開発が進んだ。

機械開発を一つの契機として、農協などによる生産支援の取組が拡大した（徳田 2012b）。従来は園芸作産地の農協などの事業は、出荷調製、販売での組織化、支援が主体であり、生産段階での取組は生産資材の供給や、せいぜい育苗センターであった。それが、1990年代以降に開発された機械の効率的な導入・活用を目指して機械作業での受託事業が始まった。受託事業は機械化された作業のみでなく、人手に頼る作業でも人海戦術によって取り組む農協が現れてきた。さらに出荷調製作業でも新たな形態での受託事業が広がった。従来は共販事業と一体化した共選事業として出荷調製作業を受託していたが、共販事業とは分離し、希望者のみ出荷調製作業を請け負う事業が現れた。そのための施設はパッケージセンターと呼ばれ、イチゴを中心として設立が進んだ（岩崎ら 2015）。

生産支援は、農作業の直接的な支援のみでなく、労働力の斡旋事業、農地の利用調整事業などにも広がった。園芸作における農協の事業は、出荷調製、販売を主体とするものから、生産段階に事業領域が広がり、より体系的、総合的になってきた。その中には農協が、生産計画段階から関与し、農作業の大きな部分を請け負い、さらに販売を一元的に管理し、実質的に農協による契約農業ともいえるような形態のものも現れている（徳田 2015b）。

３．産地システム変貌の実態

（１）農協の地域農業マネジメント機能―静岡県浜松市三ケ日地区―

１）三ケ日地区の概要

1990年代以降、農協共販と卸売市場流通を中核とする産地システムは、産地内外の構造変化に対応して変貌してきた。しかし、産地内外の構造変化は全国一律的に進んだわけではなく、産地システムの変貌も一律ではない。従来は農協共販と卸売市場流通を中核として比較的均質であった産地システムは、産地条件に応じて多様化してきた。本節では、かんきつ産地を事例として、異なる産地条件における産地システム変革の実態をみていく。

初めに取り上げるのは、静岡県浜松市三ケ日地区である。三ケ日地区は、温州みかんで全国屈指の優等産地であり、年明けには全国一のブランド力を有している。三ケ日地区の産地システムではJAみっかびが中核的な役割を果たしている。JAみっかびは、旧三ヶ日町（現浜松市西区の一部）を管内とする農協であり、周辺の農協が広域合併する中でも、合併に加わらず、単独で存続している。JAみっかびの販売は卸売市場出荷がほとんどであり、農協共販と卸売市場流通を中核とした産地システムが維持されている。しかし、販売面以外で様々な取組が展開してきた。なお三ケ日地区の産地システムで農協の役割は大きいが、農協共販率は７割程度であり、系統外で販売している農業者も少なくない。

三ケ日地区は、温州みかんの先発地域である静岡県の中では後発の産地である。戦後、温州みかん生産が拡大してきたが、当初は産地商人が主要な流通チャネルであった。1960年に農業者主体の出荷組織である「三ケ日町柑橘出荷組合」が結成され、共同出荷が本格的に始まった。その後、「三ケ日町柑橘出荷組合」は販売をJAみっかびに委託する形で農協共販に移行した。

２）三ケ日地区の産地システムの特長

三ケ日地区の優位性は、自然条件の優位性もあるが、社会的に形成された生産力の高さに基づいている。特に省力的な技術体系の構築と、その下での大規模経営の形成が三ケ日地区の強みである。この高い生産力の構築が三ケ日地区の産地システムの第一の特長である（徳田 2014)。三ケ日地区の省力的技術体系は、園地整備とスピードスプレーヤを中心とした機械導入によって確立された（豊田ら 1994)。三ケ日地区では、1980年代から園地整備でスピードスプレーヤが走行できる園内作業道が設置された。園内作業道は軽トラックなども走行でき、生産資材や収穫物の運搬作業でも省力化が図られた。さらに園地整備の際には、現在の主力系統である「青島」への改植が進めら

表 1-3　三ケ日地区における経営耕地規模別農家数の変化

（戸，ha／戸，ha，%）

	販売農家計	～0.3ha	0.3～0.5ha	0.5～1.0ha	1.0～2.0ha	2.0～3.0ha	3.0～5.0ha	5.0～10.0ha	10.0ha～	平均経営面積	樹園地面積	樹園地率	3ha 以上集積率
2000 年	1,334	40	155	381	433	190	120	17	0	1.48	1,734	90	
2005 年	1,295	57	153	332	402	185	138	27	1	1.53	1,798	91	
2010 年	1,203	32	151	308	350	187	142	30	3	1.63	1,793	92	40.2
2015 年	1,080	36	123	242	333	146	161	35	4	1.75	1,744	92	45.6

資料：農林水産省『農林業センサス』

注：１）樹園地率＝総経営樹園地面積／総経営耕地面積

　　２）３ha 集積率＝経営耕地面積 3ha 以上農家の経営耕地面積／総経営耕地面積

れた。1980年代から園地整備、機械化、優等系統への転換が三位一体的に進められた。

その結果、**表1-3**に示すようにかんきつ産地の中では突出して大規模層の比重が高い農業構造が形成された。三ケ日地区では耕地の９割以上が樹園地であるが、2015年には平均経営耕地面積は1.75ha、経営耕地規模３ha以上の農家が18.5%、面積シェアでは45.6%を占めている。さらに経営耕地規模５ha以上の農家も39戸に達している。

三ケ日地区の産地システムでは、生産技術面のみでなく、多面的に大規模経営の形成を促進し、支える仕組みを整えている。まず園地の荒廃を防ぐとともに担い手への園地集積を支援するための園地の利用調整である（**図1-1**）。JAみっかびでは、貸付希望園地のあっせん事業を行っている。農協などによる農地利用調整事業は、水田地帯では珍しくないが、果樹地帯ではわずかである。農協の事業では、園地の評価基準や改植などに関わるルールを明確化しており、それが地域での流動化の規範的な役割を果たしている。樹園地では、立木の扱い、有益費補償の問題があるため、多くの果樹産地では、立木込みの園地貸借がほとんどで、借地での改植は少ない。三ケ日地区では借地でも改植が行われ、大規模経営は借入園地でも改植し、省力的技術体系に対応した植栽様式が実現できている（徳田 2009）。

大規模経営を支援する取組として、農協による労働力あっせん事業も挙げられる。JAみっかびでは、無料職業紹介事業の許可を取得し、雇用者の斡旋紹介を行っている。事業では、臨時雇用の採用を希望する農業者と就職を

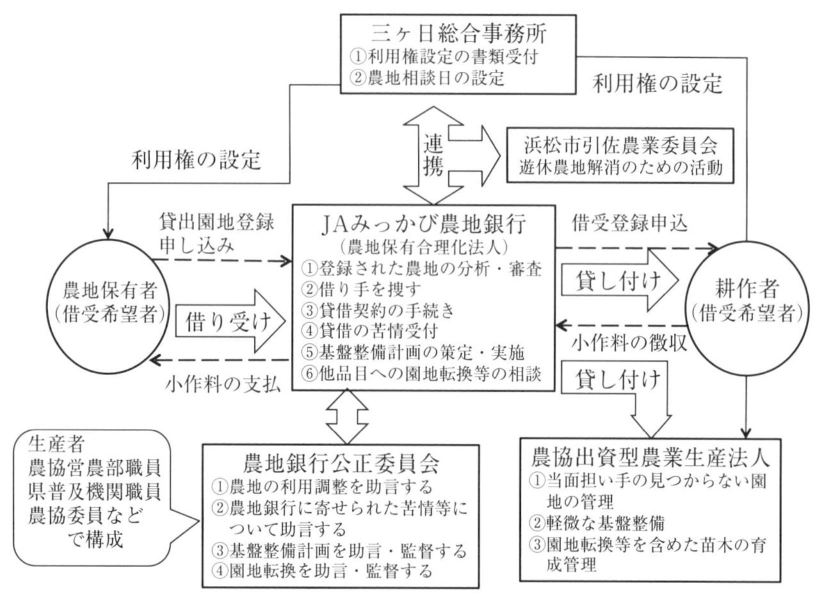

図1-1　JAみっかび農地銀行の概要

希望する者を募り、両者のマッチングを行っている。収穫作業での雇用が主体であるが、毎年100名前後が農協の事業を通じて新たに雇用されている。

これらの事業は、共販事業とは切り離した営農支援事業となっている。すなわち、共販に参加せず、系統外で販売している農業者でも、農協の組合員であれば、上記の事業は利用できる[4)]。JAみっかびでは、共販事業が産地システムを構成する中核的な事業であるが、共販の枠内での産地システムづくりではなく、地域全体のかんきつ農業を支える仕組づくりが図られている。

3）産地システムに支えられた営農の展開

三ヶ日地区では大規模経営に適応した産地システムが形成され、その結果として、最上層では果樹園面積10haを超え、常時雇用を導入した農企業経営が生まれている。園芸産地では、企業的に展開した農業者は共販から離れ、独自販売を始めることが多いが、三ヶ日地区では農企業経営も共販に留まったままで経営を発展させている。その一方で、大規模経営も産地システムの重要な担い手となっていることにも留意する必要がある。

三ケ日地区の産地システムはJAみっかびが中核となっているが、すべてを農協が担い、管理している訳ではない。三ケ日地区では、農作業受託事業が行われているが、それは農協が直接運営するものではなく、地区内の３つの区域で大規模経営を中心とした若手・中堅の農業者で受託グループが組織され、伐根・改植や施肥などの作業を請け負っており、農協はその事務局を担っている。受託グループの農業者は、自らの区域内での放任園地の発生を防ぐとともに、作業受託している園地が良好に維持された状態で、いずれ流動化し、自らの規模拡大につながることも期待している。

JAみっかびは、販売面でも共販の枠内にこだわらず、農業者を支援している。三ケ日地区で栽培面積10haの最大規模の経営がかんきつ加工（瓶詰め）を始めた。この経営は共販に参加していたが、共販では共販以外での販売は原則、すべて禁止していた。しかし、共販でのかんきつ加工品の販売は、現実的に難しい。そのため、共販内での協議により、かんきつ加工品に限って共販以外での販売を解禁した。それを受けて、瓶詰めは量販店などへの直販で販売した。瓶詰めの需要は急増し、2019年には売上高が３千万円に達し、この経営の総売上高のほぼ４割を占めるようになった。瓶詰めの原料は、当初は自家生産物の格外品を用いていたが、生産量の増加で、自家生産のみでは足りなくなり、不足する原料について、農協が集荷した中の格外品を販売することで、原料確保を支援している[5)]。

JAみっかびでは、現在でもかんきつのほとんどを卸売市場に出荷しており、農協共販と卸売市場流通を中核とした産地システムが維持されている。しかし、従来の産地システムからは進化を遂げている。まず共販への参加の有無に関わらず、地域の農業者を支援する事業を取り入れている。第二に、一般的に農協共販が想定する農業者は専業的な家族経営であるが、JAみっかびでは最上層の農業者の企業的経営展開を支援し、農企業経営も包摂した共販を実現している。第三に、農企業経営などが共販の枠組みを超えて事業展開を行なおうとする場合でも、それを抑えるのではなく、むしろ支援している。農企業経営などの主体的な取組も、産地システムの中に取り込み、産地の発展に結びつけようとしている。従来の産地システムが画一性の高いものであったのに対し、三ケ日地区の産地システムは柔軟性を持ち、多様性を受け入れたシステムと言える。三ケ日地区の産地システムは、農協共販と卸売市場流通を中核とした産地システムの現段階の一つの到達点を示している。

（2）多様な販売主体で構成される産地システム―三重県南紀地区―

1）南紀地区の概要

次に取り上げる三重県南紀地区は、三重県最南端、紀伊半島の先端にある熊野市、御浜町、紀宝町の１市２町で構成され、JA伊勢三重南紀地区本部（以下、JA南紀地区という）管内である[6)]。三重南紀地区は、極早生みかんを主力商品としながら、中晩柑も含めた多様なかんきつ系統・品種を生産する産地であり、極早生みかんは中京地域で高い市場競争力を有している。

紀伊半島先端部にある三重南紀地区は社会経済的条件に恵まれず、高齢化、過疎化が進行化している。かんきつ農業者でも高齢化、減少が進み、生産量も大きく減少している。2000～15年で果樹栽培農家は39％、樹園地面積は24％減少した。農協の共販事業の減少はさらに深刻である。2000年には販売数量で17,710ｔ、販売金額で36.5億円であったが、2018年には、それぞれ5,510ｔ、16.9億円となり、数量で1/3、金額で1/2にまで減少した。産地全体の後退によって、農協共販も縮小した。その一方で、農協共販にのみ頼らず、新たな流通チャネルを開拓する農業者が現れており、多様な流通チャネルによる産地システムの再編が胎動している。

生産の減少以上に共販事業は縮小しているが、その背景にはJA南紀地区の共販の弱点がある。卸売市場流通では産地ごとに強みを発揮できる定位置が決まっており、それ以外では有利な販売は難しい。JA南紀地区の共販は、極早生みかんで中京地域の定位置を確保しており、高い市場競争力があるが、他のかんきつでは卸売市場で定位置はなく、苦戦を強いられている。しかも

表 1-4　JA 南紀地区のかんきつ系統・品種別販売実績（2019 年度）

（千円、円/kg）

	販売金額		単価
ハウスみかん	3,309	(0.2)	1,042
極早生	763,477	(56.2)	264
早生	127,274	(9.4)	210
普通温州	24,275	(1.8)	201
中晩柑	416,853	(30.7)	295
レモン	22,276	(1.6)	331
合計	1,357,464		

注：販売金額の（　）内の数値は総販売金額中の比率である。
資料：JA 南紀地区資料

販売数量の減少で、販売はいっそう厳しくなっている。**表1-4**に示すようにJA南紀地区の共販では、極早生みかんが販売金額の56％を占めている。温州みかんに限れば極早生みかんの割合は83％に達している。極早生みかんの出荷時期は９月下旬から10月中旬までの１か月程度である。専業的な農業者にとって、この期間のみの販売で十分な所得を得ることは難しく、それ以外の時期のかんきつの販売が課題となる。

２）多様な販売主体と流通チャネルの胎動

三重南紀地区では、農協共販に代わって比重を高めたのは農企業経営を主体とした直販である。**表1-5**に三重南紀地区の農協以外の主なかんきつ販売者を示した。地区内には産地流通業者がおり、流通チャネルの一つとなっていたが、集荷していた農業者が減少する中で自ら農業生産に参入し、大規模な農業者になっている。また大規模な農業者は自ら販売に乗り出している。**表1-5**に示した者は、地区内で最大規模の農企業経営でもある。５社合わせて、栽培面積では地区の１割を超えており、販売金額は農協共販のほぼ半分に達している。これらの経営は、それぞれ異なるマーケティング戦略を展開しているが、基本は直販を主要な流通チャネルとして、極早生みかんに偏らない多様な系統・品種を生産、販売している。この中でも典型的なKファームのマーケティング戦略を紹介する。

Kファームは1960年代の農地開発事業で開墾された樹園地での地縁的共同

表 1-5　三重南紀地区の農協以外の主なかんきつ販売主体

	出自	樹園地面積	販売金額	系統・品種構成	流通チャネル
K ファーム	地縁的共同経営	36ha	2.4 億円	極早生 4 割、早生 5 割、中晩柑 1 割	共販 4 割、通販 3 割、卸売市場 2 割、直売所 1 割
Ma 柑橘	産地流通業者	18ha	3 億円	極早生 1 割、早生 4 割、中晩柑 5 割	直売所（県内 4 カ所に直営直場所）5 割、卸売市場 5 割
K 農園	個別経営	13ha	0.8 億円	極早生 3 割、早生 3 割、中晩柑 4 割	通販 6 割、実需者直販 4 割
S 農園	個別経営兼産地流通業者	12ha	1.5 億円	極早生 2 割、早生 4 割、中晩柑 4 割	通販 6 割、直売所 2 割、実需者直販 2 割、輸出少々
Mi 柑橘	産地流通業者	5ha	0.8 億円	極早生 6 割、早生 1 割、中晩柑 3 割	卸売市場 4.5 割、実需者直販 4 割、通販 1.5 割

資料：筆者調査

経営を出自とし、2007年に株式会社に組織変更し、雇用者主体の企業経営となった。果樹園面積は36haで、地区最大の経営である。Kファームの流通チャネルは、**表1-6**に示すように農協共販、卸売市場出荷、通信販売、直売所の４つである。販売金額の比率では、農協共販が最大であるが、４割に満たず、通信販売と直売所を合わせた消費者直販が農協共販を上回っている。

販売チャネルによって品種・系統別比率が異なることも注目できる。農協共販では2/3が極早生みかんであるが、それ以外の流通チャネルでは、早生みかんが極早生みかんを大幅に上回っている。農協共販で市場競争力があり、短期間で出荷する必要があり、出荷調製作業が厳しい極早生みかんは農協共販を主軸とし、農協共販が弱い早生みかんや中晩柑では自らの流通チャネルでの有利販売を追及している。出荷全体でみても、早生みかんが極早生みかんを上回っており、農協共販での構成とは大きく異なっている。

このような流通チャネルの変化は農協共販の弱体化を背景としたものであるが、産地総体では衰退傾向にある中で、今後の産地の可能性を示すものである。農企業経営の流通チャネルは、主に三重県内や地元出身者などを対象としたものである。販売のパイは大きくないが、地の利を活かすことで、有利な販売を実現している。三重南紀地区は全国的にはブランド力は高くないが、三重県内を含めた中京地域では極早生みかんを中心として、一定のブランド力を有しており、そのブランド力が個々の流通チャネルにも活かされて

表1-6　Kファームの流通チャネル別販売実績（2019年度）

（千円、%）

	農協共販		卸売市場		通信販売		直売所		合計	
極早生	61,352	(67.4)	6,500	(15.3)	10,994	(14.6)	5,569	(18.4)	84,415	(35.3)
早生	25,097	(27.6)	21,372	(50.4)	44,874	(59.7)	11,402	(37.7)	102,745	(43.0)
普通温州			220	(0.5)	874	(1.2)		(0.0)	1,094	(0.5)
中晩柑	4,629	(5.1)	7,782	(18.4)	9,793	(13.0)	4,298	(14.2)	26,502	(11.1)
果実加工品			5,411	(12.8)	6,258	(8.3)	1,950	(6.4)	13,619	(5.7)
その他			1,115	(2.6)	2,405	(3.2)	7,023	(23.2)	10,543	(4.4)
小計	91,078	(100.0)	42,400	(100.0)	75,198	(100.0)	30,242	(100.0)	238,918	(100.0)

注：（　）内の数値は、販路別の小計に対する比率を示している。
資料：Kファーム資料

いる。三重南紀地区は、産地が縮小する中で、販路もダウンサイジングすることで、販売面での活路を見出そうとしている。

3）新たな産地システムの展望

三重南紀地区では、農協共販と卸売市場流通を中核とした産地システムは弱体化している。しかし、それがそのまま産地システムの弱体化になるとは限らない。既存のシステムが弱体化すれば、新たなシステムの構築が模索される。三重南紀地区の場合には、農企業経営が主要な担い手となって新たなシステム構築が始まっている。現状では、農企業ごとに独自の流通チャネルを開拓しており、産地としてまとまったシステム構築には向かっていないようにみえる。しかし、販売は異なっても、かんきつは同じ三重南紀地区の樹園地で生産され、県の普及組織や地区内にある県果樹研究所が生産技術を支援しており、栽培している系統・品種の構成も似通っている。また、これまで中京地域を中心として認知されてきた地域ブランド力も、個々の経営の販売で有利に影響していると考えられる。流通チャネルは個別であっても、地域に形成されてきた市場競争力の基盤を共通しており、その維持は、どの経営にとっても重要となる。さらに1970年代に開発された樹園地の再整備が俎上に上ってきている。樹園地はまさに地域のかんきつ生産の共通基盤であり、産地システムの根幹でもあるので、かんきつ農業者全体の課題である。

三重南紀地区の産地システム再編は模索段階で、その姿はみえていない。

農協共販も極早生みかんでは高い市場競争力を維持しており、農協と農企業経営などの多様な主体がゆるやかに連携するものとなっていくであろう[7)]。

4．産地内外の構造変化と産地システムの展望

産地とは、生産の地理的集積と農業者主体による出荷組織であり、そのことによる強い市場競争力の実現である。近年の産地内外での構造変化によって、産地システムは変貌している。これまでは農協共販と卸売市場流通を中核とした産地システムが強みを発揮してきたが、産地内外の構造変化によって強みを発揮しにくくなった。それに代わって拡大してきたのは、農企業経営などによる直販型の流通チャネルである。直販型流通チャネルの多くは、個別の農業者によるものであり、その拡大は農業者主体の出荷組織という点では産地の弛緩ととらえられる。しかし、生産の地理的集積という点では、全国の生産が縮小している中での相対的な変化であるが、生産の地理的集積はさらに進展している。産地の持つ強い市場競争力は維持されている。

流通チャネルが多様化する中で、卸売市場流通のみに依存できる産地は少なく、多様な流通チャネルに対応するこが求められている。農協共販はあらゆる流通チャネルを得意とするわけではない。また産地内の農業者が多様化する中で、あらゆる農業者に適応したシステムを農協が提供することは容易ではない。農協が産地システムの大部分を担うことは難しくなっており、産地システムの運営には多様な主体の参加が求められるようになってきた。

また、産地内外の構造変化は、産地によって多様であり、それに対応した産地システムの姿も多様化している。農協には、有効な産地システムを構築するためのコーディネート機能が重要な役割として求められている。

注

1）さくらんぼの最大産地である山形県では、農業者は、労働集約的な出荷調製作業が必要な消費者直販によって高価格で販売し、労力面あるいは品質面から直販で販売できない分は、農協共販で販売し、両方を組み合わせることで

所得は最大化している（徳田 2015a）。

2）わが国最大の輪ギク産地であるJA愛知みなみでは、輪ギクの出荷組織を、出荷規格や出荷先の異なる３つのグループに分け、農業者に経営条件に応じて、グループを選択させている（林 2019）。

3）JAフルーツ山梨は、1989年以降に21の農協が順次合併して設立された農協であるが、販売事業では、旧農協間のブランド力の差が大きいモモは旧農協単位での販売を基本とし、ブランド力の差が小さいブドウでは販売単位の統合を進めた。一方、技術指導組織は単一化を進めた（徳田 2012a）。

4）かんきつ産地における園地利用調整事業では、JAみっかびとともにJA西宇和の川上共撰の事業が先進事例として挙げられる（板橋 2020）。川上共撰の園地利用調整事業は、共販の枠内での事業として共販参加農業者を対象とした事業であり、この点はJAみっかびの事業とは異なる。

5）当該経営は、2021年産から生果も加工品の販売ルートを通じて独自に販売するようになった。

6）三重南紀地区は旧JA三重南紀の管内である。同農協は、2019年に三重県南部の３農協で合併し、JA伊勢となった。合併後も三重南紀地区のかんきつ産地に関わる事業は、三重南紀地区本部で所管し、運営されている。

7）樹園地の再整備以外にも、三重南紀地区では様々な動きがある。2008年から農協と市町、県で産地振興の協議会が組織され、新規参入者の受入れ、支援を進めており、これまで20人を超える新規参入者を受け入れている（徳田 2021）。S農園では、輸出を主要な流通チャネルの一つとして取り組んでいるが、そのためのかんきつの確保をK農園と協議している。また、隣接する和歌山県新宮港に寄港するクルーズ船の外国人観光客を対象とした観光果樹園が開設されている。

参考文献

林琢也（2019）「愛知県田原市における輪ギク生産地域の維持・発展システム―生産者のネットワークに注目して―」『地学雑誌』128（2），pp.235-253.

板橋衛（2020）『果樹産地の再編と農協』筑波書房

岩崎真之介・細野賢治・山尾政博（2015）「イチゴ機械選別パッケージセンターの有効性と生産者の費用負担―販売対応および作業員労働省力化の視点から―」『農業市場研究』23（4），pp.37-44.

香月敏孝（2002）「国内野菜産地の対応課題―ねぎ作を中心に―」『農業市場研究』11（2），pp.19-27

澤田守（2015）「農業法人を通じた独立就農者の経営展開の特徴と課題―A社による独立就農支援を対象として―」『農業経営研究』53（3），pp.35-40.

徳田博美（1997）『果実需給構造の変化と産地戦略の再編―東山型果樹農業の展開

と再編―』農林統計協会.
徳田博美（2009）「柑橘産地における地域的営農支援システムの形成―浜松市三ヶ日地区を事例として―」『2009年度日本農業経済学会論文集』，pp.32-38.
徳田博美（2012a）「合併農協における販売事業の再編過程―JAフルーツ山梨を事例として―」『農業市場研究』21（2），pp.29-35.
徳田博美（2012b）「輸入に対抗した野菜産地における生産支援システムの導入と担い手形成」『農業・食料経済研究』58（1），pp.3-14.
徳田博美（2014）「大規模ミカン経営進展産地における技術構造:―静岡県三ヶ日地区を事例として―」『農業経済研究』86（2），pp.51-63.
徳田博美（2015a）「輸入解禁下におけるサクランボの需給動向」『農業市場研究』24（2），pp.58-63.
徳田博美（2015b）「農協の青果物販売事業の現段階的特質と展望」『農業市場研究』24（3），pp.12-22.
徳田博美（2017）「先進的農業経営体の展開と地域農業システム―果樹産地を事例として―」『農業経済研究』89（2），pp.91-105.
徳田博美（2021）「柑橘産地における新規参入者受入の取組み」『果実日本』76（9），pp.32-36.
豊田隆・徳田博美・森尾昭文（1994）「貿易自由化と果樹農業の国際化」『筑波大学農林社会経済研究』（12），pp.73-141.
若林秀泰（1960『果樹農業の展開構造』東京明文堂.

（徳田博美）

第2章

加工・業務用野菜の特徴と産地形成

1．はじめに

食の外部化の進行と表裏の関係で、野菜の加工・業務用需要が増加している。加工･業務用需要は輸入品との結びつきが強く、国産野菜の販路の確保･拡大を図るためには、この需要への国内対応の強化が必要となる。

こうした問題意識のもと、加工・業務用実需者から求められる「定時・定量・定質・定価」という加工・業務用野菜の安定供給の内容とそれへの産地側の対応の要点を確認し、加工・業務用対応型の産地形成について、代表的な取組事例の特徴等を検討する。

2．加工・業務用野菜の基本的特徴

(1) 加工・業務用需要の概況

加工・業務用野菜は、①カット野菜、冷凍野菜、漬物、ジュース等の原料となる加工原料用野菜、②外食・中食企業の食材となる業務用野菜の両方を併せた呼称であり、こうした用途向けの需要は加工・業務用需要と呼ばれる。

加工・業務用需要は、食の外部化の進行と表裏の関係で増加しており、主要野菜（ばれいしょを除く指定野菜13品目）の加工・業務用需要の割合は、

表 2-1　主要野菜の加工・業務用需要の内訳

（単位：%）

	13 品目計				キャベツ				レタス			
	2000年度	05 年度	10 年度	15 年度	2000年度	05 年度	10 年度	15 年度	2000年度	05 年度	10 年度	15 年度
加工・業務用	54	55	56	57	48	48	50	52	57	57	58	59
加工原料用	27	30	32	35	22	26	29	34	27	36	37	43
業務用	27	25	24	22	26	22	21	18	30	21	21	16
	たまねぎ				ねぎ				だいこん			
	2000年度	05 年度	10 年度	15 年度	2000年度	05 年度	10 年度	15 年度	2000年度	05 年度	10 年度	15 年度
加工・業務用	58	59	59	59	56	61	62	64	58	58	60	61
加工原料用	26	29	30	36	21	25	26	29	32	32	33	35
業務用	32	30	29	23	35	36	36	35	26	26	27	26

資料：農林水産政策研究所推計

2000年度の51％から15年度の57％へ上昇し、野菜の加工原料化、業務用食材化傾向が強まっている[1)]。

この中で重要なのは、加工原料需要のウエイトの高まりである。**表2-1**は、加工・業務用需要を食品加工企業の加工原料と外食・中食企業の業務用とに分けて示したものである。13品目全体でみると、2000年度から15年度にかけて、加工原料用は27％から35％へ８ポイント増加している一方、同期間の業務用は27％から22％へ５ポイント減少している。個々の品目をみても、ほぼ同じ傾向を示している。ただし、ここで留意しなければならないのは、こうした動きは、外食・中食等の業務筋で使用される野菜の減少を意味するのではなく、外食・中食企業の野菜仕入において、ホール形態での仕入から、芯抜き・皮むき等の前処理やカット等の一次加工された形態での仕入へ転換する動きが一部で進んだことを反映していることである。すなわち、厨房やバックヤードでの人手不足等も背景として、アルバイト等でも可能な調理工程のマニュアル化や調理時間の短縮化、ロスや生ゴミの発生を少なくすること等を目的として、前処理や一次加工された野菜のほか、カット野菜に肉・魚・調味料等の食材を組み合わせた「キット食材」等の利用が進んでいることを示している。また、こうした業務筋での仕入行動に加えて重要なのは、家計消費においてもコンシュマーパック等のカット野菜の利用が多様な消費者層に普及してきており、これに伴うカット野菜原料需要の増加が、加工原料需要のウエイトの高まりに結びついているといえる。

食の外部化の進行は、単身・高齢・共稼ぎ等の簡便化志向が強い世帯の増加を背景とした構造的なものとして捉える必要があり、今後もこれらの世帯の増加が見込まれる。このため、①外食の相対的な比重の低下と中食のウエイトの高まり、②家計・業務筋双方における、カット野菜、冷凍野菜、冷凍調理食品、キット食品等の時短・即食性食材の利用の増加、③節約志向等も反映した内食への一部回帰、などの動きを含みながら、食の外部化は今後もゆるやかに継続する可能性が高い。

加工・業務用需要は、家計消費用に比べて、輸入品との結びつきが強いことも特徴となっている（2015年度の輸入品割合は、加工・業務用が29％、家計消費用が２％）。したがって、今後も加工・業務用需要のゆるやかな増加が予想される中、国産野菜の販路の確保・拡大を図っていくためには、次にみるような、加工・業務用需要に対応した国産野菜の生産・供給力のさらなる強化・安定化が必要とされる。

（2）実需者から求められる安定供給の内容と産地側の対応の要点

加工・業務用野菜は、加工原料や業務用食材として使用されることから生産財としての性格を有しており、実需者から求められる品質内容・規格等の基本的特性は、家計消費用とは異なっている[2)]。このため、加工・業務用需要への国内対応の強化を図るためには、加工・業務用実需者から求められる品質・規格等の内容を踏まえた生産・供給が必要となる。

加工･業務用野菜として実需者から求められる重要な内容は、「定時･定量･定質・定価」と呼ばれる品質、規格、価格、数量等の安定供給に関するものである。この安定供給は、「必要なところに、必要な時に、必要な品質・形態で、必要な量を、適切な価格で」供給することを意味している。

加工・業務用実需者から求められる安定供給の内容とそれへの産地側の対応の要点は、次のように示すことができる。なお、一般に「定時・定量・定質・定価」として呼ばれることが多いが、「定質」「定価」「定時・定量」の順に記述する。

1）「定質」

「定質」は、品種・規格等の品質内容に関するものであり、実需者ニーズの中で特に重要な事項である。これについて基本的には、家計消費用では外観等が重視されるのに対し、加工・業務用の場合、求められる特性は用途に応じて多様である。カット野菜、冷凍野菜等の原料の場合、加工歩留まりや作業性を高めるための大型規格、加熱調理用では水分含有率が低い品種、ジュース用では製品としての色、食味等が重視される。また、カット野菜、冷凍野菜等の製品歩留りが基準となる加工原料の場合、重量ベースでの取引が基本となる。

このため産地側には、用途別の加工適性を踏まえた品種選定や出荷規格等を念頭においた栽培方法等が求められるほか、重量ベースの取引の場合、高単収栽培による収量の確保が産地側にメリットをもたらす上で重要となる。

なお、キャベツ、レタス等のカット野菜原料等の場合、褐変症等の内部障害のあるものは、異物混入等のクレームの原因となるため、原料として使用されない。こうした点も、外観だけでは判別できない加工・業務用原料の内部品質の大切さを示すものといえる。このため、品種選定については、加工適性に加え、内部障害や病害への抵抗性も考慮する必要がある。こうした点を含め、加工・業務用野菜について、品質が劣る「裾もの」では対応できないという基本的認識が必要である。

2）「定価」

次に、「定価」についてみると、価格設定について、家計消費用の場合、量販店では週間値決めを基本とするのに対し、加工・業務用の場合、月間・シーズン・年間値決め等の中・長期的な安定価格での取引が基本となる。

これに加えて重要なのは、加工・業務用の場合、基本的には、相場変動を反映した取引価格の設定ではなく、用途別・品目別に、一定の幅を持った目安となる取引価格（単価）が設定されていることである。これについては、取引先納品価格（工場着価格等）や産地渡し価格等の契約価格として設定されることが多い。こうした契約取引による固定価格での取引の場合、低コスト化によって生じた差額分を生産者の所得増加へつなげることが可能となる。低コスト化については、生産・流通両面からの取組を念頭に置く必要があるが、遠隔産地の取引先納品価格での取引の場合、そこに含まれる運賃等の流通コストの低減をいかに図るかが特に重要となる。

この低コスト化の重要性とも関係する加工・業務用野菜の価格面での特徴は、家計消費用に比べてその取引価格水準が安価であることである。この場合も、産地側の対応として再生産価格を念頭に置いた上で、生産・流通両面での低コスト化の取組が重要となる。生産面では特に、大型規格の高単収栽培と省力化による規模拡大が重要であり、機械化一貫体系もその有力な取組内容となる。また、流通面では、選別・調製・荷造り・出荷作業等の省力化のほか、出荷容器・輸送方法等を検討し、大量輸送と積載率の向上等による流通コストの削減が重要である。特に、遠隔産地からの物流の効率化については、広域集出荷施設の整備や施設の共同利用等のほか、輸送ロットの大型化・積載率の向上を図るための共同輸送・混載等も重要である

３）「定時・定量」

「必要なところに、必要な時に、必要な量」を供給する「定時・定量」については、生産面と流通面の双方からの安定供給の取組が必要となる。

まず生産面では､労働力不足等にも対応した省力型の作柄安定技術の確立･普及が重要であり、機械化一貫体系の推進も求められる。また、収穫代行や巡回集荷を含む収穫・出荷支援体制の構築や近年その実用化が急速に進行している生育予測システムを活用した適期収穫の実施のほか、契約数量確保に向けた余裕作付も必要となる。作柄安定技術については、水田活用型の産地の場合、排水対策等の水田利用に伴う固有の課題への対応が特に重要となる。

流通面での安定供給に向けた取組として重要なのは、貯蔵等を活用した過不足対応・需給調整による「現物確保」の取組である[3)]。加工・業務用実需者は、量販店等の小売店に比べて非弾力的な仕入行動が特徴となっており、物流面での安定供給を図るためには「現物確保」に向けた取組が重要となる。異常気象の発生頻度が高まり、天候不順等に伴う作柄変動の不安定さが増す中で、安定供給の実現を図るためには、端境期対応としての貯蔵品の利用だけでなく、年間を通した取組として、収穫したものを消費地や中継地点のストックポイントまで運び、そこで一定量を貯蔵しながら順次供給することによって、不測の事態にも対応可能な「現物確保」を図る仕組みを関係者と連携して構築することが重要となる。こうした「一時貯蔵活用型物流」による安定供給は、遠隔産地の場合、輸送障害の発生への対応という観点からも重要であり、その有効性を高めるためには、施設の共同利用・稼働率の向上による低コスト化も必要となる。これについては、一時貯蔵によって生ずる余剰分を保存性の高い冷凍野菜等へ転換する仕組みも併せて整備する必要がある。なお、貯蔵等の実施に伴って発生するコストについては、「現物確保」による「機会ロス」の減少につながることを考えるならば、受益者負担の観点に立った関係者間の応分の負担の検討が必要となる。

（3）中間事業者の役割の重要性

中間事業者は、産地と実需者を結び、産地から調達した野菜を、量的・質的な調整等を行いながら実需者に安定的に供給する重要な役割を担っている。このため、選別・調製だけでなく、多様な加工等の機能を有することも求められ、中間事業者の中心的な担い手として、卸売業者、食品流通事業者等の流通事業者だけでなく、皮むき・芯抜き等の業務用前処理・一次加工等を行うカット野菜事業者等も含まれる。

中間事業者は、加工・業務用野菜の生産・流通において、さまざまな調整を行いながら需給結合や状況変化等に対応した機動的なサポート等を行っている。その中で、特に重要なものとして、①実需者ニーズの伝達や産地側のシーズの情報発信等を含む、産地と実需者間のコミュニケーションの促進、②用途別・等階級別の販路調整とこれによる商品化率の向上、③皮むき・芯抜きやカット、冷凍等の前処理・一次加工といった実需者ニーズに即した形態転換、④一時貯蔵を含めた物流機能、⑤周年安定供給に向けた産地リレー出荷の調整等をあげることができる。

こうした産地と実需者を結ぶ需給結合においては、量的な調整だけでなく、実需者のホール野菜から前処理・一次加工形態での野菜仕入への転換に対応した簡易加工等の質的な調整も重要となる。

さらにこの需給結合を、実需者ニーズと産地側のシーズの結合という観点からとらえると、①ニーズに即したシーズの設計・生産、すなわち、ニーズ起点の受注生産的な取組と、②産地側のシーズの特徴を活かした情報発信・価値提案、すなわち、シーズ起点の価値提案型の取組の双方を含む需給結合という視点が重要である。このうち、「ニーズに即したシーズの設計・生産」（ニーズ起点の受注生産的な取組）は、基本的には、これまで検討した、加工・業務用実需者から求められる「定時・定量・定質・定価」という安定供給に係る実需者ニーズに対応した取組が中心となる。また「産地側のシーズの特徴を活かした情報発信・価値提案」（シーズ起点の価値提案型の取組）は、多品目（多品種）少量生産型および地域特産的な伝統野菜等を活用した産地形成であり、その物語性等の価値伝達や食べ方・メニュー提案等を行いながら産地側のシーズを実需者へ結びつける取組等を含んでいる[4)]。

こうした需給結合のコーディネーターとしての役割に加え、中間事業者には、「一時貯蔵活用型物流」やリレー出荷にこれを組み入れた「リレー・貯蔵出荷」等の物流面での安定供給の担い手としての機能向上も求められる。

３．加工・業務用対応型の産地形成～少品目大量生産対応を中心に

次に、これまでの検討内容を踏まえながら、加工・業務用対応型の産地形成について、ニーズ起点の受注生産的な取組の観点から、少品目大量生産に

取り組む代表的な事例として、水田活用型のJAとなみ野（富山県・たまねぎ）と畑作型のJA鹿追町（北海道・キャベツ）の取組の特徴等を概観する。

（1）水田活用型大量生産志向の産地形成―JAとなみ野（富山県・たまねぎ）

1）国産端境期のたまねぎの生産・供給

JAとなみ野が位置する富山県南西部の砺波地域は、農地の約96％を水田が占める県内でも有数の水田農業地帯である[5)]。加工・業務用野菜に限らず、その産地化にあたっては、明確な産地戦略を欠かすことができない。特に、水田転作・裏作をはじめ、新たに加工・業務用に対応した野菜産地の形成に取り組む場合、品目、出荷時期、販路等の選定はもとより、産地規模など将来の産地の姿も見据えた産地戦略の明確化が重要である。

JAとなみ野では、７～８月に出荷できるたまねぎを対象品目として取り組むこととなる。これについては、①水稲作業と競合しない、②機械化一貫体系が可能である等の点を踏まえながら、③卸売市場関係者など中間事業者との協議の中で、この時期のたまねぎは北海道産と府県産の端境期で品薄になりがちであり、安定供給できるならば一定の販路を確保できるとの認識を得た上での取組であることが重要である。また、目標とする産地規模を100haとして掲げることとなるが、これは管内の特定の生産者だけでなく、組合員全員が参加できる体制づくりを行って産地全体で取り組むことが重要であるとの認識による。

この取組が進む中で、管内の砺波市では、たまねぎについて、播種が８月下旬～９月上旬、定植が10月中旬～10月下旬、収穫が６月中旬～７月上旬とし、「水稲－たまねぎ－大豆」の２年３作が基本的な作付体系となる。その後、大豆に代わるたまねぎの後作として、これも機械化一貫体系が可能なにんじん等の導入も進められ、現在では、「水稲－大麦－たまねぎ－にんじん－水稲」の３年５作も輪作体系の一つとなっている。

２）原体とむき玉を組み合わせた加工・業務用実需者へのたまねぎ生産・供給

JAとなみ野のたまねぎ生産は、2009年産の作付面積８ha（24経営体）、出荷量約120ｔから始まる。その後、2015年産ではそれぞれ83ha（105経営体）、約2,800ｔへと大きく拡大し、16年産の作付面積は104haで当初の目標を達成することとなる。その後も生産拡大は続き、2018年産は作付面積192ha（経営体131）、出荷量約7,000ｔで、作付面積、出荷量ともに、当初の予定の約２倍の規模に達している（19年産の作付面積は198ha）。

積雪地帯の水田裏作という栽培技術が未確立な条件下での新たな品目の導入ということもあり、最初の３年間は単収が上がらず十分な結果を残せない状況が続いた。しかし、排水対策の徹底（額縁明きょと弾丸暗きょの実施）やプロジェクトチームの設置による栽培技術の不断の改善によって単収の向上を図り、2014年産では4.2ｔと当初の目標単収を実現させている。

現在、出荷量の約６割が青果用、約４割が加工・業務用であり、出荷量が増加する中で、加工・業務用たまねぎの占める割合が高まっている。加工・業務用たまねぎの生産・供給では、当初から、JAとなみ野、卸売業者等の中間事業者、食品製造業者等から構成されるコンソーシアムを形成した取組が行われている。単収が伸び悩み十分な収量が得られない取組の初期段階において、実需者に供給する契約数量の不足分の手当を中間事業者が行うなど、後発産地の育成という観点も含め、中間事業者が重要な役割を果たしている。

また、こうした新たな産地形成については、生産者の負担の軽減を図りながら当該品目の導入とその規模拡大を進めることも重要である。これについては、JAとなみ野が必要な農業機械（畝立成型機、定植機、堀取機、ピッカー等）を整備して生産者に貸し出すシステムを整えて、生産者の自己負担・初期投資を抑えつつ作業の省力化を実現させているほか、JAによる定植作業や収穫作業の受託も行われている。農業機械の利用調整については、JAの支店（７支店）ごとに設置された出荷組合（部会）単位で行われているが、この組織は水田の農地利用調整会議を母体としたものである。なお、上記のように、当初の見込みを上回る速度で規模拡大が進んだため、JAが整備した機械の貸出方式では作付面積の拡大への効率的な対応が困難になっており、現在では、大規模経営体自らの定植機、収穫機等の導入が進められている。

生産者に対する代金決済については、青果用と加工・業務用の販売金額を合算して、８月末～９月上旬に概算払い、12月に選果場等の利用料を差し引いた精算払い、４月～５月に最終精算という米と同様の精算システムで行うなど、生産者がたまねぎ生産に取り組みやすい方式を採用している。

なお、この間、規模拡大に向けて大きな阻害要因であった、収穫後のたまねぎの圃場外への運搬作業の軽労化・効率化を図るため、機械メーカー等の協力を受けながら、ピッカーの後部に昇降機を取り付けて、運搬車に乗せたメッシュボックスパレット（大型鉄製コンテナ（以下、鉄コンと記述））に直接収納できるよう改良を行うなど、畝立て、定植、収穫作業の機械化一貫体系による省力化・効率化の効果をより一層引き出す工夫も行われている。

また、JAとなみ野は、乾燥、選別、調製、冷蔵保管に係る共同利用施設を整備している。このうち、乾燥施設については、鉄コンに収納した形態でのたまねぎの乾燥が中心になるに伴い、米倉庫を改良した除湿乾燥庫から差圧式風乾庫、ラック乾燥庫へとその規模や能力を順次増強させながら整備を行っている。たまねぎの生産・出荷において乾燥作業は重要な位置を占めており、基本的にはその取扱規模に応じた施設整備が必要とされる。このため、生産量の増加に対応するため、2018年に、新たな大型乾燥施設を増設している。この乾燥施設は「作物間隙強制換気方式」を採用し、庫内に取り込んだ外気を温度調整しながら鉄コン内のたまねぎの間を通過させるなど、より効率的な乾燥工程を図るものである。ただし、加工・業務用たまねぎについては、取引先が乾燥・冷蔵保管施設を有している場合、収穫したたまねぎを産地で乾燥作業を行わずに納品することも可能であり、JAとなみ野においても、一部この形態での出荷が行われている。

JAとなみ野では、加工業者等への原体での供給だけでなく、むき玉（皮むき・天地カット等）といった一次加工を施した形態での供給も行っている。むき玉加工施設の処理能力は１日あたり原料ベースで約4,000ｔで、10名程度の雇用者が、基本的には９月から翌年３月までの施設稼働期間で400～450ｔのむき玉加工を行っていた。しかし、現在では、JAとなみ野の子会社がこのむき玉加工の製造・販売を行っており、また、この子会社は、JAとなみ野の加工･業務用たまねぎの販売窓口としての役割も担っている。外食･中食企業等の厨房や量販店のバックヤードにおける人手不足や消費地近郊での残渣処理の困難性等を背景として、加工・業務用実需者からは、皮むき・芯抜き等の前処理・一次加工された形態での調達ニーズが強まっており、むき玉を含む、加工・業務用対応の一層の強化に向けた体制整備を進めている。

（２）畑作型大量生産志向の産地形成―JA鹿追町（北海道・キャベツ）

１）家計消費用キャベツ生産の推移

鹿追町は十勝平野の北西部に位置し、小麦、甜菜、ばれいしょ、豆類の畑作４品目を主要作目とする大規模農業を展開している[6)]。

その中でキャベツは、1980年代後半に一部の生産者グループによって家計消費用として生産が開始された。その後、1991年にJA主導で出荷組合が設立され、農協への委託出荷による共販体制に移行し、農協主導型の産地形成が進むこととなる。

当時のキャベツ生産は、育苗、定植、収穫、出荷などの作業はほとんど手作業で行われていたため、JA鹿追町では、規模拡大に不可欠な労働力対策として、こうした一連の作業の省力化・機械化の必要性を早い時期から認識し、その対策に取り組んできた。その中で本格的な省力化・機械化は、全自動苗補植ロボットを導入し、優良で均一な大きさの苗を供給できる育苗センターの稼働開始（1998年）と全自動移植機の導入によって大きく進むこととなる。

こうした点も背景として、キャベツの作付面積は増加し、2000年には120haでピークを迎えるが、その後減少に転ずる。この減少要因については、徳田（2010）、佐藤（2015）が指摘するように、キャベツ価格の低迷のほか、生産段階での育苗から定植までの作業が機械化されたとはいえ、全作業時間の半分強を占める収穫作業が手作業のまま残されていたため、農地調達による規模拡大の方向が緩和されるのに伴い、生産者は機械化による作業の省力化が進んでいる畑作４品目での生産拡大を選択し、キャベツ生産は縮小する。

しかし、鹿追町では、畑作４品目の輪作体系の安定化にとって、一定割合のキャベツを組み込むことが不可欠と認識しており、キャベツ産地としての再生は、鹿追町の畑作農業の展開を図る上で重要なものと位置づけられていた。このため、収穫機の実用化によって機械化一貫体系を完成させ、これによる省力型キャベツ生産の実現が追求されることとなる。

２）加工・業務用キャベツの生産・出荷の概要

キャベツ収穫機は家計消費用を念頭において1993年から始まる国の農業機械等緊急開発事業を中心に開発が進められた。しかし、収穫能力、作業精度等の点で課題も多く、試作機の実用化には至らない状況が続いた。

その後、2000年代中頃に、収穫機の開発方向は、加工・業務用を視野に入れたものへと転換し、いくつかの試作機を経て、加工・業務用キャベツ向けとして開発された収穫機が12年に完成し13年に実用化（市販）される。この収穫機は、収穫されたキャベツの収納・輸送容器として鉄コンの利用を想定して開発されたものであり、収穫機後部のコンテナ台には、鉄コンのほか２～３名の補助者が乗ることができ、収穫されたキャベツは、機上で、補助者による選別・調製（外葉とり等）・コンテナ詰めの一連の作業が行われる。この収穫機の実用化により、キャベツの育苗から収穫に至る作業が機械化一貫体系のもとで行われることとなり、JA鹿追町が長年にわたって追求してきた労働生産性の高い省力型キャベツ生産の実施が可能となった。

こうした状況の中、加工・業務用キャベツの生産・出荷は、2010年に、作付面積約４ha、出荷量10ｔで始まるが、本格的な生産・出荷が行われるようになるのは、実用化された収穫機２台の導入とその本格稼働が行われる2013年からである。2013年の作付面積は15haで、そのすべての収穫が、収穫機を使用したJAの委託収穫によって行われ、6.5ｔという単収の高さもあり、

1,000ｔ近い出荷量となっている。翌年にはJAが収穫機をさらに２台導入し、４台の収穫機による収穫体制（JAによる委託収穫と収穫機の生産者への貸出による個人収穫）により、作付面積は55haと前年の約４倍へと急増し、出荷量も3,000ｔに迫る水準にまで増加した。その後、作付面積は50ha台で推移しているが、単収の増加もあり、出荷量は4,500～5,000ｔの水準にある。

出荷時期は７月中旬から10月であり、加工・業務用キャベツの作付面積は、2016年以降、全作付面積の９割弱を占めており、ほぼ加工・業務用に特化した形で産地化が進んでいる。主な出荷・販売先は、カット野菜事業者を中心に、食品メーカー、中間事業者等である。

なお、委託収穫は、運送業者や派遣事業者も活用した体制で行われている。現在、JA所有の収穫機は６台であり、収穫方法に占める割合は、委託収穫が約４割、収穫機の貸出による個人収穫が約６割で、後者の割合が増えている。

３）加工・業務用キャベツの安定供給に向けた取組の特徴

実需者ニーズの把握と生産・流通コストの低減に向けた取組

JA鹿追町における加工・業務用キャベツの生産・供給の大きな特徴は、①実需者ニーズの把握とそこで求められる安定供給（「定時・定量・定質・定価」）の内容と、②JA鹿追町が志向する機械化一貫体系による省力型大量生産とそれに適合した効率的な流通の取組内容とが合致する方向で進められた点にある。

JA鹿追町では、キャベツの販売先の確保等を検討していた2006年頃、一連の収穫機の開発プロジェクトの関係者から、カット野菜事業者を紹介され、それまで認識がなかった加工・業務用野菜の状況や特徴、実需者ニーズ等を学ぶこととなる。これを契機として加工・業務用キャベツ生産に向けた取組へ動き出すこととなるが、その要因として次の点を認識できたことが大きい。

第一に、カット野菜事業者が良品質の加工原料の調達に苦慮している実態である。当時の家計消費用野菜の卸売市場出荷を中心とする多くの産地にとって、加工・業務用野菜、特にカット野菜等の加工原料向け野菜は、家計消費用の余剰分や品質が劣る「裾もの」で対応できると考えるものも少なくなかった。このため、カット野菜事業者は、加工適性を有する良質な加工原料を求めて、これに対応できる生産者を探し出して調達せざるを得ない状況にあった。そして、このことは、加工・業務用産地としてしっかりした対応ができれば、カット野菜等の加工業務用実需者は、JA鹿追町のキャベツの大きな販路として確保できると認識することとなる。

第二に、青果用とは異なる加工・業務用野菜（特にカット野菜原料）に求められる基本的特性を把握することができ、それへの対応が産地側のメリットにつながる面があることを認識できたことである。カット野菜原料として求められるキャベツの特性の中で重要なのは、①巻きが硬く、葉質がしっかりしている寒玉系品種で、②内部の葉色が白すぎず、③加工歩留まりと作業性を高めるための大型規格（6玉程度/10kg）が基本であることに加え、④褐変症等の内部障害があるものは原料として不適格であること、等である。このためJA鹿追町では、品種選定について、こうした加工適性の観点からさまざまな品種試験を3年以上にわたって実施し、「肥大性がよいこと」、「裂玉しにくいこと」、「褐変症等の内部障害や病害への抵抗性が強いこと」等の観点から特定の品種を選び出す。なお、大型規格のキャベツ生産に必要な栽培方法だけでなく、家計消費用以上に内部品質が重視されることから、栽培方法にも工夫が求められる。JA鹿追町のキャベツ生産費をみると、肥料・農薬代では、加工用が家計消費用（青果用）を上回っており、加工用の場合、内部障害を防ぐための石灰の葉面散布が増えることがその要因の一つとなっている。

そして、カット野菜原料等の製品歩留りが基準となる加工原料の場合、重量ベースでの取引が基本であることから、家計消費用とは異なり、大型規格の高単収栽培による収量の確保ができれば、産地側のメリットを見込めることを認識する。

このことにも関連して第三に、加工・業務用野菜の取引単価の設定は、契約取引による中・長期的な安定価格が基本となっていることから、効率化・低コスト化といったJA鹿追町が志向する産地戦略が有効に機能するならば、生産者のメリットにつながることを認識できたことである。先に示したように、契約取引による固定価格での取引の場合、低コスト化によって生じた差額分を生産者の所得増加へつなげることが可能となる。このため、鹿追町では、省力化とスケールメリットを活かした生産・流通両面での低コスト化を加工・業務用キャベツの生産・供給に向けた重要な取組内容として明確に位置づけることとなる。

これについては、先にみた収穫機の導入を含む機械化一貫体系による生産面での省力型大規模生産と低コスト化のほか、流通面での効率化・低コスト化も併行して準備を進めたことが重要である。遠隔産地の場合、近郊産地に比べて輸送費が嵩むなど輸送条件は一般に不利な状況にあるが、JA鹿追町では、当初から、機械化一貫体系による大量生産能力を活かすためには、これに適合した効率的な出荷・流通という出口部分の整備を併せて進めることが不可欠との考えを有していた。JA鹿追町の場合、販売単価（取引先納品価格）に占める流通コストの割合は５割を超え、その８割以上を輸送費と出荷容器代の二者が占めている。このため、流通コストの低減については、さまざまな試験や検討を踏まえ、出荷容器については鉄コンを使用し、その利用にあたってはワンウエイレンタル方式で回収・保管・管理作業等の省力化を図るほか、輸送手段についてはトラックから大量輸送機関である鉄道輸送(JRコンテナ便）へ転換する方式が採用される。これにより、キャベツ収穫機上で選別・調製し、鉄コンに収納されたキャベツが、トラックで集荷センターへ運ばれて計量され、予冷を経て、JRコンテナに積載され消費地へ輸送される方式で、加工・業務用キャベツの本格的な生産・流通が始まることとなる。圃場から消費地に至る、鉄コン（１基に約350kg収納）とJRコンテナ（コンテナ１台に鉄コン12基搭載）を利用した省力型の大量輸送をベースに積載率の向上等の工夫を図りながら、kgあたりの流通コストの低減に取り組んでいる。なお、施設等の関係で、鉄コンでの受け入れが困難な実需者については、消費地において中間事業者が実需者向け容器に詰め替えて納品している。

安定供給に向けた物流機能の一層の活用～一時貯蔵活用型物流

こうした効率的な出荷・流通体制による流通面での低コスト化の取組に加え、遠隔産地からの安定供給の実現にとって重要なのは、輸送障害等の「輸送リスク」を念頭においた対応である。

現在、JA鹿追町の本州向けキャベツの輸送方法については、JRコンテナ（コンテナ1台あたり鉄コン12基）による輸送が約7割、フェリー（トレーラー併用（トレーラー1台あたり鉄コン44基））が約3割となっている。

キャベツの1日あたりの平均出荷量は50t強であり、鉄コンに換算すると約150基となる。こうした物量規模の遠隔産地からの安定供給（特に「定時・定量」）を図るためには、輸送障害の発生に備えた対応が必要となる。その具体的な対応内容は、消費地ないし中継地点にストックポイントを設置し、収穫したキャベツをそこに運び、一定量を貯蔵しながら順次供給するものであり、交通網への影響で輸送できない事態が生じたとしても、その貯蔵分で「現物確保」の実現を図ろうとするものである。こうしたストックポイントでの一時貯蔵を活用した安定供給の仕組み（「一時貯蔵活用型物流」）の必要性についても、JA鹿追町では早くから認識されており、これまでも、台風の影響によるJRコンテナ便の輸送障害を見越した、フェリーによる海上輸送と消費地ストックポイントでの一時貯蔵による「現物確保」の取組を試行的に行ってきた。異常気象の発生頻度が高まる中、この「一時貯蔵活用型物流」による安定供給を図る取組の重要性は以前よりも増しているといえる。

また、JA鹿追町では、中間事業者を介した、JAとぴあ浜松（静岡県）、JA尾鈴（宮崎県）等との産地間リレーを行っており、その仕組みの中に、ストックポイント等での一時貯蔵の活用を組み入れて、加工・業務用実需者が求める周年安定供給に対応した、年間をとおした「現物確保」を可能とする体制（「リレー・貯蔵出荷」）の構築についても検討を行っている。

こうした「一時貯蔵活用型物流」については、貯蔵に伴う品質低下や貯蔵コストの発生とその費用負担のあり方が課題となる。このうち、品質低下への対応については、今日のさまざまな鮮度保持技術は、高鮮度・低コストで貯蔵できる仕組みをハード面から支えるものといえる。貯蔵コストの発生とその費用負担については、貯蔵期間中の鉄コンの利用料金を含め、関係者の応分の負担のルール化が必要となる。この場合、「現物確保」によって「機会ロス」の減少にもつながる点を考えるならば、川上・川中の事業者だけでなく、受益者負担の観点に立って、実需者・小売企業等の川下の事業者による負担も検討する必要があろう（関係者による広く薄いコスト負担）。

４．おわりに

加工・業務用需要は、家計消費用に比べて輸入品との結びつきが強い。単身・高齢・共稼ぎといった簡便化志向が強い世帯の増加等を背景として、今後も食の外部化は緩やかに進行し、これと表裏の関係で、加工・業務用需要の増加も見込まれる。こうした状況の中、国産野菜の販路の確保・拡大を図るためには、加工・業務用需要に対応した国産野菜の生産・供給力のさらなる強化・安定化が必要とされる。

このための国内産地の対応方向として重要なのが、加工・業務用実需者から求められる「定時・定量・定質・定価」という安定供給の内容とそれへの対応であり、実需者ニーズを起点とした受注生産的な取組として捉えることができる。

しかし、この場合、産地側にとって大切なのは、産地戦略を明確にした上で、加工・業務用野菜の生産・供給に取り組むことである。中でも、対象品目の選定、販路の確保、想定する産地規模等の明確化が重要である。これについて、本稿で検討した、JAとなみ野では国産の端境期となる７～８月のたまねぎを、JA鹿追町ではこれまで国内対応が不十分であったカット野菜原料用キャベツを、それぞれ、実需者等との協議を踏まえて対象品目として選定し、その販路も確保した上での取組となっている。

そして両産地とも、機械化一貫体系による省力型生産による規模拡大を志向し、これによる低コスト化を踏まえた安定供給に取り組むこととなる。この中で、JAとなみ野のような水田活用型の産地の場合、排水対策を始めとした作柄安定技術の確立が安定供給を図る上で克服すべき重要な課題となる。また、JA鹿追町のような遠隔産地の場合、生産面だけでなく流通面での効率化・低コスト化が重要な取組事項となる。加工・業務用野菜については、用途別・品目別に、一定の幅を持った目安となる取引価格が設定されており、これによる固定価格での契約取引の場合、低コスト化によって生じた差額分を生産者の所得向上につなげる視点が重要である。

また、加工・業務用対応型の産地形成において、中間事業者は重要な役割を担っている。JAとなみ野のケースでは、中間事業者は、単収が伸び悩み収量の確保が困難な取組の初期段階において、供給数量の不足分の手当等も行いながらその産地形成を支援している。JA鹿追町のケースでは、遠隔産地からの物流のさらなる安定化に向けた「一時貯蔵活用型物流」の仕組みづくりで中間事業者が重要な機能を担っている。このように中間事業者は、産地固有の発展段階に応じた需給結合をサポートする重要な役割を担っており、安定供給が求められる加工・業務用対応型の産地形成において、中間事業者との連携による取組が重要なものとなる。

注

1）加工・業務用需要の動向と特徴については、小林（2017）を参照。
2）家計消費用野菜と加工・業務用野菜の基本的特性の違い等については、小林（2006）を参照。
3）この貯蔵による「現物確保」をはじめ、物流機能の一層の活用による安定供給の必要性については、小林（2018）を参照。
4）この多品目（多品種）少量生産型の産地形成に取り組んでいる中間事業者として八百辰があり、その概要については、小林（2008）を参照。
5）JAとなみ野のたまねぎ生産の取組については、戸田（2015）も参照。
6）JA鹿追町のキャベツ生産の取組については、徳田（2010）、今田（2014）、佐藤（2015）も参照。

引用・参考文献

今田伸二（2014）「キャベツ機械化一貫体系確立，産地拡大に向けた新たな取り組み」『機械化農業』2014年２月号，pp.14-17.
小林茂典（2006）「野菜の用途別需要の動向と国内産地の対応課題」『農林水産政策研究』No.11，pp.1-27.
小林茂典（2008）「多品目少量生産型産地を組織する青果会社―㈲八百辰」藤島廣二・小林茂典『業務・加工用野菜』農山漁村文化協会，pp.145-151.
小林茂典（2017）「主要野菜の加工・業務用需要の動向と国内の対応方向―2015年度の推計結果をもとに―」『野菜情報』2017年11月，pp.36-47.
小林茂典（2018）「物流機能の一層の活用による，効率的かつ安定的な流通体制の構築」細川允史編『新制度卸売市場のあり方と展望』筑波書房，pp.51-56.
佐藤和憲（2015）「加工・業務用キャベツの低コスト化に向けた生産の現状～北海道鹿追町の機械化一貫体系の取り組み」『野菜情報』2015年９月，pp.16-24.
戸田義久（2015）「水田転換畑におけるたまねぎ生産―JAとなみ野の機械化一貫体系の取り組み」『野菜情報』2015年７月，pp.49-59.
徳田博美（2010）「大規模畑作地帯におけるキャベツの機械化一貫体系確立の挑戦」『野菜情報』2010年３月，pp.14-23.

（小林茂典）

第3章

野菜の加工・業務需要に対応した産地中間業者の展開
―ビジネスモデルの視点から―

1．背景

1980年代以降、外食・中食産業による食材としての野菜調達が増大してきた。こうした中で、野菜生産者と外食・中食企業を結ぶサプライチェーンを構成する主要メンバーとして、産地中間業者[1)]の役割が見直され、急速に事業展開している事業者も出現している。その特徴としては、事業の大規模化と多角化、集荷範囲の広域化、産地サイドの総合的なコーディネータ化、川上、川下からの事業参入、農業政策における中間業者重視の姿勢などが上げられる。こうした特徴は、従来の産地中間業者のイメージ、研究者による性格付けとは大きく異なる点がある。

産地中間業者を対象とした研究は、戦前期から行われてきたが、その成立条件としては、情報の不完全性を利用した全国的な価格動向から乖離した安値買付と、交通の未発達を背景として当該品目が品薄な遠隔地市場での高値販売による差益追求などがあげられる。しかし、国家による価格統制制度と農業協同組合による共同販売事業の進展により農民からの安値買付は難しくなり、さらに卸売市場整備により市場間価格差が小さくなるとともに、売買差益の追及は困難となり次第に流通過程における仲介機能に基づいた手数料を受け取る手数料商人[2)]に転化するとされた。実態としては、手数料商人

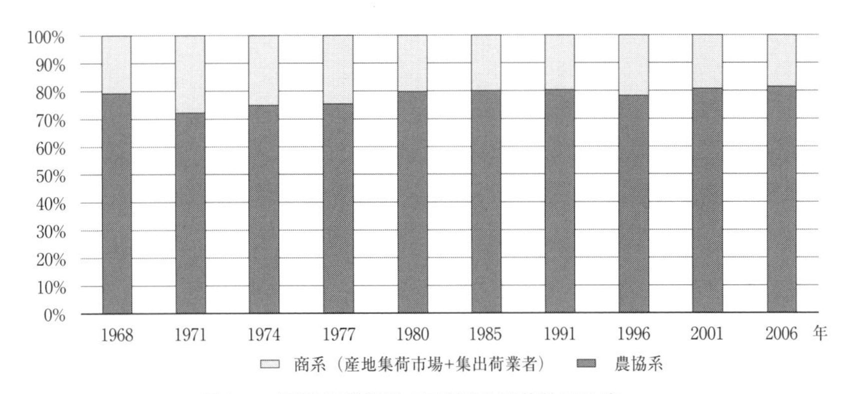

図3-1　野菜の農協系･商系別の出荷数量比率

資料：青果物集出荷機構調査報告、青果物・花き集出荷機構調査報告

化が進んだ後も、産地中間業者やその活動拠点である産地市場の野菜流通に占める役割は**図3-1**に示すよう1970年代以降徐々に低下していった。

ところが近年、一部の産地中間業者は加工・業務用野菜のサプライチェーンを構成する産地サイドの有力なメンバーとして注目されてきているわけである。こうした業者は加工・業務系産地中間業者と呼ぶのが適切であろう。

2．課題と方法

（1）課題と方法

加工・業務系産地中間業者は、手数料を収取する単純な手数料商人とはいえなくなっており、その事業者としての性格を再吟味する必要性が高い。そのためには、どのような顧客に、どのような商品・サービスを、どのような経営資源を用いて、どのような仕組みで生産、販売し、収益を上げているかといった利益を生み出す仕組み、すなわちビジネスモデルとしての事業性格の解明が必要と考える。

しかし、こうした視点からの研究について見ると、佐藤（2002）（2018）は、それぞれ経営戦略論の視点およびビジネスモデルの視点から分析しているが、いずれも主な対象は農業法人であり、産地中間業者は同様な事業を営む異業種として取り上げられているに過ぎない。また清水（2004）は加工・業務系産地中間業者の事例分析を行い、その特徴を指摘しているが、ビジネスモデルとしての分析は行っていない。

そこで、本章では、収益を生み出す事業の仕組みを明らかにしようとするビジネスモデル論[3)]の視点から、加工・業務系産地中間業者の事業者としての性格とその利益を生み出す仕組の特徴を明らかにする。

まず、ビジネスモデルの分析枠組みを設定たうえで、先行研究に依拠して伝統的な産地中間業者を類型化し、そのビジネスモデルの特徴を素描する。続いて、加工・業務系産地中間業者の事例分析から、ビジネスモデルとしての特徴を摘出する。そのうえで、加工・業務系産地中間業者を伝統的産地中間業者と比較しながら前者のビジネスモデルの特徴を浮き彫りし、事業者としての性格を明らかにする。

（2）ビジネスモデル分析の枠組み

本章では、ビジネスモデルを構成する重要性の高い要素として、①顧客・顧客との関係性、②商品・サービス、③事業プロセス（経営資源、パートナー、販売チャネル、事業活動の流れ）、④収入・コストの４つの要素に集約して検討する。まず、この４つの要素による分析枠組みを用いて先行研究の成果を検討し、伝統的な産地中間業者のビジネスモデルの特徴を確認する。これを受けて加工・業務系産地中間業者の事例分析を行ない、これと伝統的産地中間業者の比較を通じて加工・業務系産地中間業者のビジネスモデルの特徴をクリアにしたい。

なお、加工・業務系産地中間業者の事例分析では、全国的にも最大規模で業務用野菜の集荷・卸売を行っている丸西産業株式会社と事業規模は中規模で加工用野菜の集荷・卸売を行っている有限会社茨城白菜栽培組合を取り上げる。

３．伝統的産地中間業者の類型とビジネスモデル

（1）伝統的産地中間業者の類型

野菜産地における伝統的な産地中間業者については、これまでに北関東、大阪、愛知および北海道を対象とした実態調査に基づく多くの研究蓄積がある[4)]。これらの研究において対象とされた事業者および機関は、消費地との距離など立地条件の違い、野菜の品目の違いによって多様な分類が試みられているが、本章では主要な商機能によって**表3-1**のように類型化した。

実際の事業者は、特定の類型に特化した事業を営んでいることもあるが、２つの類型、さらに３つの類型に跨った事業を営んでいることが少なくない。

そこで、本論では、これら３つの類型の業者を一括して伝統的産地中間業者と見なした。その中でも産地において商業機能の中心的な役割を果たしている集荷業者と移出業者に焦点を当てた森田泰三（1970)、沢田進一（1989)、新井鎮久（2012)、木村彰利（2015）等の先行研究から、伝統的産地中間業者のビジネスモデルの要素を抽出して**表3-1**のように整理した。

表 3-1　野菜産地における伝統的中間商人の類型と機能

機能から見た業者類型	一般名称・俗称	営業拠点	機能						
			集荷	評価	価格形成	分荷	包装	加工	代金決済
集荷業者									
産地市場	産地市場、産地集荷市場、野市	産地市場	○		○	△			○
集荷（専門）業者	青田師	生産者庭先、産地市場	○	△	△				△
移出業者									
移出（専門）業者	産地仲買、投げ師、送り師	産地市場	△	○		○			
集出荷業者	産地仲買、青田師	生産者庭先、産地市場	○	△	△	○			△
包装・加工業者									
包装・加工業者		産地市場	△	○	△	○	○	○	
集荷・包装・加工業者		産地市場、生産者庭先	○	○	○	○	○	○	○

注：○は主な機能
　　△は場合によっては担う機能

（2）伝統的産地中間業者のビジネスモデル

伝統的産地中間業者の最終的な顧客—実質的には移出業者の顧客—は、遠隔地の消費地卸売市場の卸売業者、または加工食品メーカー等で、その取引関係には一定の継続性が窺われるものの、その時々の需給関係によって取引相手、価格、数量が変化しうるスポット的な取引である。

商品・サービスについては、伝統的な産地中間業者が取り扱う商品である野菜は、卸売市場で取引されるサイズと外観品位によって規格化、標準化された原体野菜である。ただし、地理的な懸隔と情報の不完全性に基づく、消費地卸売市場の品薄時において入荷不足を補完するための商材としての追加的な価値が付加されるところに特徴がある。

事業プロセスとしては、卸売商として一般に必要な運転資金、経験、人脈、市場情報などのノウハウを基本的な経営資源とし、安定性には欠かけるものの取引頻度の高い生産者と消費地卸売市場の卸売業者等を主なパートナーとし、セリ取引を基本とした伝統的なチャネルを用いて、生産者からの受託集荷、産地市場でのセリ取引による価格形成、遠隔地卸売市場や加工メーカーなどへの原体野菜の出荷、代金回収といった事業活動を営んでいる。

収入・コストについては、消費地卸売市場での原体野菜の販売による不安定な売上と産地市場での大きく変動する調達原価によって、大きな収益変動に直面する。産地市場の価格が低く、消費地市場の価格が高ければ大きな利益が得られることもあるが、その反対の場合には大きな差損が生じ経営悪化につながることもある。このため、彼らは投機的な行動様式を取ってきたわけである。

（3）伝統的産地中間業者の近年の動向

伝統的な産地中間業者も徐々に事業内容を変化させているので、その動向を整理し、その中から新たなタイプの産地中間業者の姿を見出していきたい。

第一に、全体として伝統的な産地中間業者は衰退傾向にある。産地中間業者を経由した商系流通量（集出荷業者および産地市場を合わせた出荷量）は1970年代をピークとして徐々に減少し、2006年には野菜産地における集出荷数量の比率は低下しており（**図3-1**参照）、業者数（組織数）も減少している[5]。

第二に、産地市場の移出業者は、産地市場と遠隔地卸売市場の価格差益を追求する差益商人から、出荷者からの受託販売に係る手数数を追求する手数料商人へと性格を変え、さらに近年は流通加工・加工による付加価値をも追求する加工業者的な性格を有した業者も出てきている[6]。

第三に、産地市場の卸売業者の中には、生産者から契約的な取引で集荷し、これを自ら設立した移出業者等を介してスーパーマーケットへ納品するといった事業者も出てきている[7]。

第四に、包装・加工業者、一部の移出業者および産地市場の卸売業者の中にも、スーパーマーケットや外食企業との周年的な取引のために、収穫・出荷時期の異なる他産地から集荷する業者も出現している[8]。

以上のような新たな動きを示している事業者の中には、事業規模や事業内容が伝統的産地中間業者の枠には収まらない新たなタイプの業者が出現している。次節では、このような特徴を典型的に示している新たなタイプの産地中間業者=加工・業務系産地中間業者について検討していく。

４．加工・業務系産地中間業者の分析事例

本節では前節で指摘した加工・業務系産地中間業者と目される事業者２社をとりあげて検討することにより加工・業務系産地中間業者のビジネスモデルの特徴を抽出する。

（1）丸西産業株式会社[9]

丸西産業㈱（以下では丸西産業と略す）は、長野県飯田市に本社を置く、主に肥料や農薬を取り扱う農業資材販売業者であったが、平成期に入る頃か

ら県内でのレタスの集荷・販売事業に参入した。その後、茨城、熊本、鹿児島、静岡へと契約取引を広げることにより周年調達を実現し、これを大手の青果卸を介してカット野菜業者やスーパーマーケットに安定供給するといった業務用野菜のビジネスモデルを確立した。同社は近年急速に事業拡大しており2020年6月期の売上高は127億円に達しているが、その大半は野菜の売上で、野菜売上高の内訳は業務用が約65%、スーパーマーケット向けが約35%となっている。

主な顧客は、業務用では大手レストランチェーン、大手ファストフードチェーン、コンビニベンダー（惣菜・サラダメーカー）、および場外青果卸である。これら主な顧客とは継続的、契約的な取引関係が結ばれており、商談に基づいて年単位またはシーズン単位での顧客別供給計画が立てられる。ただし、ナショナルチェーンレベルのスーパーマーケットとも継続的な取引がある。

主な商品は、レタス類、キャベツ、ハクサイ、その他であり、スーパーマーケット向けのカット、パッケージを除けば、大半は業務用向けの原体野菜である。荷姿は、顧客のニーズに応じて段ボール箱、コンテナなどである。主力商品のレタスについては、出荷時期の異なる契約生産者グループを全国に組織することにより計画的にレタスを生産（2018年にはレタス560ha、非結球レタス190ha）し、顧客の発注に応じて、需給調整しながら周年的に安定納品できるサプライチェーンを確立していることが大きな特徴である。顧客にとっては原料野菜の周年安定した供給が商品・サービスの価値となっている。

事業プロセスのうち経営資源について見ると、まず物流施設は、首都圏の主要顧客に近接し、春季と秋季の契約生産者グループのある茨城支店（茨城県八千代町）に、予冷庫を備えた集荷場、調湿機能付きの大型冷蔵庫およびパッケージセンターが設置されており、関東地方および周辺の顧客への物流拠点となっている。また、夏季の契約生産者グループがある長野県川上村には支店、冬季の契約グループがある熊本県八代市、静岡県吉田町には出張所を置き、契約生産者への資材供給、集荷および技術・営農指導の拠点としている。こうした全国に展開する契約生産者グループとこれを支援する同社の支店・出張所とそのスタッフは、周年安定供給を実現しているサプライチェーンの生産・集荷サイドの基盤となっている。

パートナーとしては、川下サイドでは業界最大手の場外青果卸A社の存在が大きい。A社も野菜の中間業者ではあるが、卸売市場の仲卸から事業展開してきたためか、主に川下サイドの需給調整機能を担い、産地の育成・管理や生産指導など川上サイドの機能は丸西産業に任せるという分担関係をとっている。他方、川上サイドのパートナーは、言うまでもなく契約生産者グループで、各グループとも20~30年にわたる長期的な契約取引を行ってきており、何れのグループが欠けても周年安定したサプライチェーンは成り立たない。

販売チャネルは、業務用については主要な数社の顧客とは直接的な取引であるが、A社など卸を帳合に入れるケースもある。スーパーマーケットについては、顧客とは直接商談を行うが、スーパー側の要望する帳合先を入れた取引関係になる。契約価格は、業務用については契約期間を通じた単価設定を行っているが、スーパーマーケットなど小売とは週間値決めまたは日々値決めとなっている。

事業活動の流れについて、業務用を例にとると次の通りである。主要顧客との商談を踏まえた年間・シーズンの供給計画をベースとして、同社と各地の生産者グループは作付前に、受注予定数量と納品予定価格、これと産地側の作付計画案をすり合わせて生産計画を決定する。契約生産者は、これに基づいて野菜を作付け、栽培管理、収穫・出荷を行うが、各産地の支店・出張所に駐在する丸西産業の職員は、契約生産者に対して栽培管理、病虫害対策等の技術指導や経営指導および必要に応じて資材供給を行っている。収穫期には駐在職員は生育状況を逐次把握して本社に伝達し、本社からの指示によって生産者に収穫・出荷を指示する。収穫されたレタスは、コンテナ（一部産地では段ボール箱を使用）で地区の集荷場に持ち込まれ、真空予冷した後、

丸西産業が配車した運送会社のトラック（冷凍車）で、顧客の物流センターや加工施設に輸送される

収入・コストについてみると[10)]、同社は売上高の８割以上を野菜関係事業から、その大半は原体野菜の販売から得ていると推定される。営業上のコストとしては、卸売業者に共通する調達コスト、運転資金、物流コスト以外に、契約生産者グループが不作時の場合には外部調達コストが大きくなる可能性はある。ただし、同社の場合、ある契約グループが不作などにより納品予定量を満たせないことが予想される時には、パートナーのA社の仲卸部門やその他の契約産地から調達することにより予定通り納品しているという。また、逆に豊作で納品予定数量を超えて収穫された場合は、A社の仲卸部門を通じて、加工カット野菜業者などにカット野菜の増量を提案するなどして全量販売に努めている。このように同社の場合、実需者との間に消費地サイドの中間業者のA社を入れ、リスクを分散できることが強みになっている。

（2）㈲茨城白菜栽培組合[11)]

㈲茨城白菜栽培組合（以下、茨城白菜と略す）は茨城県古河市に本社を置く、漬物用野菜を専門的に取り扱う産地中間業者である。社長の岩瀬一雄氏は、ダイコンを生産して漬物業者に出荷する野菜農家であったが、やがて周辺の生産者を組織して出荷組合を立ち上げた。その後、遠隔地の生産者ともハクサイの契約生産を行い、これを漬物メーカーに原料として供給する事業を「農業フランチャイズシステム」と銘打って事業展開してきた。近年の販売金額は15~16億円前後と推定される。

顧客は漬物メーカーおよびスーパーマーケットであるが、最大の顧客は大手漬物メーカーB社で総売上の約７割を占めていると見られる。B社とは漬物用ハクサイのスペックや産地について協議しながら長年にわたって取引を継続してきており、いわゆる業務提携関係が形成されている。

主力商品は漬物用ハクサイで、B社向けの場合、毎年の商談結果に応じてキムチに適した季節別の品種、栽培方法、供給産地などから成る供給計画を

立て、各産地の生産者グループに10ケ月から1年前に品種と栽培面積を配分する。このように、特定メーカーの特定需要に適応した産業財として商品価値を高めるために、バイヤーと商談を繰り返すだけでなく、展示圃場を設置して新品種の試験栽培を行い、バイヤーや商品開発担当者に新品種等の生育状況を見せながら商品提案している。

経営資源としては、物流面では周年安定供給に必要な冷蔵庫と予冷庫を備えた集荷施設を本社に備えている。その他、育苗センター、堆肥センターも本社近くに備え、契約生産者への供給拠点としている。人材面では、小企業にもかかわらず大学卒のスタッフを数名雇用し、契約生産者に対するフィールドサービス等に充てている。同社の最大の経営資源は、関東甲信地域の平坦地（茨城県、埼玉県、千葉県、栃木県、群馬県）から高冷地（長野県）に組織化した約150戸の契約生産者グループである。これによって、顧客ニーズに応じた品質・規格の漬物用ハクサイ延べ作付面積370haから調達し、130万ケース（15kg箱）を周年安定的に供給している。

事業パートナーは、大手漬物メーカーB社であり、B社を抜きにした事業存続は考えられないだろう。このため先に述べたようにB社のニーズに応じて品種選択や栽培方法に遡った漬物用ハクサイの商品開発に努めている。これに対してB社は同社を関東地区での最有力な原料サプライヤーに位置付けている。また、肥料メーカー、種苗メーカーとの提携関係を結び、資材供給だけでなく、契約生産者への技術指導の支援も受けている。

他方、川上サイドのパートナーは、既に述べた契約生産者グループである。生産者グループの中には、夏季の産地である高冷地に大規模な農業法人もあるが、その他の生産者はの数ヘクタール規模の家族経営が大半でハクサイ以外の品目との複合生産を行っている。そのため卸売市場価格の高騰時には、同社との契約数量を守らず卸売市場などへ出荷する機会主義的な生産者もでてくる。そこで、同社では大幅な減収時には売上保証を行うなどして契約生産者との紐帯強化に努めているが、他方では生産者の収量、品質、安定性などとともに契約数量を順守するか否かといった点も加えて生産者を評価し、これに応じてインセンティブを調整している。

販売チャネルは、漬物メーカー等の加工・業務系の顧客とは契約的な直接取引で、青果卸等の帳合は入れていない。なお、需給ミスマッチによる受注残は中小スーパー等への販売によって調整することもある。

事業活動の流れについてB社との取引を例にあげれば、B社の年間の漬物製造に必要なハクサイの使用予定量に基づき、年間予定数量の大枠を契約する。これを元にして、各生産者と基本契約を文書で取り交わしたうえで、10ケ月から1年前に品種、栽培面積などを決めた栽培計画を策定し、契約生産者に種子と肥料を無償提供する。栽培期間中、同社職員は圃場を巡回して栽培指導し､収穫時期には顧客からの発注と生育状況を勘案して生産者に収穫･出荷を指示する。集荷価格は価格動向や契約生産者の生産コスト等を勘案して基準価格を取り決めるが、市場相場に大幅な変動があった場合には調整する。また、最終製品である漬物にも需要変動と小幅ながら価格変動があるため、月毎に予定数量を設定しておき、実際の出荷量は収穫直前に漬物メーカーから週間単位で受注し、最終的には出荷前日の夕方に翌日納品量の修正を受けている。さらに、同社では納品時に運転手が顧客のハクサイ在庫量を把握し、これも勘案して翌日以降の発注数量を予測して収穫・出荷計画を修正している。

収入・コストについて見ると[12)]、まず収入は原体野菜の販売がほぼ100％を占めている。大口顧客B社への販売依存度の高さは潜在的なリスクであるが、これまではB社との業務提携関係の下で売上は比較的安定してきたと見られる。営業上のコストとしては、卸売業者に共通する調達コスト、運転資金、物流コストの他に、契約産地の不作時に卸売市場調達による追加的な調達コストを負担していると見られる。同社は主要顧客との間に青果卸などの需給調整機能を持つ消費地サイドの中間業者を入れてないため、契約産地が極端な不先時には追加調達コストの全額を負うことになるものと見られる。

5．加工・業務系産地中間業者と伝統的産地中間業者のビジネスモデルの比較

前節で取り上げた加工・業務系産地中間業者２事例のビジネスモデルの特徴について、第３節で整理した伝統的な産地中間業者のビジネスモデルと比較しながら検討する（**表3-2**参照）。

まず、「顧客・顧客との関係性」について見ると、伝統的な産地中間業者の顧客は、産地市場の卸売業者と移出業者を一体と見なした場合は、主に消費地卸売市場の卸売業者等であり[13)]、それらの川下の外食・中食企業や小売企業との直接的な取引関係は少なかった。また、顧客との取引関係には継続性があることもあるが、個々の取引は日々の相場によって取引相手と価格、数量が変動しうるスポット取引である。

これに対して、加工・業務系産地中間業者は、外食・中食企業、加工食品企業、カット野菜業者、小売企業、卸売市場外の青果卸を直接的な顧客とし

表3-2　加工・業務系産地中間業者と伝統的産地中間業者のビジネスモデル比較

		加工・業務系産地中間業者	伝統的産地中間業者
顧客・顧客との関係		外食・中食企業、加工食品企業、カット野菜業者、小売企業、卸売市場外の青果卸	消費地卸売市場の卸売業者等
		継続的、契約的、提携的	スポット的
商品・サービスの価値		顧客個々のスペックにマッチングさせた原体野菜	規格化、標準化された原体野菜
		周年安定的	補完的
事業プロセス	経営資源	契約生産者グループからの調達ネットワーク	一般的な卸売業の経営資源
	パートナー	調達先の契約生産者と顧客の外食・中食企業、加工食品メーカー、青果卸等	消費地卸売市場の卸売業者
	販売チャネル	一般の食品メーカー、食品卸と同様な営業活動を行う管理型チャネル	生産者から産地市場に集荷した野菜をセリ取引等で移出業者が買い受け、これを消費地卸売市場の卸売業者への委託出荷する伝統的なチャネル
	事業の流れ	顧客との商談を通じて供給計画→生産者との契約による委託生産→広域集荷→顧客への周年納品	生産者からの集荷→価格形成・代金決済→消費地卸売市場などへの分荷（転送）・輸送
収入・コスト	収入	出荷先の卸売市場の価格変動による不安定な売上	納品価格は低位ながら安定しているため売上も安定
	コスト	産地市場における弾力的な調達コスト	不作時には外部調達により潜在的な調達コストが過大で差損リスクあり

ており、かつ取引関係は多くの場合、継続的、契約的であり、製品の共同開発などを含めた提携的な関係を結んでいる場合もある。

「商品・サービス」について見ると、伝統的な産地中間業者が取り扱う野菜は、サイズと外観品位によって規格化、標準化された原体野菜[14]で、スーパーマーケットなどでの小売に向いた商品である。ただし、地理的な懸隔と情報の不完全性を背景として、消費地卸売市場の品薄時=価格高騰時には補完商材として大きな価値を発揮する。

これに対して、加工・業務系産地中間業者は、加工・業務系顧客の個々のスペックに応じたサイズ、外観品位、場合によっては内容品質までマッチングさせた商品を開発または選択し、これを契約取引などで生産者から調達して納品している。こうした顧客適応が最終製品の収益性を高位安定化し、産地中間業者ひいては契約生産者との安定した契約取引を可能とし、取引関係を長期的に安定化させていると見られる。

「経営資源」について見ると、伝統的な産地中間業者は、その機能が青果物の卸売業の範囲にとどまっていたためか、その経営資源は売買に必要な運転資金、事業経験、営業ノウハウとそのスタッフ、顧客や仕入先の人脈、市場情報、物流施設などに限れているとみられる[15]。

これに対して、加工・業務系産地中間業者は、外食・中食企業や加工食品企業との取引では、周年安定した納品が求められることから、周年的な集荷のために出荷時期の異なる広域の生産者グループと契約を結んでおり、このネットワークとこれを支える物流施設が重要な経営資源を構成している。

「パートナー」について見ると、伝統的な産地中間業者、とりわけ産地市場にとっては移出業者の取引相手である消費地卸売市場の卸売業者が主なパートナーといえよう。ただし、相場次第で取引相手を相互に変更する競争的な取引の枠内のことであり、本来的なパートナーとしての継続性があるとはいえない[16]。また、生産者から直接集荷する集荷専門業者の場合は、生産者が継続的な取引相手であるが、これもまた相場に依存した競争的な取引であることに変わりはなく、継続性をもったパートナーとは言えない。

これに対して、加工・業務系産地中間業者は、調達先の契約生産者と顧客の外食・中食企業、加工食品メーカー、青果卸などを継続的なパートナーとして、商品の共同開発など提携的な関係を築いている。外食・中食企業や加工食品メーカーとは、規格や品質、納品方法、価格などについて顧客適応を図ることにより、安定的に受注を受けるといった提携的な関係を結んでいる。また契約生産者とは、安定的な集荷価格、技術指導、資材供給などによって安定供給を受けるといった提携関係を結んでいる。

「販売チャネル」について見ると、伝統的な産地中間業者は、生産者から産地市場に集荷した野菜をセリ取引等で移出業者が買い受け、これを消費地卸売市場の卸売業者へ委託出荷するといったチャネルが中心であった[17)]。通常、産地市場の卸売業者や移出業者は、主な出荷先である遠隔地の卸売市場の卸売業者とはかなり緊密に情報交換していても、そこから仕入れている外食・中食企業および小売企業と商談することはなかった。つまり、流通チャネルとしては消費地の卸売市場を境界として産地サイドと消費地サイドのチャネルは断絶しているわけである（図3-2参照）。

これに対して加工・業務系産地中間業者は、顧客の外食・中食企業、加工

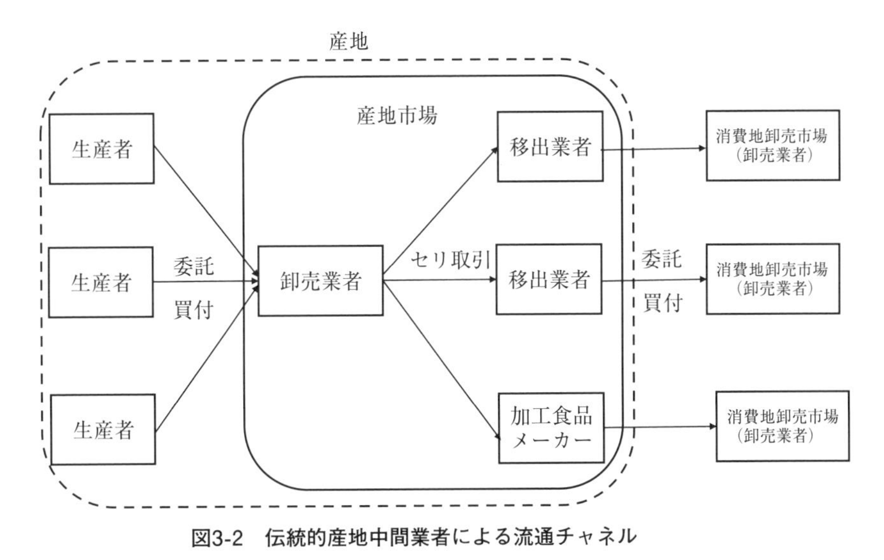

図3-2　伝統的産地中間業者による流通チャネル

食品企業、小売企業等と定期的に商談し、ニーズ把握、商品提案、見積もり、受注といった一般の食品メーカー、食品卸と同様な営業活動を行う販売チャネルを形成している。ただし産地中間業者側が主導権を持つ管理型の販売チャネル[18]というよりも、外食・中食企業、小売企業が価格設定権を握った調達チャネルとしての性格が強いと見られる（**図3-3**参照）。

「事業活動の流れ」について見ると、伝統的な産地中間業者は、産地市場を例にとれば卸売業者と移出業者が分担・連携して、生産者からの集荷、価格形成、代金決済、消費地卸売市場などへの分荷（転送）、輸送といった機能を果たしている[19]。ただし、これらの機能は特定の産地を本拠地とした青果物を扱う卸売商としての一般的な機能に限定されていると言えよう。

これに対して加工・業務系産地中間業者は、単独の経営体として集荷から分荷に至る一連の諸機能を自己完結的に果たしている。集荷は契約に基づいた直接的な集荷を主体としており、分荷（卸売）は食品メーカーや食品卸と同じく顧客への営業活動を行ないながら直接的に納品している。さらに、契

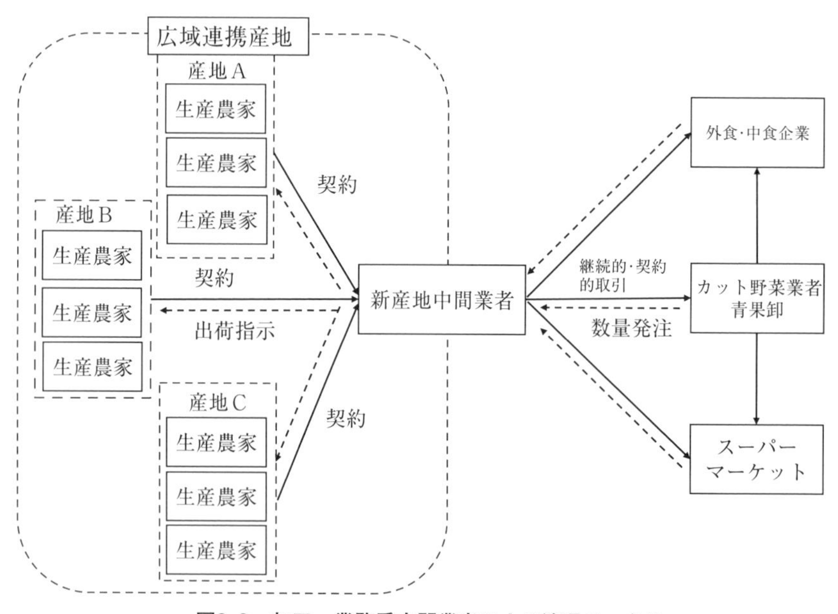

図3-3　加工・業務系中間業者による流通チャネル

約生産者へは取引に付随して営農指導や資材供給を行っており、単なる卸売業ではなく製造業に似た商品開発と生産支援の機能も果たしており、川上方向にも垂直的な調整を展開している。他方、顧客に向けては、ニーズに応じて狭義の卸売機能にとどまらず流通加工や加工事業も行っていることがある。ただし、主力取扱商品の加工、販売への事業展開は、顧客であるカット野菜業者や食品加工メーカーとの直接的な競合を招くため、産地中間業者には採用しにくい戦略であると考えられる。

収入・コストについて、伝統的産地中間業者は、価格変動の大きい原体野菜の卸売市場販売による不安定な売上に依存している。ただし、コスト面では、産地市場や生産者からの競争的な調達により弾力的に調達コストを調整できる。したがって、出荷先の卸売市場の予想価格に応じた調達価格で産地市場や生産者から調達できるノウハウがあれば差損は抑えられると考えられる[20]。

これに対して加工・業務系産地中間業者は、加工用・業務用の原体野菜が主力商品であるため、小売用の野菜と比較すると価格は低位ながら相対的に安定していると見られるが、裏返せば納品価格は上方硬直的である。他方、コスト面では、卸売商としての最低限必要な調達コスト、運転資金、物流コストの他に、契約生産者に対する技術指導や広域集荷などに要する人件費など多機能化に伴うコストを抱えている。特に問題なのは、顧客に対しては不作時にも契約による納品義務を負うため、契約生産者が極端な不作の場合には、契約外の卸売市場等から調達せざるを得ず、高騰した原料価格による差損リスクを抱え込んでいることである。

6．むすび

我が国では20世紀後半以降、外食・中食産業の野菜調達が増加するとともに、産地流通において新たなタイプの産地中間業者=加工・業務系産地中間業者が展開してきている。

加工・業務系産地中間業者のビジネスモデルは、広域の生産者との契約取引により野菜を周年安定調達することで、生産農家には収益安定、顧客には個々のスペックに応じた野菜を周年安定供給を実現し、自らも安定した収益を上げうる仕組である。

また、生産者との契約取引では、資材供給、営農指導、物流支援等を合わせて実施することにより、個々の実需者のスペックに適応するよう努められている。つまり、単なる流通業者ではなく、生産過程へ一定の関与をすることにより価値形成にかかわる流通加工業者としての性格を強めている。

このように加工・業務系産地中間業者を産地サイドの要とした加工・業務用野菜の流通チャネルは、短期的には参入退出を制限された閉鎖性が高く、農業生産から外食・中食企業、食品加工メーカーに至るプロセスが管理された管理型のチャネルへと変化している。

ただし、納品価格の設定権は外食・中食企業や小売企業に握られ、かつ直接の納品業者には納品義務が課されている。このため不作時には、高騰した調達コストと平常時を想定した納品価格の差損を納品業者に負担することになる。産地中間業者が直接の納品業者である場合は言うに及ばず、カット野菜業者等と取引している場合もこうしたリスク負担はあり、事業経営ひいては流通チャネルとしての安定性に悪影響を及ぼしていると推定される。ここに加工・業務系産地中間業者のビジネスモデルが抱える最大の問題があり、この解決、緩和ができるか否かが、加工・業務系産地中間業者の長期的な存続の鍵を握っていると考えられる。

謝辞：本研究はJSPS科研費　JP18K05852,JP20H03086の助成を受けたものです。

注

1）一般に中間業者（中間商人）とは、生産者と消費者を結ぶ流通の主な担い手である卸売商や小売商を指す概念である。本論では、野菜や果実の産地において生産者からの集荷、選別・包装、出荷、その他流通加工に係る「産地中間事業」、この事業を営む農協を除いた民間の事業者を「産地中間業者」と呼ぶことにする。

２）商取引において商品の所有権は持たず、売り手と買い手との仲介を取ることにより手数料を獲得する商人のことを指す。手数料商人は、商流機能のうち品揃えは直接的に担うことはあり得るが、所有権移転、価格形成、需給調整、在庫調整には、直接的には関わらず、これら機能の仲介を行うだけである。

３）ビジネスモデル概念には多様な定義があるが、Osterwalder & Pigneur（2010）は「ビジネスモデルは、組織がいかにして、価値を創造し、顧客に配達し、対価を獲得するかの原理を描く」ものだとしている。その構成要素としては、「顧客セグメント」「価値提案」「チャネル」「顧客との関係性」「収益の流れ」「キーとなる資源」「キーとなる活動」「キーとなる共同活動」「コスト構造」だとしている。本章ではこの９つの要素を４つに集約して用いる。

４）関東地方を対象とした近年の研究として、新井鎮久（2012）、木村彰利（2015）、他が上げられる。関西地方については、沢田進（1989）、森田泰三（1970）、他があげられる。

５）新井鎮久（2012）は北関東・利根川中流域蔬菜園芸地帯における産地仲買人の業者的性格は、昭和40年代後半以降、手数料商人的性格の強まりがみられるとしている（p.198）。木村彰利（2015）は、「青果物価格が長期間にわたって低迷すると共に、市場間の相場が平準化される傾向にある現状においては、（中略）産地集荷市場や集出荷業者の経営的環境は厳しさを増している可能性が高い。」としている（p.59）。また、産地集荷市場の変容動向として、産地市場の卸売業者による集出荷業者の設立、集出荷業者による包装を行った上でのスーパーマーケットへの納品、一次加工したうえでの食品製造業者等への納品が増加しつつあること等を指摘している（p.167）。

５）農林水産省「青果物集出荷機構調査報告」および「青果物・花き集出荷機構調査報告」によれば、集出荷業者は1977年の1,741業者が2006年には604業者に、産地集荷市場は1968年の130か所が2006年には32か所に減少していた。

６）新井鎮久（2012）は群馬県と埼玉県の県境地帯の産地仲買業者の1980年代以降の経営実態について、多様化が進む中で産地市場等から仕入れた野菜をカット、包装してスーパーマーケットに納品する加工業者型も出現しているとしている。また、木村彰利（2015）は、埼玉県深谷市等で深谷ネギを取り扱う産地集荷市場の集出荷業者には、包装をおこなったうえでスーパーマーケットに納品しているとしている（p.96表3-10、p.107）。

７）小野雅之（2006）は1999年、2004年の卸売市場法改正による買付集荷の自由化によって、中央卸売市場の卸売業者は制度的には、限定機能商から完全機能商としての機能を発揮できるようになったとしている。これに対して、産地市場の卸売業者については、制度的な制約は少なかったが、営業上の配慮から出荷者・生産者に対して公正な価格形成を保障する必要があったこと、および顧客である移出業者や加工業者との競合回避のため、買付集荷や移出業者の系列化には積極的ではなかったと考えられる。

8）木村彰利（2015）は茨城県西部の産地集荷市場の集出荷業者の中には、契約的な取引のために長野県の集出荷業者や生産者と事前協議を行ったうえで集荷している業者もあるとしている（pp.44-63）。また、群馬県伊勢崎市の産地市場機能も有する消費地卸売市場は長野県の地方卸売市場の大手卸売業者に系列化され、夏季には集荷力の強い親会社からの転送受けているとしている（pp.153-154）。

9）丸西産業株式会社については、農畜産業振興機構（2011）、佐藤和憲（2018）を参考として、数値データおよび最近の動きを補足調査で加えて再整理した。

10）収入・コストについては、聞き取り調査の結果および信用調査会社のデータを参考として推測した定性的なものである。

11）有限会社茨城白菜栽培組合については、清水みゆき（2004）、佐藤和憲（2009）、佐藤和憲（2018）を元にして、数値データの見直すとともに、最近の動きを加えて再整理した。

12）収入・コストについては、財務諸表に基づいた定量的な分析によるものではなく、聞き取り調査からの推測による定性的なものである。

13）新井鎮久（2012）p.62,pp.80-81,pp119-121は、北関東における産地市場の仲買人の移出先として、産地・品目により積雪寒冷地「山だし」か、大消費地「京浜送り」かの違いはあるが、いずれにしても消費地市場が主体であるとしている。木村彰利（2015）p163で、北関東の産地集荷市場の実態分析の結果として、「周辺地域から（産地集荷）市場に集荷された個人出荷品等をセリによって集出荷業者に販売することを通じて、最終的には全国の消費地市場等に対する転送が行われている。」としている。

14）木村彰利（2015）p.49は、産地集荷市場への出荷規格・荷姿について「どの消費地市場においても受入可能な標準的な規格によって選別・調製されることで、汎用性の高い商品となることが求められていることによる」としている。

15）先行文献の実態分析からすると、一部の大規模業者や多角化している業者を除くと、卸売業の一般的な経営資源と考えられる運転資金、事業経験、営業ノウハウと経験のあるスタッフ、顧客や仕入先の人脈、市場情報、物流施設などに限られよう。

16）産地市場の仲買人・産地集出荷業者の移出先・転送先は、主に消費地卸売市場で、そこの卸売業者と取引関係がある。その取引関係は北関東地方の移出業者と東北・北海道の消費地卸売市場の取引のように冬期間に集中した取引や移出業者の相場に敏感に反応した出荷行動からすると、安定したパートナーとは言えないだろう。

17）木村彰利（2015）pp.165-167は産地集荷市場（産地市場）の機能について、「基本的に個人を中心とする出荷者（生産者？）から青果物を委託集荷している」、「原則として集出荷業者等を売買参加者とするセリによって取引されている」、「集出荷業者は、市場においてセリを通じて購入した青果物を消費地卸売市場等に分荷している。」としており、生産者→産地市場（卸売業者→（セリ）→移出業者）→消費地卸売市場というチャネルが描ける。また「この場合の転送先は、季節によって周辺地域における野菜生産が難しい市場であったり、何らかの理由で入荷量が不足し価格が高騰している市場等である。」としている。さらに「このような流通は、農協に代表される出荷団体と拠点市場に代表される消費地市場とによって構築された本流ともいうべき青果物流通の『隙間』を埋める役割を果たしていることから、産地集荷市場は需給のミスマッチを調整するうえで機能を発揮している」としている。

18）管理型の販売チャネルとは、緩やかな垂直的調整はあるが、厳密な契約にはよらず、構成主体は自立しており、限定的な共通目的と緩やかなリーダーシップの下で取引が継続的に取引が行われるチャネルである。

19）木村彰利（2015）pp.165-166は、北関東の産地集荷市場（産地市場）の実態調査から、産地集荷市場の卸売業者と集出荷業者が分担している諸機能として、産地集荷市場の卸売業者による出荷者からの委託による集荷、これを受けた市場における集出荷業者等を売買参加者としたセリ取引による価格形成と付帯する代金決済、その後の集出荷業者による消費市場等への分荷および付帯する輸送などに整理している。

20）本章では中小企業の経営的性格、および卸売市場の価格変動は全般的に大きいこと等を踏まえて、伝統的産地中間業者の収入・コストの特徴として、出荷先の卸売市場における価格変動による売上高の変動が大きいこと、他方、調達元である産地市場の価格変動も大きいが、出荷予定先市場の動向を予想することにより弾力的に調達できることを設定した。

引用・参考文献

新井鎮久（2012）『産地市場・産地仲買人の展開と産地形成―関東平野の伝統的蔬菜園芸地帯と業者流通―』成文堂.

小野雅之（2006）「2004年卸売市場法改正の特徴と歴史的意義に関する商業論的考察」『神戸大学農業経済』38, pp.9-16.

木村彰利（2015）『変容する青果物産地集荷市場』筑波書房.

佐藤和憲（2008）「加工・業務用野菜の現状と課題」『技術と普及』Vol.45, pp.14-17.

佐藤和憲（2002）「企業的野菜生産経営のシステムと戦略」土井時久・斎藤修編著『フードシステムの構造変化と農漁業（フードシステム学全集　第６巻）』農林統計

協会，pp.90-105.
佐藤和憲（2009）「野菜産地集荷業者によるフランチャイズ型農業の展開―㈲茨城白菜栽培組合の事例―」門間敏幸編著『日本の新しい農業経営の展望―ネットワーク型農業組織の評価』農林統計出版，pp.55-66.
佐藤和憲（2018）「野菜農業の構造変化と野菜ビジネスの展開」高橋信正編著『食料・農業・農村の六次産業化（戦後日本の食料・農業・農村　第８巻）』農林統計協会，pp.215-254.
沢田進一（1989）「大阪における資本主義経済の発展と青果物流通・市場の展開」『農政經濟研究』16集，pp.83-119.
清水みゆき（2004）「食品産業の経営戦略の新展」フードシステム研究，11巻２号，2004-2005，pp.38-51
農畜産業振興機構・野菜業務部・調査情報部（2011）「レタスの周年リレー供給契約取引グループの取り組み事例」『第三回国産野菜の生産・利用拡大優良事業者表彰事例の紹介⑦』野菜情報，Vol.82，pp.48-58.
https://vegetable.alic.go.jp/yasaijoho/senmon/1101_chosa03.html2021/8/31閲覧
森田泰三（1970）「都市化地域の集団産地」『農業経営研究』８巻２号，pp.57-81.
Osterwalder & Pigneur（2010）Osterwalder A. & Y. Pigneur, Business Model Generation, Willey, 2010

参考資料

農林水産省（1970）（1971）（1973）（1976）（1978）（1981）（1986）（1993）（2003）「青果物集出荷機構調査報告」
農林水産省（2006）「青果物・花き集出荷機構調査報告」

（佐藤和憲）

第4章

米市場における流通機構の展開と需給調整

1．問題状況と課題

戦後の米市場は、食糧管理法の下で全面的に統制されていたが規制緩和が進み、1995年の主要食糧の需給及び価格の安定に関する法律（食糧法）の施行、2004年の改正食糧法の施行を経て、流通・価格がほぼ完全に自由となった。この間、流通ルートが多様化するなど、流通機構が大きく変化した。また、18年産からの行政による米の生産数量目標の配分廃止（減反廃止）によって、生産面において作付けが自由化された。

これらの変化は、集権的な市場から分権的な市場への転換の過程と捉えることができる[1)]。集権的な市場の下では、政府による直接的な数量調整による管理・計画の下で、生産者や流通業者が生産数量・取扱数量を決定していた。規制緩和によって市場が分権化すると、需給情報や価格をシグナルとして、生産者や流通業者が自らの判断で決定する余地が拡大した。そうした市場では、需給調整に果たす価格の役割が大きくなっている。

しかし、米市場の需給調整においては、価格の調整機能には限界がある。今後、米市場を安定させる方策を検討するためには、これまでの米市場の展開の中で、数量調整と価格調整がどのように変化してきたかの解明が必要である。

そこで本章では、食糧法の下での流通機構の展開を整理し、需給・価格動向の特徴を明らかにすることを課題とする。以下では、まず、米市場における需給調整と価格形成について一般的な整理を行う。次に、食糧法の下での流通機構の特徴を整理する。そして、改正食糧法の下での需給調整と価格動向を産地・販売業者の行動と関連させて検討する。

2．米市場における需給調整と価格形成

(1) 米市場における需給調整

米市場における需給調整にはいくつかの種類がある。それは、全体的調整、品質・食味別調整、地域的調整、時期的調整、流通ルート別調整に分けられる。

まず、全体的な需給調整とは、米市場全体で年間の需要量と供給量を一致させる調整である。現在では潜在的な過剰の状況にあるため、生産調整によって生産量が事前に抑制されている。年度終了後、事後的に過剰が発生したときは、古米在庫として主に産地の農協連合会による共同販売の仕組みの中で農協の倉庫に保管される。古米在庫は、翌年度に値引きされて販売される。

つぎに、品質・食味別の需給調整とは、品質・食味のランクに応じた調整である。米の需要には、おおまかには、高価格帯の良食味米、中価格帯の標準的な食味の米、低価格帯の食味が劣る米があるが、それらの中間も含めて多様である。米の品質・食味は産地品種銘柄でおおよそ決まるので、品質・食味別の需給調整は、消費地の業者がどの産地の銘柄を仕入れるかという地域別の需給調整でもある。

消費地における価格帯別の米の品揃えは、卸売業者が複数の産地から必要な銘柄を仕入れることで行われる。小売業者は卸売業者から必要な銘柄を購入して品揃えを行う。産地品種銘柄は互いに代替的であり、ブランド力、銘柄間の価格差などによって、銘柄ごとの売れ行きが変動する。

時期的な需給調整とは、時期的に変動する米の需要量に対応した調整であ

る。米は産地の生産者によって１年に１回、出来秋に収穫され、全国の全ての消費者によって毎日消費されている。生産者によって収穫された米は農協などの倉庫に保管され、年間を通して出荷される。時期ごとの需要量には、ある程度の変動がある。例えば、新米の出回り期には需要量が拡大する。卸売業者や小売業者は流通在庫を保管しており、消費者の時期別の需要量の変動に対応している。

また、流通ルート別の需給調整とは、複数ある流通ルートのうち、流通業者がどのルートで取引を行うかということである。流通ルートには、大規模、中規模、小規模といった流通の規模があり、取引主体は事業規模に応じて様々な規模の流通ルートを組み合わせて取引を行っている。例えば、大規模な卸売業者は、年間取引量の大部分は全農からの仕入れのような大量流通のルートで仕入れるが、中規模流通を通して数量を調整し、差別化商品は小規模流通で仕入れることがある。他方で中小規模の外食事業者は、農協からの直接仕入れを中心としていることがある。同じ銘柄でも流通ルートによって価格にはばらつきがあり、取引業者はより有利なルートで取引を行おうとする。

（2）需給調整の多層性と価格

米市場における年間を通しての需給調整は、一度に行われるのではなく、多層的に実行される。まず、生産調整の下で、計画された数量・面積に応じて生産者によって生産され、農協・農協連合会によって集荷される。そして、卸売業者によって、時期ごと、銘柄ごと、仕入先ごとに必要な数量が確定され、引き取られる。

卸売業者による仕入数量の確定は、単純化すれば、①年間を通しての大まかな必要数量の計画の策定、②一定期間（例えば１か月）ごとの需要量の変動に応じた数量の確定、③突発的な需要増加のための仕入というように段階的に行われる。

年間に必要な数量は、主食用米の作付け前に生産調整によって調整される。2017年産までの生産調整では、行政が生産目標の割当を行っていた。全国における生産数量目標が集権的に算出され、一定の基準によって、都道府県、市町村、生産者へと割り当てられていた。2018年産に「減反廃止」が実施され、生産者の個別的な意思決定によって全体需給の調整が分散的に行なわれるようになった。

米の流通ルートは多様であるが、基本となる取引は、卸売業者による農協連合会からの仕入である。そこでの価格については、各産地の農協連合会が卸売業者に対して、相対価格を提示する。年産ごとの一般的な価格（相場）は、出来秋に形成される。買い手である卸売業者は、その提示された価格で必要な数量を購入する。この相対価格は、年間を通してほぼ一定であるが、売れ行きに応じて月ごとに変わることもある。

卸売業者は農協連合会からの仕入を基本としつつも、様々な規模の仕入ルートを組み合わせて仕入数量を調整する。農協連合会からの仕入に加え、農協、商系業者、同業者など複数の小口の流通ルートからも仕入れる。小口の取引では、時期別・仕入ルート別に短期的な需給動向によって価格が変化する中で、買い手はどの銘柄をどれだけ仕入れるかを微調整する。また、急にある銘柄がどうしても必要となる場合には、スポット取引で、高い価格で仕入れることもある。

流通ルート別の価格は互いに関連し合っている。それらの価格関係については、大口取引の建値が形成され、それをもとに小口の取引の価格が決まることもある。他方で、小口の取引の積み重ねとして全体としての相場が形成されるという面もある。

3．食糧法施行の下での米市場

1995年11月に食糧法が施行され、全体需給については行政が主導する生産調整による生産抑制が継続された。しかし、事後的に発生した過剰在庫については、政府が一定の備蓄を持つものの、それを超える過剰米は全農が調整保管として持つことになった。

食糧法の施行以降、生産調整の全国的な目標は達成された。しかし、豊作が続き過剰在庫が発生したため、1995年度以降、生産調整が強化された。古米在庫があまりにも多かったために、全農による調整保管が破綻した。そのため政府が古米在庫を保管し、えさ米処理などが行われた。

流通機構については、一定の規制が残されたが大幅に緩められ、卸・小売への参入規制、営業区域制限が緩和された。また、生産者による直売が計画外流通米として認められ、農協による卸・小売業者への販売も可能となった。流通ルートは自主流通米を中心としつつも複線化され、価格形成が分散化された。自主流通米の価格形成については、入札方式が引き継がれた。入札回数が増やされ、価格変動の余地が増え、より需要を反映するものとなった。

流通業者については、スーパーが多く参入し、米小売の中心となった。小売業者、卸売業者間の競争が激しくなり、それに引きつけられて、農協県連を中心とした産地間競争も激しくなった。各県連にとっては、売れ残りを抱えれば、その古米が翌年産の販売を圧迫することになるため、販売進度を早くしようとする売り切り競争が激しくなった。その中で卸売業者は、より有利なルートでの仕入れを行うようになった。

時期別需給については、計画流通制度として、政府と系統農協とが協調して流通数量を調整する仕組みとなった。流通ルートが特定された自主流通米を中心とした流通のなかで、全農が年間・期別の販売数量の計画である「自主流通計画」を策定・実行することで出荷調整を行い、流通を安定させようとした。そのため「農協食管」ともよばれる2)。政府は、米の買入・売渡から撤退し、流通を系統農協に一元化させ、政府は計画を立てる立場が目指された。

生産者による直売が拡大したため、農協に集荷される自主流通米が減少した。さらに、生産者直売の拡大が系統農協の販路を狭め、結果的に系統農協が多くの在庫を抱えることになった。こうして、全農による計画的な流通が破綻した。

自主流通米の価格は需給によって変動し、大幅に下落した。しかし、図

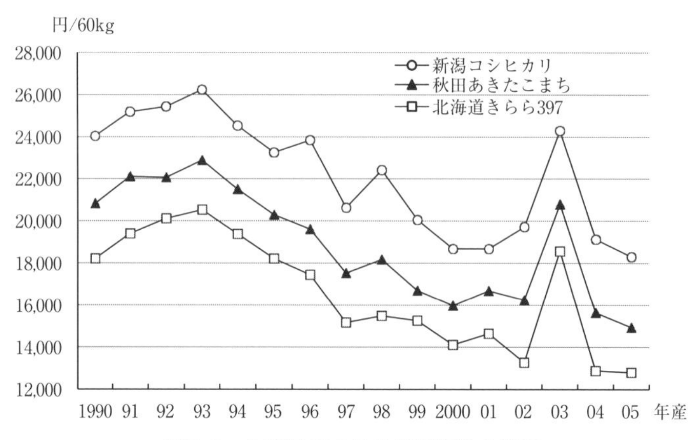

図4-1　主要銘柄の入札取引価格の推移

資料：米穀安定供給確保支援機構ＨＰ「米の入札取引に関する情報」
注：包装代、消費税、センター運営拠出金を含まない裸価格である。

4-1のように、銘柄間の価格差はほぼ一定に保たれ、序列化されていた[3)]。入札価格は生産者直売の価格の基準として用いられることも多く、建値としての役割を果たした。

食糧法のもとでの制度の破綻は決定的となり、市場制度の再編成が必要となった。農水省は「米政策改革大綱」（2002年12月）を公表し、「米政策改革」を実施することになった。

4．改正食糧法の下での需給と流通

（1）制度改革の概要

2004年に改正食糧法が施行され、「米政策改革」が実行に移された。需給調整と流通機構の両面で大幅な制度改革が行われた。

需給調整については、「売れる米づくり」が掲げられ、生産者・生産者団体が販売可能な数量だけを生産する方式への転換が目指された。改革の開始以降も行政による生産目標の数量・面積の配分が続けられたが、2018年に廃止された[4)]。08年に新規需要米制度が導入され、飼料用米などの作付けが転作として認められた。

流通機構については、計画流通制度と自主流通米制度が廃止され、流通ルートが自由化された。集荷業者については単位農協と農協連合会とに対応した制度上の区分が、販売業者については卸・小売業者の制度上の区分がそれぞれなくなった。価格形成については、相対取引が中心となった[5)]。政府が買入れる備蓄米も、2011年産からは流通段階で事後的に買入れるのではなく、事前に生産段階で作付けされたものが対象となった。

近年では、農協や卸売業者の活動内容に直接介入する政策が強化されている。2016年に施行された改正農協法の下での「農協改革」では、「地域農協」が自由な経済活動を行い、連合会はこれを適切にサポートしていくことになった[6)]。また、17年に施行された農業競争力強化支援法は、農業生産関連事業者の経営体質の強化、農産物流通等の合理化などを内容としており、米卸売業が対象となっている[7)]。

これらの一連の改革は、生産と流通の両方で政府が直接的な数量調整による市場介入から撤退したことを意味する。生産者や流通業者が自らの判断で、価格などを指標として生産数量や流通数量を調整することが求められるようになった。

まず、全体需給の調整については、「米政策改革」の当初は、生産政策と流通政策を用い、生産調整を行っても発生した過剰在庫については流通段階における政府買入れやエサ米処理が行われていた。しかし、飼料用米や備蓄米といった「米による転作」が実施されると、流通段階での数量調整を行わず、生産調整によって事前に抑制することになった。

また、流通面では、集荷された米の出荷について、政府・全農による計画的な流通が廃止され、集荷業者の販売、販売業者の仕入において、流通ルート・取引数量が自由化された。そして、農協改革や卸業者の合理化も、農協連合会、卸売業者など中間的な業者の役割を低下させ、生産者や「地域農協」と、スーパー等の小売業者や外食事業者との間での結びつきを強化することを目的としている。

（2）全体需給・価格と流通の状況

米政策改革の下での米市場の特徴は、需給・価格が大きく変動したことである。当年産の相対価格の水準は、当年６月末在庫数量に大きく規定される。この在庫数量は、主食用米の作付面積、作況、需要量などによって変動する。**表4-1**によってその状況をみてみよう。

2004～10年産までは、価格の下落が続いた。生産調整の実行性が低下し、主食用米の作付面積が目標面積を上回る超過作付けが発生していた。08年産は豊作だった一方で需要量が大きく減少したため、09年６月末の在庫が拡大

表4-1　全国における米の需給・価格の推移

（単位：千ｔ、千ha、円/60kg）

年産	生産数量目標	生産面積目標	主食用米作付面積	超過作付面積	作況指数	民間流通米供給量	民間需要量	翌年6月末民間在庫	価格	新規需要米作付面積
2004	8,574	1,633	1,658	25	98	8,228	8,602	1,752	16,660	—
05	8,510	1,615	1,652	37	101	8,462	8,395	1,819	16,048	—
06	8,331	1,575	1,643	68	96	8,143	8,127	1,835	15,203	—
07	8,285	1,566	1,637	71	99	8,201	8,428	1,607	14,164	—
08	8,150	1,542	1,596	54	102	8,553	8,039	2,121	15,146	12
09	8,150	1,543	1,592	49	98	8,149	8,110	2,160	14,470	18
10	8,130	1,539	1,580	41	98	7,866	8,197	1,807	12,711	37
11	7,950	1,504	1,526	22	101	8,123	8,133	1,797	15,215	66
12	7,930	1,500	1,524	24	102	8,250	7,811	2,236	16,501	68
13	7,910	1,495	1,522	27	102	8,182	7,866	2,552	14,341	54
14	7,650	1,446	1,474	28	101	7,882	7,825	2,258	11,967	71
15	7,510	1,419	1,406	▲13	100	7,442	7,662	2,038	13,175	125
16	7,430	1,403	1,381	▲22	103	7,496	7,540	1,994	14,307	139
17	7,350	1,387	1,370	▲17	100	7,306	7,396	1,904	15,595	143
18	—	—	1,386	—	98	7,327	7,346	1,885	15,688	131
19	—	—	1,379	—	99	7,261	7,144	1,998	15,716	124
20	—	—	1,366	—	99	7,226	7,036	2,188	14,522	126
21	—	—	1,303	—	101	7,007			13,255	

資料：農林水産省「都道府県別の需給調整の取組状況」、同「米穀の需給及び価格の安定に関する基本指針」、同「作物統計」、同「米の相対取引価格」、同「新規需要米等の用途別作付・生産状況の推移（平成20年産～令和2年産）」米穀安定供給確保支援機構ＨＰ「米の入札取引に関する情報」

注：１）2014年６月末の民間在庫には、米穀安定供給確保支援機構の買入数量35万ｔが含まれている。
２）民間需要量は、当年７月～翌年６月までの数量である。
３）民間需要量は、2011年７月～12年６月の期間以降は原資料での全体需要量と一致する。
４）2010年産の供給量には、地震・津波被害の22,118ｔが含まれている。
５）価格は、2005年産まで入札取引価格、06年産から相対取引価格であり、それぞれ包装代・消費税を含む。
６）相対取引価格は出回り～翌年10月（21年産は21年11月）までの平均値である。

した。その後10年６月末でも在庫が減少しなかったため、10年産の相対価格は12,711円/60kgとなり、04年産と比較して4,000円近く下落した。

2011～14年産においては価格が大きく変動した。11年産以降は、飼料用米などの新規需要米の拡大によって主食用米の超過作付けは抑制されていた。こうした中で、東日本大震災の影響による不足感などによって11、12年産の価格は上昇した。その後は豊作が続く一方で需要が低迷したため在庫が拡大し、13年産の価格は下落した[8)]。14年産の価格はさらに下落し11,967円となり最低価格を更新した。

2015～19年産までは、価格が上昇し維持された。2015年産に飼料用米の作付けが大きく増加し、主食用米の超過作付けが解消された。供給量が需要量を下回り、在庫が抑制されたため、15～17年産の価格は上昇した。18年産に「減反廃止」が行われ、主食用米の作付面積が拡大したが、18、19年産は不作だったため本格的な過剰は発生せず、価格は維持された

しかし、2020、21年産では価格が下落に転じた。18年産に拡大した主食用米の作付けが19年産以降十分に縮小されずに、またコロナ禍などによる需要量の減少によって在庫が拡大したことによる。21年産の相対価格は13,255円へと低下している。

このような需給・価格の変動の下で、流通ルート別の流通量も変化している。**図4-2**のように、従来は米流通の中心であった農協による連合会への販売委託が減少し、農協の直販、生産者の直販が拡大している[9)]。2004年産以降、農協が集荷した米のうち直接販売の数量が拡大し、連合会に販売委託する数量が減少した。相対価格が低下する中で、農協が販売力を強化し、有利販売を行うことで生産者の手取り価格を確保することが目指された。その後、農協から連合会への委託販売は14年産以降減少する一方で、16年産以降は生産者の直接販売が拡大した。大規模な生産者による卸・小売業者への直売や、小規模生産者による小規模な集荷業者への販売（庭先販売）が拡大したと考えられる。

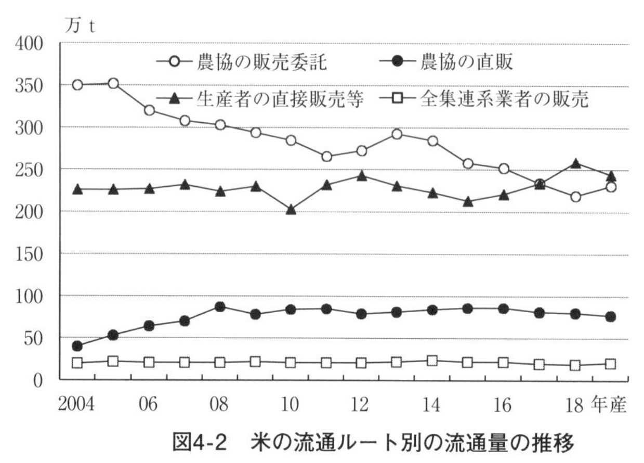

図4-2　米の流通ルート別の流通量の推移

資料：農林水産省「米をめぐる関係資料」

（3）産地の販売対応

全国的な需給・価格が変動する中で、各県の全農県本部・経済連の産地間競争の性格も変化し、需給動向に応じた柔軟な価格設定が行われるようになった。

主要産地である北海道、秋田県、新潟県について、各道県産米の6月末在庫数量と主要銘柄の相対取引価格の関係をみたのが、**図4-3**である。以下では、特徴的な動きをした年産についてみてみよう。

2004～07年産にかけて銘柄平均の相対価格が低下する中で、銘柄間の価格差の縮小がみられた[10)]。とくに07年産については、新潟コシヒカリ（一般）と秋田あきたこまちの価格は下落したが、北海道きらら397の価格は少し上昇した。これは05～07年にかけて、新潟県産と秋田県産の在庫が拡大したのに対して、北海道産は評価が高まったことにより販売が好調で在庫があまり拡大しなかったことを反映している。

2015～17年産においても、平均価格が上昇する中で銘柄間の価格差が縮小した。新潟コシヒカリの価格の上昇幅は小さく、秋田あきたこまち、北海道きらら397の価格は大きく上昇した。こうした価格変動も15～17年にかけ

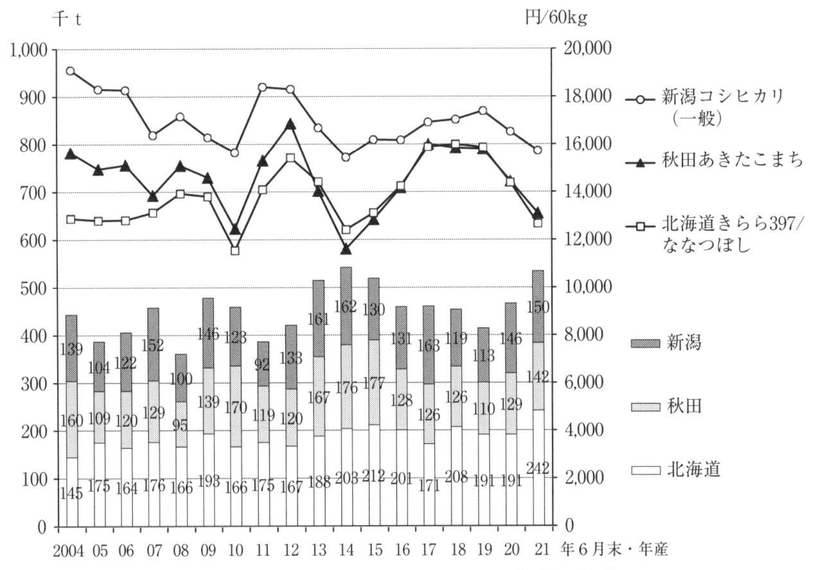

図4-3　主要産地の産米の在庫数量と相対取引価格の推移

資料：農林水産省「米穀の需給及び価格の安定に関する基本指針」、同「米の相対取引価格」
注：１）北海道産については、2007年産まできらら397、08年産からななつぼしの価格である。
　　２）相対取引価格は出回り～翌年10月（21年産は21年11月）までの平均値である。
　　３）価格は、2005年産まで入札取引価格、06年産から相対取引価格、それぞれ包装代・消費税を含む。

て、新潟県産の在庫が拡大した一方で、北海道産、秋田県産の在庫は縮小したことと対応している。

また最近の「減反廃止」による価格下落の局面では、2020～21年にかけて、新潟県産の在庫拡大が比較的小さかったため、新潟コシヒカリの価格下落幅は比較的小さかった。これに対して、北海道産、秋田県産の在庫は大きく拡大したため、北海道ななつぼし、秋田あきたこまちの価格下落幅は大きかった。とくに北海道産の在庫は５万ｔも拡大したため、北海道ななつぼしの価格は大きく低下した。コロナ禍による業務用需要の減少の影響と考えられる。

このように、改正食糧法の施行後は、銘柄ごとの需給動向によって、それぞれの銘柄の価格が変動するようになっている。改正食糧法の施行以前においては、銘柄の価格は序列化され、価格差がほぼ維持されたまま変化したのとは対照的である。産地間競争が狭い価格帯の中での激しい価格競争となり、設定される価格水準によってどの産地の産米の在庫が多いが入れ替わる不安定な市場となっているのである[11]。

（4）卸・小売業者による仕入・販売対応

改正食糧法による流通規制の撤廃の下での、卸・小売業者（販売業者）の行動についてみてみよう[12]。

まず、**図4-4**は小売業者による小売価格の設定状況をみたものである。「コシヒカリ」と「コシヒカリ以外」との価格差は、2005～11年までの価格下落の下でも、また16年以降の価格上昇の下でも縮小している。新潟コシヒカリなど高価格帯の米のブランド力が低下したことを示している。高価格帯の米は、価格下落時には値下げ幅を大きくして割安感を出さないと販売が確保できないのである。他方で価格上昇時には、消費者が米の支出金額を抑える傾向がある中で、値上げ幅を小さくせざるをえない。産地銘柄別の相対価格の動向は、銘柄別の需給動向に加えてこうした小売段階での価格設定に大き

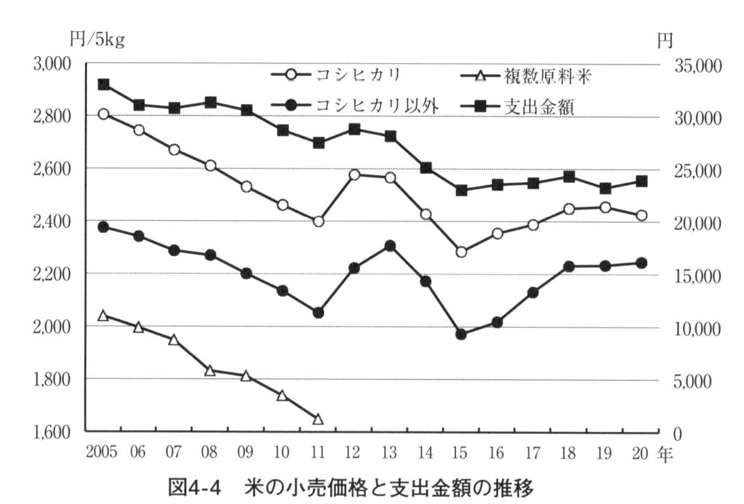

図4-4　米の小売価格と支出金額の推移

資料：総務省「小売物価統計」、同「家計調査」
注1：東京都区部における精米価格である（特売分を除く）。
2：包装・消費税込みの価格である。
3：「複数原料米」は2012年以降は原資料に掲載されていない。
4：支出金額は二人以上の世帯1年当たりの数値である。

く規定されている。

次に、**図4-5**は、全国における6月末の民間在庫の動向を、産地段階と販売（卸・小売）段階とに分けてみたものである。2010年に前年よりも在庫の合計が拡大した時には、販売段階では在庫を縮小させた。また11 ～ 13年に震災の影響で需給不安が生じたときは、販売段階では在庫を拡大させた。その後は14年に販売段階での在庫が減少して以降、19年まで30万ｔ前後で安定していた。最近のコロナ禍による需給不安の下では、20年の在庫が40万ｔ台へと再び拡大している。このように販売業者は需給・価格の動向に応じて在庫を増減させている。過剰傾向で価格が下落する時には在庫を減らし、不足傾向で価格が上昇する時には在庫を拡大・維持しようとするので、価格の変動を増幅させてしまうと考えられる。

次に、**表4-2**は、主要産地の6月末の販売状況をみたものであるが、消費地の販売業者による産地別の仕入れを表している[13)]。販売業者が銘柄の価格バランスに応じて、選択買いをする状況がみてとれる。価格が下落した2013、14年産では、新潟県産の販売比率はそれぞれ、81、74と好調であった。秋田県産については、13年産の販売が不調だった。価格下落の下では、販売業者が割安となった新潟県産のような高価格帯の銘柄の仕入れを拡大する一方で、

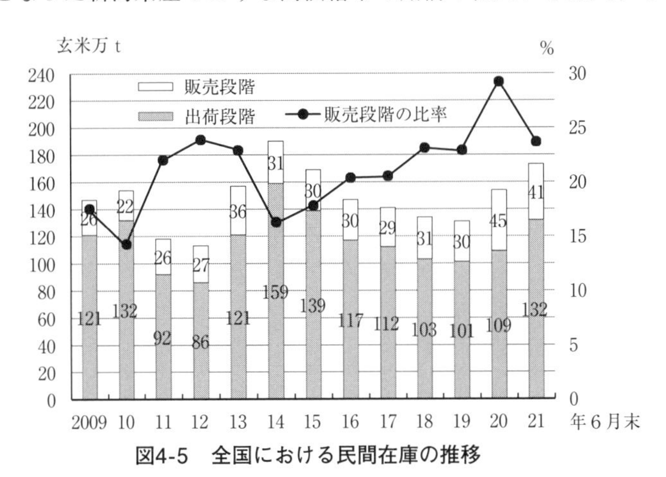

図4-5　全国における民間在庫の推移

資料：農林水産省「米に関するマンスリーレポート」

表4-2　全国・主要産地における米の集荷・販売状況（6月末）

（単位：玄米千ｔ、％）

	年産	2013	2014	2015	2016	2017	2018	2019	2020
全国	集荷数量	3,499	3,429	3,080	3,047	2,885	2,818	2,923	2,976
	販売数量	2,100	2,200	2,065	2,078	2,005	1,963	1,992	1,825
	販売残	1,399	1,229	1,015	969	880	855	931	1,151
	販売比率	60	64	67	68	69	70	68	61
北海道	集荷数量	387.1	394.7	395.3	354.4	368.2	308.2	340.3	368.2
	販売数量	263.4	261.4	271.8	262.2	251.1	213.4	237.1	216.6
	販売残	124	133	124	92	117	95	103	152
	販売比率	68	66	69	74	68	69	70	59
秋田県	集荷数量	317.7	302.7	276.0	270.5	241.9	250.6	273.3	279.5
	販売数量	178.2	188.4	198.1	194.6	165.4	176.2	190.0	184.6
	販売残	140	114	78	76	77	74	83	95
	販売比率	56	62	72	72	68	70	70	66
新潟県	集荷数量	305.1	291.3	256.5	284.4	257.1	261.0	284.1	279.5
	販売数量	246.7	214.2	172.7	190.9	196.9	199.9	201.8	195.1
	販売残	58	77	84	94	60	61	82	84
	販売比率	81	74	67	67	77	77	71	70

資料：農林水産省「米に関するマンスリーレポート」

割高となった秋田県産のような中価格帯の銘柄の仕入れを抑制したのである。

価格が上昇した15、16年産では、新潟県産の販売が落ち込む一方で、秋田県産の販売が回復した。また17年産では新潟県産の販売は再び好調となり、秋田県産の販売は落ち込んだ。価格上昇の下では、高価格帯の銘柄は割高となったため販売業者が仕入れを抑制したが、価格差が接近すると今度は中価格帯の銘柄が割高となったため仕入れを抑制したのでる。またコロナ禍での20年産は北海道産が不調だったのは業務用需要が減少する中で割高感があったためである。このように販売業者は銘柄のブランド力と価格のバランスをみながら仕入れ先の産地を選択するのである。

5．今後の方向性

米市場が分権的な性格へと変化していく中での、需給・価格の動向について検討してきた。銘柄の価格は、かつては需給動向によらず序列化されていたが、現在ではそれぞれの銘柄別の需給動向によって変動するようになった。各銘柄の需要がそれぞれの価格によって大きく規定されるようになったのである。ただ銘柄の序列化がまったくなくなったわけではなく、ブランド力と価格のバランスで銘柄ごとの需要は変動する。

産地間競争が激しくなり、市場が不安定となった要因として、米の価格形成において、信頼できる指標となる価格がないことがあげられる。個別銘柄の需給動向ではなく、一定のルールの下で米市場全体の需給を反映した価格が形成されれば、価格は現在よりも安定すると考えられる。現在、政府が検討している「現物市場」の創設でも、価格を安定させるための制度設計が重要となる。

また、政府は取引を安定させるために事前契約を推進しているが、方向性が逆であり、市場全体が安定してこそはじめて、事前契約が売り手・買い手のメリットとなる。

さらに、「農協改革」の下で、「地域農協」の自主的な経済活動が求められている。しかし現在のような各産地の産米の需給動向で価格が変動する市場の中に「地域農協」が直接参入すれば、さらに需給は不安定となり、大きなリスクを伴う。県単位での共同販売を基本としつつ、「地域農協」の特色をいかした販売活動が重要である。

生産面においても「減反廃止」によって生産調整が分権化されたが、過剰の発生によって価格が下落した。米市場では価格下落に反応してすぐに供給量が抑制されるのではない。事前に生産を抑制するなんらかの全国的な数量調整の仕組みが必要である。例えば、各県で設定される「生産の目安」の全国調整が考えられる。

現在の米市場においては、価格による需給調整に過度に頼りすぎる傾向がある。価格の調整機能には限界があり、価格によらない数量調整をどのように組み込むかが大きな課題となっているのである。

注

１）市場の性格の理論的な検討については、塩沢（1990）、西部（1998）を参照。
２）「農協食管」については、佐伯（1995）を参照。
３）産地品種銘柄による価格の「序列化」については、小池（2000）p.208で指摘した。
4）「減反廃止」以降も、各県の農業再生協議会によって「生産の目安」が設定されている。
5）入札取引を運営していた「コメ価格センター」は2011年に廃止された。
6）農林水産省「農協法改正について」2016年1月。
7）農林水産省「農業競争力協会支援法による事業再編・参入の促進」2021年10月。
8）2013年産の主食用米35万tが米穀安定供給確保支援機構によって買い取られた。
9）こうした実態については、西川（2015）、吉田健人（2020）、吉田俊幸（2020）を参照。
10）銘柄間の価格差の縮小については、小野（2008）で指摘されている。
11）伊藤（2015）の分析を参考にした。こうした状況が「ババ抜き」と表現されている。
12）髙山（2020）は、現在の流通ルートが大ロットのチャネルと小ロットのチャネルに複線化しており、後者が不安定性であることを指摘している。
13）伊藤（2019）p.10の分析を参考にした。北海道と新潟県の「フルライン化」のしわ寄せが東北各県に集中していることが指摘されている。

参考文献

安藤光義（2016）「水田農業政策の展開過程」『農業経済研究』88（1），pp.26-39.
青柳斉（2010）「米主産地の販売戦略の意義と限界―主に新潟県の場合から―」『農業経済研究』82（2），pp.112-118.
冬木勝仁（2021）「コメ・ビジネス―公共性とアグリビジネス」冬木勝仁・岩佐和幸・関根佳恵編『アグリビジネスと現代社会』筑波書房，pp.101-119.
磯田宏（2011）「政策推転とその下での米需給・価格および水田農業の構造」『農業市場研究』20（3），pp.3-23.
伊藤亮司（2015）「浮沈する産地―ブランドの効力―」『農業と経済』2015年9月号，pp. 59-65.
伊藤亮司（2019）「コメ流通と生産調整の展望―主産地でのフルライン化の下での需給調整の課題」『農村経済研究』37（1），pp.4-12.
小池晴伴（2000）「流通再編下における系統農協の米販売機能に関する研究」『酪農学園大学紀要』24（2），pp.187-247.
小池（相原）晴伴（2017）「米生産調整の展開と系統農協の役割」小林国之編著『北海道から農協改革を問う』筑波書房，pp.155-172.
西川邦夫（2015）『「政策転換」と水田農業の担い手―茨城県筑西市田谷川地区からの接近』農林統計出版.
西部忠（1998）「多層分散型市場の理論―不可逆時間，切り離し機構，価格・数量

調整―」『進化経済学会第２回駒場大会報告論文』，pp.1-17.
小野雅之（2008）「米フードシステムの変化と米政策の転換」農業問題研究会編『農業構造問題と国家の役割』筑波書房，pp.87-133.
佐伯尚美（1995）「新食糧法の構造と特質」大内力編集代表･佐伯尚美編集担当『政府食管から農協食管へ―新食糧法を問う―』（日本農業年報42）農林統計協会，pp.14-40.
塩沢由典（1990）『市場の秩序学―反均衡から複雑系へ』筑摩書房.
髙山和幸（2020）「消費・需要・販売構造の現局面と生産調整政策転換―卸売業者の動向から―」『食農資源経済論集』71（1），pp.31-42.
吉田健人（2020）「米の単協直販の展開とその論理―農協集荷率の低い地域を事例として―」（「農―英知と進歩―」No.300）農政調査委員会，pp.2-60.
吉田俊幸（2020）『産地での米流通構造の多様な展開』（「日本の農業―あすへの歩み―」254）農政調査員会.

（小池［相原］晴伴）

第5章

小売業再編とスーパーによる青果物調達システム

1．青果物流通をめぐる環境変化

今日のわが国食料品小売段階においては、中食対応を得意とするコンビニエンスストアならびに加工食品の取扱いから生鮮食品に品揃えを拡張しつつあるドラッグストアに挟撃され、スーパーマーケット（以下スーパー）の経営環境が厳しさを増してきた[1)]。その中で中小規模のスーパーチェーンの破綻、より大規模なチェーンへの吸収合併などが大きく進んだ結果、各地域に大規模なスーパーチェーンが形成されてきた。

他方、生鮮食品流通においては、卸売市場法の抜本的改正（2018年６月）によって国や自治体による規制が大幅に後退し、流動性が高まりつつある。

本論文はこうした状況の下で、地域に形成されてきた主要スーパーによる青果物調達システムを明らかにしようとするものである。分析対象は札幌市を拠点に広域に店舗展開を続ける北海道内の主要スーパー２社に設定した。両社は過去のデータ（Sakazume 2011）が利用可能であり、特に2008年実績を起点として、この約10年間の変化とその要因を分析出来るメリットを想定した。以下まず、事例企業の主要店舗展開地域である北海道におけるスーパー上位企業の集中度上昇について確認する。続いて主要スーパー２社について、販売戦略と対応した青果物仕入先の再編状況ならびに産地段階への関与の特徴を明らかにする。最後に以上を総括し、スーパーによる青果物調達システムの特徴を明らかにしたい。

2．北海道における小売構造の変容

ここではまず、北海道内における小売構造の変容として、スーパー上位企業の集中度の分析を行う。**図5-1**は北海道内に本社を置くスーパー上位50社（ディスカウントストアを含む）の売上高データをもとに作成したものである。これによれば、上位３社のシェアは1990年代初頭の30％台前半から現在では50％を超えるまでに上昇したことが分かる（2019年度53％）。さらに、2000年代の10年間に、これら３社を中心に企業統合や業務提携が大きく進展し、2019年度上位20社のうち実に10社が同３グループに属するまでになった。そして、系列企業を含めた上位３グループのシェアを見ると急激に上昇し、現

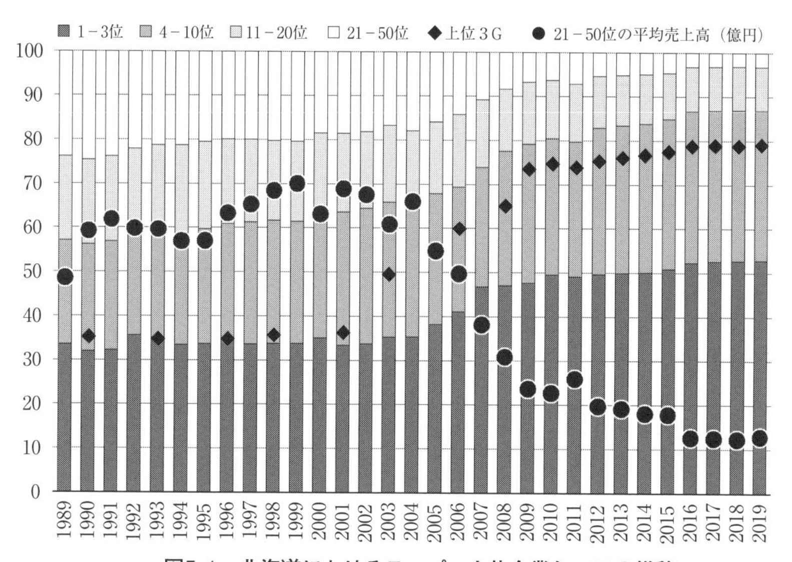

図5-1　北海道におけるスーパー上位企業シェアの推移

資料：帝国データバンク『北海道内スーパーストア売上高ランキング』各年次版。
注：上位企業シェアは上位50社の売上高で除したもの。

在79％に達している。

その一方で、21 ～ 50位（下位30社）のシェアは３％にまで縮小した。下位30社の平均売上高は急減して現在13億円となっている。これは上位３社の値を取れば、１店舗の売上高に相当しており、このゾーンにはチェーンスーパーの実体をなしていない会社が並んでいることが想定される。このことは2019年の第20位に農協営のショッピングセンター（１店舗）がランクインしていることからも明らかである。したがって、スーパーに限れば、本図で示した上位３グループで約８割を占めるという値は、近似的に北海道内のスーパー業界における上位３グループの集中度と考えてよい。

3．北海道内主要小売企業における青果物調達システム

（1）事例分析企業の概要

ここで取り上げる２社は、いずれも前述した道内上位３グループの中核をなすスーパーである。**表5-1**は両社の店舗数やバイヤーの配置状況を示したものである。

このうちA社は札幌を中心とする道央圏に71店舗を展開するスーパーである。北海道内の他地区については、合わせて５社のグループ企業がカバーしている（同グループの全道における総店舗数は209店）。ただし、青果物の仕入れ等については同社単独で行われている。A社では合わせて９名が青果担当バイヤーとして仕入れ等の業務に当たっている。このうち本部バイヤーとして４名が置かれている。このほか、店舗を巡回して本部の方針等を伝え、

表5-1　事例スーパーの店舗数と青果バイヤー配置

	店舗数	バイヤー		
		計	本部	エリア
A社	73	9	4+SV4	SV1（室蘭）
B社	107	17	3+SV2 +直 SV 1	SV7（函館、室蘭、苫小牧、帯広、釧路、旭川、北見）+直 SV4

資料：各社に対する聞き取り調査（2021年６月実施）。
注：1）両社のバイヤー数にはSV（スーパーバイザー）を含む。
　　2）B社の直SVは直売コーナー担当SV。

合わせて店舗側の要望を本部に持ち帰るスーパーバイザー（SV）を2012年に導入、現在は４名が本部に配置され、もう１名が室蘭に配置されている。室蘭のSVは同地区の８店舗への供給のためのエリアバイイング機能も有している。

B社は全道一円に107店舗を展開している。これらの店舗を管理するため、全道を函館、室蘭、苫小牧、札幌、旭川、北見、帯広、釧路の８地区に分け、それぞれ７地区本部（札幌は本部）を置いている。同社は青果担当バイヤーとして合わせて17名を置いているが、このうち札幌本部に３名のバイヤーと３名のSV（うち１名は直売コーナー担当）を置いている。SVの制度は2007年に導入したものである。このほか７地区本部にそれぞれ１名ずつSVを配置し、エリアバイイングの権限を付与している。さらに直売コーナー担当SVを函館、苫小牧室蘭、釧路帯広、旭川北見とほぼ２地区につき１名、計４名を配置している。同社は2005年に店舗網を全道一円に拡大した後も、旧来の各社の仕入れ担当者をエリアバイヤーとして残してきたが、店舗オペレーションならびに商品調達の統一が出来ず、統合の効果を出しにくい状況が続いていた。そこで2007年にエリアバイヤーを廃止するとともに、各地区にSVを配置し、オペレーションの統合を図ることにしたものである。

直売コーナー担当SVは、同社が他社との差別化を図るために拡充した直売コーナーへの商品供給をコントロールするため、2010年に設けたものである。

（2）青果物の販売方法

1）簡便化指向への対応

ここでは青果物調達の分析に先立って、各社の販売戦略の柱となっている簡便化対応ならびに地産地消対応について整理しておく。

カット青果のシェア拡大と加工対応

食の簡便化対応のうち、青果部門に関連して両社が主軸として取り組んで

表 5-2　カット青果の売上比と加工場所

（単位：%）

	野菜				果実			
	売上比	加工場所			売上比	加工場所		
		自社工場	店内	加工業者		自社工場	店内	加工業者
A社	3.7	50	0	50	3.9	53	47	0
B社	6.4	65	5	30	5.1	30	50	20

資料：各社に対する聞き取り調査（2021 年 6 月）。

いるのはカット青果である（**表5-2**参照）。

A社におけるカット野菜は、2020年度には前年比111%と伸び、野菜売上の3.7%を占めるに至っている。カット野菜は加工業者からの仕入れが50%、自社工場での加工が50%となっている。カット果実は果実売上の4.7%、前年比108%であった。カット果実は自社工場加工が53%、店内加工が47%となっており、加工業者からの仕入れはない。このうち自社工場加工は2015年からの取り組みであり、惣菜加工工場において加工されている2)。原料仕入れから加工まで同社の惣菜部門が担当し、原料は業者からの年間値決めで調達される。店内加工の果実（スイカ）は商品部の青果部門が担当しているが、カット後の見栄えが重要なため、生鮮販売よりむしろ等級が上のものを用いている。

B社はカット野菜の売上が全体の6.4%に達し、前年比も115%となった。カット野菜は自社工場65%、店内加工５%、加工業者からの仕入れが30%という構成になっている。自社工場での加工は、①生鮮野菜の販売とカット野菜原料の仕入を統合することによって仕入条件の改善が見込めること、②他社との差別化を図れること、という２つの理由から2010年に開始したものであり、加工業者からの仕入れ分と合わせて、札幌地区の工場から全道供給を行っている。

カット果実は果実販売全体の5.1%を占め、前年比111%であった。加工場所別の内訳は自社工場加工が30%、店内加工50%、加工業者20%となっている。同社がカットパインを自社製造に切り替えたのは2015年であり、一括仕入れによる仕入原価の改善ならびに運送費の節約が狙いであった。

野菜・果実の店内加工は、品質向上のため2020年１月から始めたものであり、現在39店舗、今期末には半数強の65店舗に達する見込みである。店内加工の原料は市場流通品を使用している。作業効率上、外品使用が困難だからであり、通常の生鮮販売用と同じ等階級のものをカットしている。

焼き芋と茹でトウモロコシの取り組み

この他、簡便化対応として両社が注力してきたのが焼き芋と茹でトウモロコシであり、これらの商品は両社とも、店内加工によっている。A社は焼き芋の売上高がサツマイモ販売全体の32％を占めるようになり、前年からも25％伸びた。茹でトウモロコシもトウモロコシ販売全体の21％を占めている（前年比97％）。

B社は焼き芋が同62％、茹でトウモロコシが同45％をそれぞれ占めるまでになっており、A社よりも生鮮からの代替が進んでいる。茹でトウモロコシについては、茹で立てを提供するため、店内加工している。元々の企図は、夏の暑い時期に家庭で茹でる手間を代替するというものだったが、生の価格に50円乗せて販売できるため、粗利益率が「飛躍的に向上」（同社による）するというメリットもあった。

２）直売コーナーの設置と運用

もうひとつの販売対応の軸となっているのは、直売コーナーの設置である。A社では2014年から生産者持ち込みによる直売コーナー「大地の直送便」を開始した。大型店を中心に整備を進め、現在約半数に当たる35店舗に設置している。設置店での売上割合は約５％である。同社では各店舗周辺の生産者の持ち込みを重視しており、７割以上をそうした近隣の生産者から確保している。

B社はさらに早く、2003年から直売コーナー「ご近所野菜」の展開を開始し、2010年には全店での導入を達成、野菜売上高の13％を占めるまでになっている（夏場は20%、冬場は２%）。出荷生産者は現在、全道で737農家に上る。これらの生産者は近隣店舗に持ち込む他、配送センターに搬入することによって、地区内の他店舗を含め全道の店舗で販売することが出来る。配送センター経由の場合も売上精算であり、センター使用料も販売できた分についてのみ支払えばいいことになっている（通いコンテナの使用料は配送量に応じた支払いとなっている）。また同社では、直売コーナー出荷者を対象に、朝採りトウモロコシなどの企画をし、品質基準、価格、数量を相対で決めて生産者から買取販売を行っている。この買取販売については、直売コーナーではなく、レギュラーの売場での販売である。

（3）青果物の調達方法

1）A社

青果物仕入先の変化

A社による青果物仕入先の変化について、**表5-3**に示した。これによれば、卸売市場仕入率は1989年の79%から2008年に66%、2020年には51%と傾向的に低下してきたことが分かる。このうち、主たる仕入先であった札幌市中央卸売市場からの仕入率は1989年には73%であったが、2008年には42%、2020年には28%まで大きく低下している。野菜・果実別に2008年から2020年の変化を見ると、野菜は41%から34%へ、果実は45%から16%へと減少しており、

表5-3　A社による青果物仕入先の割合とその変化

（単位：%）

	1989	2008			2020		
	青果物	青果物	野菜	果実	青果物	野菜	果実
卸売市場	79	66	63	71	51	52	48
札幌市中央市場	73	42	41	45	28	34	16
他道内市場	6	4	4	3	5	8	0
道外市場		20	18	23	18	11	32
共同仕入機構	13	7	7	7	19	16	25
市場外	8	27	30	22	30	32	27
道内	8	9	11	4			
道外		6	9				
輸入商社		13	10	18	3	0	8

資料：A社業務資料。

この間の札幌市場仕入率の低下は特に果実の仕入率の低下によって起こっていることが分かる。

卸売市場に代わって割合が上昇しているのは、同社が参加する共同仕入機構からの仕入れである。A社では同機構の開発商品を自社のPBとして位置付け、積極的に利用している。また、輸入果実についても輸入商社からのみならず、同機構からも仕入れており、こうした取り組みの結果、共同仕入機構からの仕入割合が上昇したものである。

産直仕入の取り組み

A社では近年、「産直仕入」という取り組みを強化してきた。これは消費地卸売市場を通さないことによってリードタイムを短縮し、鮮度保持を図るとともに調達価格を抑制しようとするものである。具体的には、産地からベンダーを経由して同社の配送センターに搬入、店舗に配送される。

同社の産直仕入は生産者持込、生産者指定、農業法人・農協指定の３タイプから構成されている（**表5-4**参照）。このうち、生産者持ち込みは前項で紹介した「大地の直送便」であり、産直仕入の４％を占め、道内の13農家・グループならび道外の１社からなる。道外の１社はスーパー各社の直売コーナーに農産物を供給する事業を専門にしている企業（和歌山本社）であり、A社もこの機能を利用して冬季の直売コーナーを維持している。

生産者指定は全体の20％、28農家を対象に実施されており、北海道内が25

表 5-4　A 社における「産直仕入」野菜の内訳（2020）

	道内		道外		合計		
	件	%	件	%	件	%	%
生産者指定	25	99.1	3	0.9	28	100.0	19.7
生産者持込み	13	78.1	1	21.9	14	100.0	4.2
農業法人	8	59.5	10	40.5	18	100.0	43.9
農協	10	17.0	19	83.0	29	100.0	32.2
合計	56	54.4	33	45.6	89	100.0	100.0

資料：A 社業務資料。
注：１）共同仕入機構からの仕入分は除いてある。
　　２）生産者指定・生産者持込の件数は仕入れ口座数であり、グループ、出荷業者（道外）を含む。
　　３）％は仕入金額ベース。

件、売上金額の割合は99％と圧倒的である。農業法人・農協指定のうち、農業法人が全体の44％を占め、全18法人中、道内が８法人で売上金額の60％を占めている。農協については29農協と提携しており、全体の32％を占める。このうち道外が19農協、売上金額でも83％を占めている。

これら産直仕入が同社の青果物販売全体に占める割合は、野菜で40％、果実で30％に達する。同社では50％を目標にこの取り組みの拡充を進めている。ただ、この取り組みでは、ベンダー（中間業者）が産地から同社配送センターへの納品を担当しており、厳密な意味での産直ではない。これら中間業者として、場外問屋や集出荷業者のほか、道外産地については東京都中央卸売市場の業者も広く利用されているからである。

２）B社

青果物仕入先の変化

B社における青果物仕入先別構成比の変化は**表5-5**の通りである。これによれば、卸売市場からの野菜仕入割合は1989年の65％から2008年には58％、2020年には40％へ、果実仕入割合は同じく57％から50％、46％へと傾向的に低下していることが確認出来る。

こうした卸売市場仕入れに代わって増加したのが、B社が参加する共同仕入機構からの仕入れと市場外仕入れである。このうち、共同仕入機構については主に輸入果実の仕入れ先として利用が増えている。市場外仕入れで最も増加しているのは、野菜の場合、生産者・任意組合であり、2008年の７％から2020年には28％と劇的に上昇している。この中にはカット野菜の加工業者等も含んでいるが、主力は前項で紹介した直売コーナーに参加する生産者やそのグループからの仕入れである。B社による直売コーナーへの注力、すなわち担当SV ５人の全道配置と全店舗への同コーナー設置の取り組みは、同社の仕入れ構造を改変するところまで来たといえる。

表 5-5　B 社における青果物仕入先別構成比（店舗分）

		1989		2008		2020	
		万円	%	万円	%	万円	%
野菜	札幌市中央卸売市場	150,711	29.2	241,082	25.4	193,597	15.3
	旭川卸売市場	57,416	11.1	80,447	8.5	85,243	6.7
	函館卸売市場	41,150	8.0	44,209	4.7	67,116	5.3
	ほか道内卸売市場	53,713	10.4	172,919	18.3	113,073	8.9
	道外中央卸売市場	30,037	5.8	6,850	0.7	42,835	3.4
	卸売市場合計	333,027	64.5	545,507	57.6	501,864	39.7
	うち地区内卸売市場	285,996	55.4	474,367	50.1	392,973	31.1
	共同仕入機構	9,824	1.9			20	0.0
	全農集配センター	16,095	3.1	11,725	1.2	0	0.0
	農協・経済連・園芸連	21,473	4.2	42,997	4.5	101,062	8.0
	問屋・商社	81,895	15.9	276,857	29.2	284,930	22.5
	輸入商社	16,458	3.2	920	0.1	19,074	1.5
	生産者・任意組合	37,664	7.3	61,495	6.5	354,189	28.0
	その他		0.0	7,825	0.8	3,823	0.3
	合計	516,436	100.0	947,327	100.0	1,264,961	100.0
果実	札幌市中央卸売市場	107,131	29.5	98,803	16.3	105,570	16.3
	旭川卸売市場	39,316	10.8	82,689	13.6	61,278	9.4
	函館卸売市場	12,705	3.5	40,023	6.6	38,936	6.0
	ほか道内卸売市場	37,450	10.3	82,068	13.5	69,860	10.8
	道外中央卸売市場	8,363	2.3	12	0.0	20,003	3.1
	卸売市場合計	204,965	56.5	303,595	50.1	295,647	45.6
	うち地区内卸売市場	166,115	45.8	251,697	41.5	235,422	36.3
	共同仕入機構	7,571	2.1			73,711	11.4
	全農集配センター	28,368	7.8	7,728	1.3	0	0.0
	農協・経済連・園芸連	16,480	4.5	3,683	0.6	10,172	1.6
	問屋・商社	52,264	14.4	255,211	42.1	110,379	17.0
	輸入商社	45,487	12.5	24,609	4.1	127,355	19.6
	生産者・任意組合	7,932	2.2	10,597	1.7	25,469	3.9
	その他		0.0	624	0.1	5,896	0.9
	合計	363,067	100.0	606,047	100.0	648,629	100.0

資料：B 社業務資料。
注：１）その他：正式契約を結んでいない生産者・商社など（2008）、子会社（2020）
　２）函館卸売市場は 2009 年３月に中央卸売市場から地方卸売市場へ転換。
　３）地区内卸売市場とは各地区における地区内卸売市場からの仕入実績。
　４）地区区分：1989 年は函館・札幌・旭川、2008 年は函館・苫小牧・札幌・旭川・北見・帯広・釧路、2020 年は函館・室蘭・苫小牧・札幌・旭川・帯広・釧路
　５）1989 年の「産地集出荷業者」は「問屋・商社」に統合。

地区別の卸売市場利用状況

前述したように、B社は全道を８地区に分けてSVを配置し、エリア仕入れの権限をもたせている。**表5-6**はこの地区別に卸売市場の利用状況をみたものである。これによれば、函館、室蘭、札幌、旭川、釧路の５地区は、卸売市場仕入れに占める各地区内の主要な卸売市場からの仕入れ割合が６割以上と高い値であり、さらに地区内にある他の卸売市場の利用割合を合わせた地区内卸売市場仕入率は７割を超えていることが分かる。

これに対して、苫小牧、帯広の２地区については、地区内卸売市場の利用率がいずれも５割未満となっており、札幌市中央卸売市場からの仕入れがそ

表 5-6　B 社による地区別の卸売市場利用状況―2020 年度―

a）野菜　（単位：%）

卸売市場	函館	室蘭	苫小牧	札幌	帯広	旭川	釧路	合計
函館地方市場	91.5	0.0	0.0	0.0	0.0	0.0	0.0	13.4
室蘭地方市場	0.0	80.4	0.0	0.0	0.0	0.0	0.0	6.0
苫小牧地方市場	0.0	0.3	12.0	0.0	0.0	0.0	0.0	0.5
札幌中央市場	0.2	17.1	64.3	70.7	45.2	11.4	11.2	38.3
帯広地方市場	0.0	0.0	0.0	0.0	16.7	0.0	0.7	1.0
旭川地方市場	1.0	2.2	5.1	5.9	2.8	66.5	0.8	17.1
釧路地方市場	0.0	0.0	0.0	0.0	0.4	0.0	87.3	5.7
その他道内市場	0.0	0.0	18.6	5.5	31.9	22.1	0.0	9.5
道外市場	7.3	0.0	0.0	18.0	3.0	0.0	0.0	8.6
合計	100.0	100.0	100.0	100.0	100.0	100.0	100.0	100.0
地区内卸売市場	91.5	80.4	30.6	76.1	48.6	88.6	87.3	78.7

b）果実　（単位：%）

卸売市場	函館	室蘭	苫小牧	札幌	帯広	旭川	釧路	合計
函館地方市場	76.7	0.0	0.0	0.0	0.0	0.0	0.0	13.2
室蘭地方市場	0.0	74.5	0.0	0.0	0.0	0.0	0.0	4.8
苫小牧地方市場	0.0	0.2	15.0	0.0	0.0	0.0	0.0	0.9
札幌中央市場	0.5	22.4	54.9	82.3	49.5	6.3	2.1	35.8
帯広地方市場	0.0	0.0	0.0	0.0	26.3	0.0	0.0	1.5
旭川地方市場	0.0	2.9	19.9	8.5	5.6	69.7	0.0	20.8
釧路地方市場	0.0	0.0	0.0	0.0	0.2	0.0	97.9	9.0
その他道内市場	0.0	0.0	10.1	0.6	17.3	23.9	0.0	7.4
道外市場	22.8	0.0	0.0	8.6	1.1	0.0	0.0	6.7
合計	100.0	100.0	100.0	100.0	100.0	100.0	100.0	100.0
地区内卸売市場	76.7	74.5	25.2	83.0	43.6	93.7	97.9	79.7

資料：B 社業務資料。
注：旭川地区の値は北見地区のものを含む。

の空隙を埋めている構造である。同社では、苫小牧・帯広両地区を札幌本部直轄地区として位置づけているが、卸売市場の利用状況はこれを反映したものである。

B社全体としての、卸売市場仕入れに占める各地区内卸売市場仕入割合は、野菜で2008年の87％から78％へ、果実でも同じく83％から80％へと下落しているものの、総じて堅調に推移しているといえる。札幌市中央卸売市場の他地区利用という点でいえば、札幌地区のほか、苫小牧・帯広両地区を除けば限定的であり、北海道の拠点市場としての存在感は、少なくともB社内部ではそれほど大きなものではないといえる。

４．青果物流通の展開方向

以上明らかにしたことを整理すると以下のようになる。

第１に、道内小売段階のうち、スーパー業界の再編状況としては、2000年代の最初の10年間で急速に企業の統合が進み、上位３グループで約８割のシェアを占めるようになった。

第２に、分析対象とした主要２社は本部にバイヤーとSVを置くとともに、札幌から離れた地区にはそれぞれSVを配置し、彼らに地区仕入れの権限を付与していた。

第３に、簡便化対応として、カット青果物の販売割合が上昇するとともに、製品の購入から自社工場での加工、さらには店内加工へのシフトが進んでおり、工場加工については業務用の業者から加工用の原料を仕入れ、店内加工は生鮮販売と同じものを原料として使用していた。

第４に、両社とも直売コーナーを始めとする地産地消対応を起点とし、これを拡張した販売戦略を採用していた。A社は生産者持ち込みによる「大地の直送便」に加え、生産者、農業法人、農協などを指定した調達システムを構築していた。B社は「ご近所野菜」の取り組みを10年超継続しており、現在700戸超の生産者から同コーナー用に野菜を仕入れるとともに、特定の企画についてはこれらの生産者と連携して買取集荷の上、レギュラー品目として販売を行っている。こうした業務のため同社では、直売コーナー担当のバイヤーを全道に５人配置し、野菜販売全体の13％を占めるまでに成長させた。

第５に、両社とも全道に広く店舗を展開（A社はグループ企業として）しているが、卸売市場利用については各地区ごとの分権的な調達システムを構築していた。

以上のように、道内スーパーの企業統合は2000年代初頭の10年間で急速に進んだ。前回の分析は2008年実績を元にしたものであり、その終盤に相当する。その後10年余りが経過したのであるが、生鮮食料品の調達は（消費地）卸売市場利用についていえば、各地区の自主性を重視した分権的な仕組みが維持されてきたと言える。

その一方で、簡便化対応も製品仕入れ、自社（工場）加工は全道供給体制が組まれ、直売所型の対応重視も、基本的に卸売市場の外で展開されており、これらの販売対応、販売戦略の重点化は、全体として卸売市場仕入割合を低下させてきたのである。

ただ、生産者や農協からの直接仕入れと見えるA社の産直仕入れも、ベンダーが広く利用され、その中には東京都中央卸売市場の業者等も含まれている。また、カット用野菜の製造業者あるいは同原料の納入業者についても卸売市場からの調達が含まれているものと想定される訳で、消費地卸売市場としての道内各卸売市場の利用減退が、マクロ的な意味での卸売市場経由率の低下に繋がっているかどうかは即断するべきでないと思われる。

注

１）スーパーマーケットの業界団体による調査では、生鮮食品についても、コンビニエンスストアやドラッグストアの利用が進んでいることが明らかにされている（(一社）全国スーパーマーケット協会『2019年度版スーパーマーケット白書』。分析データは同協会「消費者調査2017年」による)。

２）なお、自社工場で加工されたカット青果はA社のグループ企業で札幌市内に店舗展開している別のスーパーにも供給されている。

参考文献

池田真志（2021）『生鮮野菜流通システムの再構築』農林統計協会，pp.1-174.
木立真直編（2019）『卸売市場の現在と未来を考える』筑波書房，pp.1-76.
斎藤順・伊藤亮司・清野誠喜・宮入隆・斎藤文信（2012）「ローカルスーパーの青果物MD戦略における新たな動き―秋田県A社のインショップを事例に―」『農林業問題研究』第187号，pp.59-65.
Sakazume, H.（2011）Formation of regional supermarket chains in Hokkaido and their procurement channels of fruit and vegetables, Agricultural Marketing Journal of Japan, pp.1-14.

（坂爪浩史）

第6章

食肉小売流通の今日的特徴

1．はじめに

1960年代頃までの消費者は、商店街にある小規模な青果店、精肉店、鮮魚店などの食料品専門小売店のカウンターの前で店員と掛け合いながら（価格交渉、情報交換等）、必要な食材を買い揃えていた。その後主流となったスーパーマーケット（以下、「スーパー」とする）は、食材調達という消費者の購買目的に対応し、食料品専門小売店の商品をワンセット化し、ワンストップ・ショッピングを実現させたと同時に、セルフサービスにより低価格を提供してきた。セルフサービス方式（以下、「セルフ方式」とする）の採用により、従来店員が動いて商品を取り出すなど小売業側が負担していたコストが消費者の買い物行動の一部として転化された。過去に消費者の注文に応じて店員が計量したり切り分けたりしていたが、今日では、棚に陳列された多種多様な規格化された商品に、消費者が自身のニーズに照合しながら「自由に」選択するようになっている。

スーパーの精肉は、すぐに調理できるようにさまざまな用途に合った形にカットされており、計量・包装済みのさまざまなサイズのプレパックで販売されることが一般的である。かつてバックヤードで職人によって行われていた枝肉から精肉までの加工およびそのパッキング作業が、部分肉（ボックスミート）流通の普及やミートスライサーなど業務用機械の性能的進化によって簡易化され、次第に専門化した工場施設に取って代わり、店舗での作業コストの削減と、精肉商品の種類とサイズ等のバリエーションの拡充が図られた。ところが、網羅的な品揃えによって各企業のマーチャンダイジングの特徴が失われつつあるため、商品の差別化だけでなく、サービスの追加や対面売場の増設などによる販売方式の差別化戦略も展開されるようになった。

一方、量り売りやオーダーカット等セルフ方式に適応されない高度な人的サービスを提供してきた食肉専門小売店（以下、「専門小売店」とする）は、スーパーとの差別化を図るために、国産食肉を中心とした価値訴求の品揃え、肉惣菜・加工品の開発、B to B販売（卸売）、ないしは食肉生産へと、専門店ならではの特性を活かした生き残りをかけた多角化戦略を展開している。

本章では、今日の食肉小売流通と課題の特徴について、食肉小売流通の変容（２.）をふまえながら､スーパーにおける食肉販売事業の事例分析（３.）、食肉専門小売店の事例分析（４.）を通して明らかにする。３. では、筆者が2016年に聞き取り調査を行った、中四国・九州地方を中心に100店舗以上展開しているスーパーマーケットチェーンY（以下、「Y社」とする）の食肉対面販売事業を取り上げる[1)]。４. では、筆者が2019年に聞き取り調査を行った、兵庫県にある地域の食肉小売業よる生産・加工・販売の一体化に取り組むH社を取り上げる[2)]。５. では本章の総括を行う。

２．食肉小売流通の変容

（1）食肉専門小売店の変化

食品小売流通におけるスーパーの重要性が高まるにつれて、1990年代に入って食品専門小売店を含むほとんどの業種の零細商店が減少過程に突入した。生鮮食品業種別専門小売店数の推移（**図6-1**）をみると、食肉専門店数は青果物と鮮魚のそれより少ないが、2014年対1994年比をみると、食肉専門店－64%、野菜・果実専門店－66%、鮮魚専門店－70%で、食肉専門店の減少幅

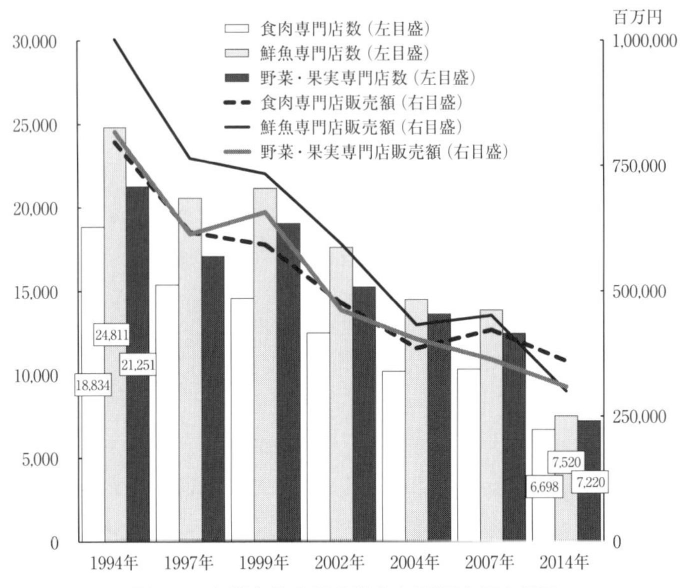

図6-1　生鮮食品専門店数と年間販売額の推移

資料：経済産業省「商業統計調査」各年版より筆者作成。
注：「商業統計調査」は平成26年（2014年）の結果が最後で廃止となり、「経済構造実態調査」に統合・再編され集計項目に変更があったため、本図では2014年までのデータにとどまることにした。

が最も小さい。同図の年間販売額の推移をみると、1990年代に販売額が低かった食肉専門店は1999年から減少が比較的緩やかになり、2014年には野菜・果実と鮮魚の販売額を上回っている。田村（2014）によると、業界の市場成長率（環境的外部要因）が急速に低下しない限り、相対的生産性（業者の主体的内部要因）が高ければ高いほど、零細商店の減少過程が緩和される。同書では、相対的生産性が高め（≧１）の業種に、米穀類（1.143）、果実（1.016）、食肉（1.002）が取り上げられ、その業種の特性、すなわち①価格、品揃え、便利さといった要素よりも、ご用聞きなどの人的サービスに優れることが顧客吸引の決め手になること、②消費者が商品の鮮度に強い好みを持っていること、③顧客欲求が多様化し個性化していること、④労働集約的な流通加工あるいは小規模な製造工程を含んでいること、⑤寡占メーカーの流通系列化にともなう流通支援が強い、という点が相対的生産性の向上に寄与している可能性を示唆した。

近年、食料品小売業の主流業態の店舗拡大による厳しい経営環境に対応するため、一部の食肉専門小売店は、来客数の確保・拡大を図るための売場面積の拡大改装や女性客が好む店内空間の演出、価値訴求商品のラインナップおよび惣菜・加工品といった商品の充実など、生き残りをかけたさまざまな経営戦略・販売戦略を展開している[3)]。

(2) スーパーマーケットにおける食肉部門の展開

スーパーは対面販売を行う従来の一般小売店とは異質の小売業態である。その経営方式は、①セルフサービス、②食料品商品を中心とする低マージン大量販売、③大量仕入、④大規模経営、⑤労働節約的販売技術が特徴としてあげられる（桑原・藤谷1971)。食肉売場についていえば、規格に沿って事前包装したパック肉が大量に重ねて陳列された長いショーケースの前で、消費者が商品を手にとって確認・比較し、そして自分のニーズに近い商品を選んで買い物カゴに入れ、最終的には同様な手順で買物カゴに入れた野菜や調味料などと一緒に集中レジで精算することが今日の常態である。

ところが、日本におけるスーパーの展開当初、食肉と鮮魚部門は、対面販売が一般的でかつ同部門を外部業者にテナントとして委託経営を行う場合が多かった。とりわけ食肉は小売段階までの流通が既存の経路と取引方法に依存していた時期が長く、小売段階における加工も職人に頼っていたため、食肉の選別、調理、陳列方法など一般的な食肉専門小売店と大差はなく（桑原・藤谷 1971)、スーパーの経営にとっては非合理的なやり方であった。1960年代後半にセントラルパッケージ方式が導入され、各店舗で行われてきた精肉加工と包装はプロセスセンターなどと呼ばれる工場で集中的に行われるようになり、事前に発注した商品を消費者にそのまま販売できる包装形態で工場から納品する形となった。こうして、①集中化の効果による生産性の向上、②未熟練労働の活用による人件費生産性の向上、③店舗作業場が狭くて済むので投資効率の向上、④店舗従業員の訓練が容易なので出店による企業規模拡大スピードアップなどが果たされ（安土 1987）、スーパーの経営方式に見合った食肉部門に転身した。しかしながら、1970年代半ばになってセントラルパッケージ方式の問題点が見えてきた。売れ数の予測が正確にできないため、在庫管理のハードルが高いにもかかわらず、リードタイムの発生は在庫管理をいっそう困難にし、在庫の過不足が避けられなかった。これを受け、精肉加工と包装を店内に戻す動きがあった。セントラルパッケージ方式の欠点を補おうとして、インストア加工（店内加工）を併行するのが一般的となった。

日本における食料市場が絶対的な縮小基調にある中で、スーパーにとって優良顧客をいかに多く獲得するかが重要となっている。一部低価格販売を貫徹する業態や業者を除き、ローカルチェーンを含め多くの企業は価格訴求から価値訴求へと販売政策の重心を移行している。食肉部門では、和種や国産銘柄肉の品揃えの増加や、惣菜・加工品の充実など商品政策のほか、対面売場の設置などといった人的サービスを追加する販売戦略の展開もみられる。なお、スーパーにおける対面売場の設置・運営については大きく、スーパーが自ら展開する「自社経営型」と、外部の食肉専門業者にテナントとして展開する「テナント導入型」の２タイプがある。次節で事例として取り上げるのは「自社経営型」のタイプとなる。

３．スーパーマーケットにおける食肉販売の取り組み
—Y社の自社経営型食肉対面販売事業を事例に—

（１）Y社食肉部門の概要

Y社は、中四国・九州地方を中心に約100店舗を出店している、年間売上高６千億円の大手小売企業である。衣服卸問屋として創業し、1960年代にスーパー１号店を出店することを機にチェーン展開する小売企業となった。

Y社の食品事業部門は青果、食肉、鮮魚、惣菜、日配品、加工品の６部門に細分化されており、うち食肉部門の売上高が堅調に推移しており、そのシ

ェアが2012年より顕著に伸びている（**図6-2**）。Y社の食肉部門には全体的に約700アイテムが商品として登録されており、常時販売されているのはおよそ345アイテムである（全店舗の合計）。その中でもハム・ソーセージ、デリカテッセンなどの加工品は約200で最も多い。生鮮品について、牛肉は約60、豚肉は約45、鶏肉は約40という畜種からみた商品構成である。**表6-1**に示す2015年３月から12月の販売金額と数量の平均値をみると、牛肉の販売数量のシェアは21％で最も低いが、平均単価が他の畜種より高いため、販売金額のシェアは31％で最も高い。豚肉の販売金額と数量のシェアはともに２位である。鶏肉の販売数量シェアは牛肉よりも上回るが、販売金額シェアは最も低

図6-2　Y社食肉部門の売上高と食料品全般に占めるシェアの推移

資料：聞き取り調査より筆者作成。

表 6-1　2015 年 3～12 月 Y 社食肉部門販売金額と販売数量の内訳

（単位：％）

2015 年		3 月	4 月	5 月	6 月	7 月	8 月	9 月	10 月	11 月	12 月	平均
金額	牛肉	28.7	29.6	31.2	30.3	31.4	33.6	30.2	29.4	29.2	32.9	30.7
	豚肉	27.7	26.3	25.7	26.9	26.2	24.8	26.8	27.9	28.7	24.0	26.4
	鶏肉	20.2	20.0	19.1	18.5	18.4	17.4	19.4	20.0	20.8	20.6	19.5
	加工品	23.4	24.0	24.0	24.3	24.1	24.2	23.5	22.8	21.2	22.5	23.4
パック数	牛肉	19.9	20.4	21.0	20.7	21.4	22.3	21.6	21.1	20.9	21.1	21.1
	豚肉	25.8	24.7	24.6	25.9	25.1	24.9	25z.5	26.3	27.2	25.1	25.5
	鶏肉	22.3	21.9	21.0	20.4	20.4	20.0	21.1	21.5	22.4	23.5	21.5
	加工品	32.0	32.9	33.4	33.0	33.0	32.8	31.7	31.2	29.4	30.3	31.9

資料：聞き取り調査より筆者作成。

く、平均単価が低いことがわかる。加工品の販売数量シェアは3割もあるが、販売金額シェアは2割強しかない。加工品のアイテムが多く、単価のバラつきも大きいと考えられるが、比較的単価の低いアイテムが数多く販売されていることが推察される。

（2）Y社食肉対面販売の運営実態

Y社は、2016年6月の調査時点で17の大型店舗で精肉の対面販売を展開している（**表6-2**）。1990年代後半から2000年代半ばにかけての店舗展開とともに対面販売も導入したが、2009年から2014年までは開業がなかった。食肉部門では、対面販売のための仕入と販売促進を担当する専門バイヤーが1名で、仕入と販売の業務はセルフ売場の仕組みから分離されている。

表6-2　Y社における食肉対面販売の概要（売上高順）

店舗名	開業年月	面積（㎡）			年間売上（万円）	従業員数（人）		
		全体	売場	作業場		全体	繁忙期	閑散期
A	2008.02	93	40	53	27,063	14	12	3
B	1996.03	66	26	40	19,348	11	8	2
C	2004.09	86	40	46	18,298	13	10	3
D	2015.06	89	40	50	17,053	10	8	2
E	2000.06	53	23	30	14,217	12	9	2
F	1997.03	73	33	40	13,752	7	5	1
G	1997.03	53	23	30	13,337	8	5	1
H	2000.04	53	23	30	13,299	10	7	2
I	2001.10	60	26	33	12,325	8	7	1
J	2004.06	56	23	33	12,026	12	9	2
K	2006.12	60	26	33	10,671	8	7	1
L	1999.11	60	26	33	9,520	7	5	1
M	2003.09	66	26	40	9,232	8	7	1
N	1996.09	50	20	30	7,970	6	4	1
O	2002.08	50	20	30	7,942	8	7	1
P	2000.10	69	33	36	7,848	8	7	1
Q	1993.06	40	20	20	6,846	6	4	1

資料：聞き取り調査より筆者作成。

1）売場の形態

対面売場は店舗によって規模が異なるが、外見に統一感があり、食肉専門小売店らしき「店名」のような看板も設置されている。食肉売場の中では、対面カウンターがセルフ売場に隣接して配置されている。作業場での精肉加工と惣菜製造もカウンターの外側から見える構造となっており、店内加工による「出来たて感」が演出されている。また、対面売場の面積は20～40㎡と広く、従業員数も繁忙期では閑散期の４倍以上必要となる（**表6-2**）。従業員はカウンターの内側に待機し、顧客の注文を受けてから該当商品をカウンターのショーケースから取り出し、台秤にのせて重量を量り、顧客の意見を伺いながら量を調整し、必要に応じてカットし、包装して値付ける。そのプロセスは専門小売店と同様、すべてが顧客の目の前で行われる。なお決済はスーパーの集中レジで精算される。このように、セルフ売場の中に人的サービスが充実している対面売場を設置することで、顧客に違和感または新鮮感を与えることで集客している。

２）商品の構成

Y社の食肉対面販売部門に678のアイテムが登録されている（**表6-3**）。うち牛肉が４割弱で最も多い（内訳：和種36％、乳用種29％、輸入22％、交雑種13％）。次に豚肉で、２割弱を占めている（内訳：国産豚肉62％、輸入豚肉27％、黒豚11％）。その他の特徴として、セルフ売場で取扱いの少ない内臓や、ホット惣菜もそれぞれ１割強を占めている。

売場で実際に販売されている商品について、2016年１月に、食肉の対面販売年間売上が最も高いA店ならびに、A店をモデルに新しく開業したD店にて店頭調査を実施した。両店舗とも登録商品のうち約80アイテムを販売している。対面売場における共通アイテムのほかに、それぞれの店舗の客層に即した国産銘柄肉が看板商品として売り出されている。たとえば、A店ではロ

表6-3　Y社対面販売の商品構成

	牛肉	内臓（牛）	豚肉	鶏肉	合挽ミンチ	他	加工品	生食品	肉惣菜（ホット）	合計
アイテム数	246	70	129	52	6	7	27	60	81	678
割合（％）	36.3	10.3	19.0	7.7	0.9	1.0	4.0	8.8	11.9	100.0

資料：聞き取り調査より筆者作成。
注：１）ここでの加工品はハム・ソーセージ類ではなく、インストア加工でない一次加工商品を指す。衣付ロースカツ等がこれにあたる。
　　２）生食品とはそのまま食べられる商品を指す。ローストビーフ等がこれにあたる。

表6-4　D店食肉対面売場の販売アイテム数と内訳

品　目	表示種類	アイテム数	構成比（%）	備　考
牛肉	小　計	27	34.2	
	和種	15	19.0	
	国産	7	8.9	
	輸入	5	6.3	
内蔵（牛）	小　計	11	13.9	
	国産	6	7.6	
	輸入	4	5.1	
	混合	1	1.3	
豚肉	小　計	16	20.3	
	国産	14	17.7	
	輸入	2	2.5	
鶏肉	小　計	1	1.3	鶏ミンチ
	国産	1	1.3	
その他	小　計	2	2.5	フォアグラ
	輸入	2	2.5	
加工品	小　計	4	5.1	味（調味料）付け
	国産豚	4	5.1	
ホット惣菜	小　計	18	22.8	
	鶏肉	12	15.2	
	内蔵	2	2.5	
	他	4	5.1	
合　計		79	100.0	

資料：聞き取り調査より筆者作成。

ーカルの銘柄牛a、D店では全国的な銘柄牛dをそれぞれのセールスポイントとしている。D店を例に具体的にみてみると（**表6-4**）、合計79アイテムのうち和種が15で約２割を占め、中では13が銘柄牛d、２が銘柄牛aである。銘柄牛のほとんどが部位別で、ステーキ用やすき焼き用等の用途に沿って、見栄えの良い大判カットを施した商品形態で販売されている。国産牛は、肩ロースの用途別商品が３あり、その他はカレー用角切りやスジ肉、コマ切れもある。また、輸入牛肉５アイテムのうち、２が米国産、３が豪州産である。そのほとんどが味付けた焼肉用のバラ肉商品である。牛肉の次に多いのはホット惣菜である。うち鶏肉を原料肉とするアイテムが最も多く、量り売りである。対面売場が取扱うホット惣菜はY社の惣菜事業部ではなく、食肉部門が原料または一次加工品を仕入れて店内で調理している。

3）食肉部門における対面販売の位置

図6-3をみると、Y社食肉部門の売上高は2009年以降に増加し続けており、とりわけ2012年以降の増加が著しい。いずれの販売方式の売上高も増加して

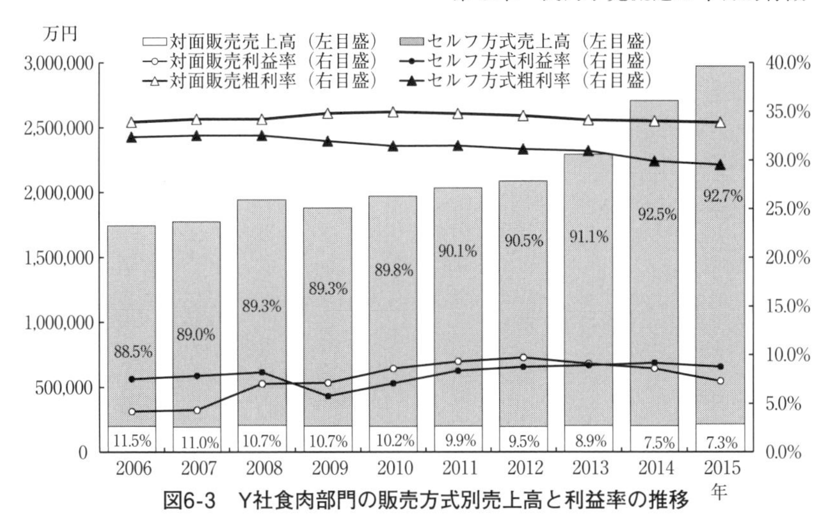

図6-3　Y社食肉部門の販売方式別売上高と利益率の推移

資料：聞き取り調査より筆者作成。

おり、セルフ方式が93％の高いシェアを占めている。対面販売は11％台から2014年には７％台まで減少している。聞き取り調査によると、セルフと対面との差別化を図るために2014年から対面売場では一部の豚肉・鶏肉商品を外したため、売上高が約５％程度下がったという。対面販売の利益率も2012年に頭打ちとなり、2014年にはセルフ方式を下回っている（**図6-3**）。このように、Y社の食肉部門の売上は主にセルフ売場の売上によって構成されており、食肉部門の存立基盤はセルフ方式によるプレパック商品の量販によって確立している。なお、粗利率をみると（**図6-3**）、セルフ方式は30％を下回るのに対し、対面販売がセルフ方式より４％と若干高い水準を維持している。主に利益を上げられる売上原価率の比較的低い輸入肉やホット惣菜等の商品によるものであると考えられる。

（3）食肉対面販売の効果と課題

以上みてきたように、Y社の食肉部門では、従来のセルフ方式による量販を基盤としつつ、対面販売では国産銘柄肉をセールスポイントとし、利益を上げられる売上原価率の比較的低い輸入肉やホット惣菜等の商品をアクセントとした商品政策に加え、食肉専門店のような売場づくりと人的サービスの提供を行っている。その目的として、差別化の追求、従来の客層に加え経済的余裕のある客層の獲得などが挙げられる。Y社にとって、一部富裕層をターゲットにしたニッチ市場、すなわち国産銘柄肉の販売に、対面という人的サービスの提供をセットし、さらに輸入品やホット惣菜などといった粗利率の高い商品において、その商品力を発揮させることにより、比較的高所得層の顧客の獲得と囲い込みが期待できる。また、高所得層以外の顧客には、対面売場が取扱う銘柄商品が「見せる」または「比較する」ための商品になりうるため、同売場の他の商品、ないしセルフ売場の売上に貢献する可能性もある。対面販売を自社経営しているY社にとって、セルフ売場と対面売場の相互作用によりシナジー効果が生み出されることも期待される。

ただし、対面販売事業は、労働集約的な運営方式や店舗スペースの確保の必要性などから、販売管理費用の抑制が優良事業として経営を継続していく上で重要な課題であると考える。また、セルフ売場の商品との差別について明確な設定や仕組みが存在しないため、消費者（顧客）を混乱させる可能性も否めない。銘柄肉は銘柄でない肉から差別するための商品であり、格付けの基準もあるが、必ずしもその銘柄の中味が消費者に明確かつ正確に伝達されているとは限らない。スーパーで両方の商品を異なる販売方式で取扱っても、一般消費者は、「品質」よりも、「価格」と「銘柄」の突き合わせに大きく影響され、意思決定に時間がかかるほかに、結局「価格」の土俵で商品が比較される可能性がある。対面販売に特化したような商品政策および消費者にとって理解しやすい品質情報の発信の仕組みが必要と考えられる。

4．地域の食肉専門小売店による生産・加工・販売の一体化展開
—兵庫県H社を事例に—

（1）H社の概要と展開経緯

H社は資本金2,400万円で、1978年１月26日に設立された企業である。兵庫

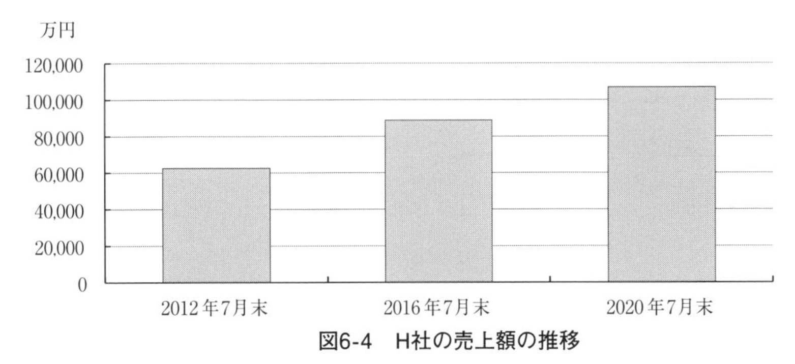

図6-4　H社の売上額の推移

資料：聞き取り調査より筆者作成。

県加古川市志方町に立地し、食肉卸業および小売、ハム・ソーセージなどの食肉加工品の製造・販売を行っている。また、2つの直営牧場で黒毛和種の肉牛の繁殖から肥育まで行っており、但馬牛の生産に特化している。2019年に第6回全国但馬牛枝肉共進会において名誉賞を受賞している。現在では、従業員数は約40人で、売上額が増加傾向にあり（**図6-4**）、2020年7月末では10億円を超えている。2020年7月末の売上額のうち、小売販売は約77%、肉牛販売は約24%を占めている。

1973年に地元のスーパーP社にテナント精肉店として出店し、1978年1月にはH社として設立し、現在の本店となる精肉店を開店した。1983年に、本店所在の古川市にN牧場を開設し、後に加古川市の北に隣接する加西市でK牧場を開設した。N牧場では主に繁殖、K牧場では主に肥育を行っている。過去にF1交雑種の繁殖・肥育も行っていたが、今現在では但馬牛に特化している。経営者は二代目で、父親から息子兄弟の2人が受け継いでいる。ローカルな精肉店として地域に根付いたB to BやB to C[4)]のビジネス展開をしつつも、2013年より通販サイト「楽天市場」に出店し、インターネットを通じたB to C販売を開始し、販路拡大を図った。2016年には「楽天市場」主催のRakuten EXPO AWARDへ参加し、関西エリア地域特産品賞を受賞した。そのほか、2014年にJR大阪三越伊勢丹へも出店し、一年間ほど国産牛肉を使用した惣菜弁当等を製作し試験的な販売を行った。B to C販売については、

COVID-19流行下の自粛生活の長期化において顕著な伸びを見せたという。

(2) H社を中心とした食肉の生産・加工・販売一体化の連携構造

1) 原料肉の仕入と肉牛生産の取組

精肉店として発足したH社では、精肉販売が主たる事業であるため、仕入れた原料肉は主に精肉向けで、食肉加工品の開発と製造は基本的に精肉加工の端材利用を出発点としている[5)]。原料肉仕入の畜種別金額の構成比は牛肉:豚肉が9:1であり、すべて国産である。豚肉は大手卸から部分肉単品（主にロースとウデ）であるが、牛肉は主に兵庫県加古川食肉地方卸売市場、併設の加古川食肉センターを通して枝肉で仕入れている。仕入れる品種の内訳は、交雑種が約３割で、和種が約７割である。和種のうち約６割が直営牧場の出荷分、すなわち自家産を買い戻しており、残り１割は自家以外の出荷者からとなる。枝肉から部分肉への加工・整形は、先代から取引関係を維持してきたD社に外部委託している（**図6-5**）。

H社の２つの直営牧場においては、但馬牛のみ生産しており、調査時点では繁殖が約120頭、育成88頭、肥育約300頭で、合計約500頭の経営規模である。**表6-5**に示したように、繁殖と育成は主にN牧場で、肥育は主にK牧場といったすみわけで、肉牛の繁殖・肥育の一貫経営を行っている。現段階ではまだ淡路島産の子牛を導入して育成・肥育することもあるが、これからは、主に土地的に拡大の余地があるN牧場を中心に繁殖牛の飼育規模を拡大し、徐々に淡路島産子牛の導入から自社による安定的な子牛生産にシフトしていく予定である。両牧場の従業員数は合計５名で、１人当たり100頭の飼育・

表6-5　H社の直営牧場の概要

	N牧場	K牧場
立地	加古川市	加西市
事業内容	繁殖、育成	繁殖・育成、肥育
飼育頭数	約40頭	約460頭
今後の予定	繁殖牛の飼育規模を拡大したい	N牧場では土地的にまだ増築の余地があり、将来的には繁殖と肥育の機能で棲み分けしたい。

資料：H社のHP、聞き取り調査より筆者作成

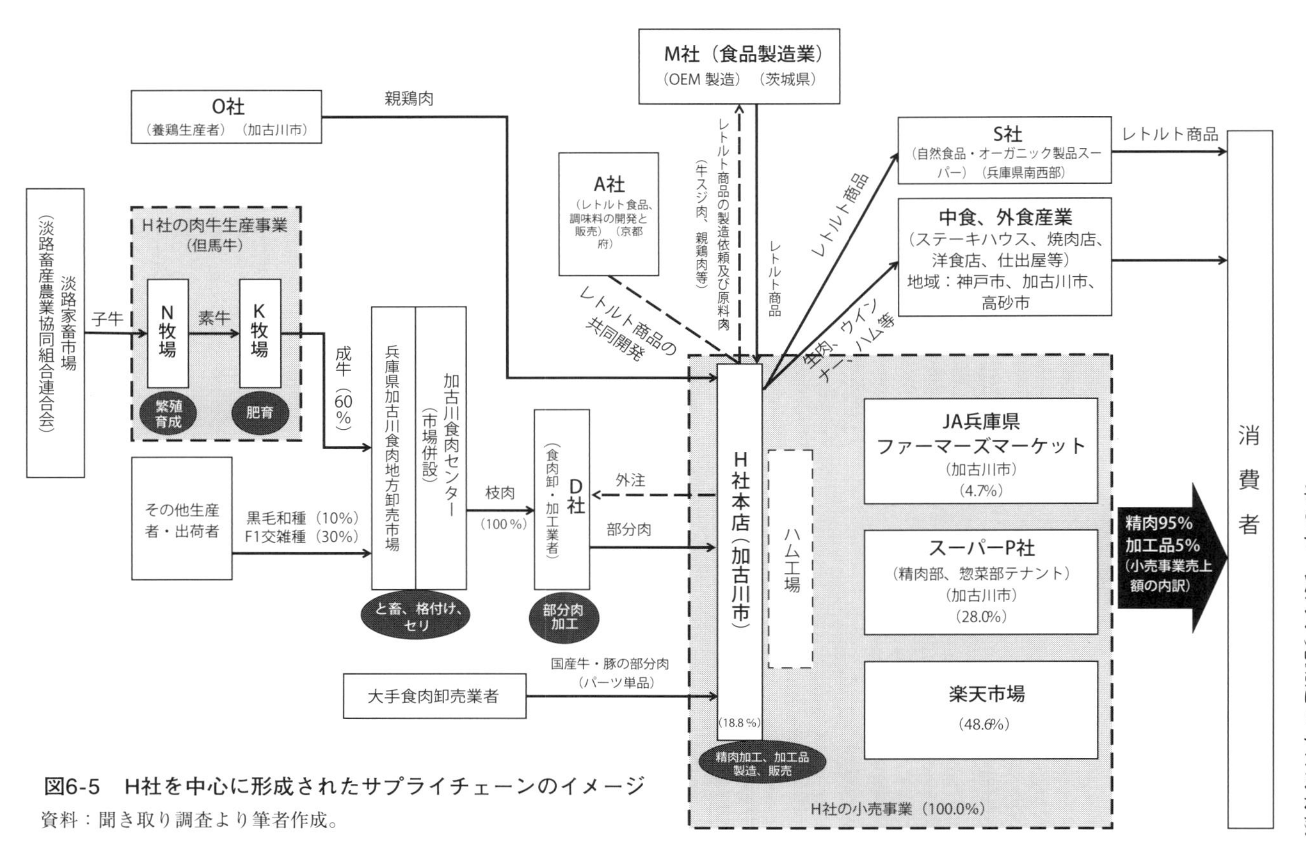

図6-5　H社を中心に形成されたサプライチェーンのイメージ

資料：聞き取り調査より筆者作成。

管理に当たる計算となる。

肉牛の出荷については、「神戸ビーフ」として精肉販売に取り組む前の2010年頃までは、直営牧場で肥育した成牛はむしろセリで他社へ売ってしまうことが多かったが、2013年に楽天市場に出店するとともに「神戸ビーフ」としての商品展開に重点をおいたことを契機に、2015年頃から買い戻しが増え、今現在では直営牧場の出荷分をほぼ100％買い戻している。直営牧場から出荷した肉牛は、格付けを通して基準に達したものは神戸肉流通推進協議会より「神戸肉之証」が発行される。ブランド牛の生産にあたっては、霜降りの具合に影響される精肉商品の見栄えの演出も考慮するが、A5等級を目指すよりもあえて「神戸ビーフ」に認定されるボトムラインであるA4等級のNo.6を基線にし、「美味しさ」を第一に考えながら生産に取り組んでいる。具体的には、商品になった肉の味を実際に肉牛生産の担当者らが試食し、味の調整のために肥育飼料のビタミン配合や給餌具合を調整する試みを行っている。また、精肉加工の際になってみない限り生体から判明しにくい問題もあるという。たとえば、ネック部位にしこりが発見された際に直ちに生産現場で原因を特定し、牛の治療にあたる首への注射が比較的多かった時期にそのしこりができやすいと判った。そうした注射治療の必要性を減らすべく、牛の健康向上に工夫したところ、しこりがほとんど見当たらなくなったという。このように、肉牛生産者が最終消費者向けの精肉商品の状態を直接確認でき、そこから速やかに生産現場にフィードバックして対応できるのも、生産・加工・販売の一体化ならではの強みといえよう。

2）商品開発の取組

H社は精肉のほかに、これまでは主にハム、ウインナー、コロッケ、ミンチカツ、ハムカツ、カッパスモーク、タンスモークなどといった「町のお肉屋さん」の定番ともいえる加工品を得意分野として商品展開してきた。先代がドイツに赴いて習った技術を引き継ぎ、「昔ながらの味」を継承してきた。ウインナーの場合は、先代より天然羊腸を使用しており、作業としては詰めにくく決して効率が良くないが、ぱりっとした食感に由来する美味しさを大事にするため、コストが上がっても製法を変えずに商品を作り出している。国産牛肉の低需要部位を使用したハムの開発も行っている。

また、レトルト商品や調味料を取り扱うA社と共同で新たにレトルト商品を開発し、食品製造業のM社にOEM製造を委託している（前掲図6-5)。2018年にネット通販向けの精肉商品の中で牛スジ肉が２ｔほど売れ残った事態が発生し、そこで考案されたのは牛スジ肉を使ったレトルトカレーの開発であった。さらに2019年では、本来あまり鶏肉を扱ってこなかったものの、近所にある採卵鶏生産者のO社より、原料肉持ち込みでの加工品の製作依頼があったことを契機に、親鶏を原料肉としたスモーク、ウインナー、ソーセージの商品開発を行った。その際に、鶏卵とともに販売できるギフト商品として、親鶏肉のレトルトカレーの製作に着想しO社に提案したことが「たまご屋さんのキーマカレー」の開発・販売につながる。現在ではこの２つのカレー商品に加え、ギフト向けの神戸ビーフカレー、神戸ビーフシチューの缶詰商品も販売している。その他に、卸売先の一つである洋食店とも商品の共同開発に取組み、牛タン先を使用したタンシチューも発売予定である。

３）卸売・小売販売の取組

H社の卸売事業は主に兵庫県内における業務向け販売となっている。主な販売先は、神戸市や姫路市にあるステーキハウス、焼き肉店、洋食店、仕出し屋などがある（前掲図6-5)。取引先の飲食店からの提案を受けて加工品を製造することもある。たとえば、焼き肉店による生ウインナー、くるくるウインナーの需要に対応しており、取引先の洋食店から塩分控えめのハム20本計40kgといった小口ロットの需要であっても、それを受けて商品を製作し供給するなど、小回りの利く対応を行っている。

小売販売の場合、前掲図6-5にも示したように売上額の商品種類別割合は精肉95％、加工品５％となっている。販売先は大きくリアル店舗での販売とネット通販が半々の内訳となる。店舗販売について、加古川市のスーパーＰ

社に出店したテナントショップが28％で最も大きく、次に本店19％、JA兵庫県の直売所５％である。ネット通販について、自社でも独自のネット店舗を運営していたが、現在ではほとんどが顧客利用率の高い通販サイト「楽天市場」に移行している。部位別の販売状況について、「低需要部位」といった認識をせず、夏には肩ロース、冬にはバラの需要減といった季節的変動をふまえ、焼肉セットなど、部位まんべんなく売れるように組み合わせた商品を展開している。また､「神戸ビーフ」の専門店として「自社牧場直送」と「神戸牛」のキーワードでPRしたギフト商品も多数展開している。

小売販売の戦略について、ネット通販の強化とそれにともなうリアル店舗での商品充実を図っている。COVID-19のまん延による自粛生活の長期化の影響を受け、ネット通販の注文が通常の３倍ほどにまで伸びたという。この状況下で、主にネット通販向けの発送作業等を行っていた本店の作業スペースではすべての作業をカバーできなくなったため、30年近く出店しているP社の遊休スペースを借りて新しい作業場として確保した。この作業場の稼働に合わせて、各店舗の位置づけによって看板商品の展開の棲み分け（本店：神戸肉；P社店：和種、熟成肉等）を行い、店舗ごとにより明確で効果的な品揃えで展開していくことを計画している。また、P社の惣菜部門も請け負っているため、「肉屋」ならではの弁当展開を考えており、店内での飲食とテイクアウトに加え、配送もできるような牛肉料理店を目指している。

（３）H社の特徴

以上みてきたように、H社は、1970年代後半に食肉専門小売店として発足し、1980年代前半に自社による黒毛和種の生産を展開し、地場市場に根付いて生産・加工・販売を行ってきた。肉牛生産では地域のブランド牛に特化しており、それを原料肉として展開した「神戸ビーフ」の精肉商品はプレミアム志向のギフト商品が主流で、さらに部位による需要の季節差を抑えた各部位の組み合わせた商品を展開している。なお、肉牛生産における当面の課題は子牛の自給自足であり、繁殖事業の充実である。繁殖・育成・肥育の一貫経営を通して生産コストを削減するとともに、量と品質の確保にも大きく寄与すると考えられる。また、この生産・加工・販売の一体化取組みは、消費者にとって品質に対する安心要素の一つになりえるため、看板事業として大きな宣伝効果があると考えられる。

他方では、事業を安定的に継続していくためにはコストバランスを考慮する必要がある。そのため、加工・販売においては国産を条件にしつつも、肉牛の品種では和種だけではなく、交雑種も取り扱っており、畜種別では豚肉ないしは鶏肉をも取り扱うようにしている。商品開発においては、先代から加工技術を継承しつつも新しい加工品の開発に挑戦したり、飲食店や調味料問屋など異業種と共同でOEM商品を開発したり、さまざまなアイデアをビジネスの実践に落とし込んでいる。近年では、ネット通販を拡大しつつも、地元の食肉専門小売店としての役割を果たすべく、リアル店舗における商品の充実、店舗による品揃の棲み分け、食肉惣菜を中心とした中食への展開計画など、意欲的かつ計画的なビジネスを展望している。

５．おわりに

周知のように、日本の食肉生産は飼料を含め多くの生産手段が輸入に依存しているため、その価格の高騰によって生産コストが大きく影響される。肉牛の場合、高齢化の進展による繁殖農家の減少により、素牛の生産が少なく、価格が高騰している。また、食肉の加工流通上、消費者の食卓に並べるまでに、と畜・部分肉加工・精肉加工・加熱加工等の工程を経る必要があり、その工程ごとにコストが発生するとともに､食べられる部分の比率（歩留まり）も低下する。さたに需要の季節差による不需要部位発生による在庫経費も発生する。しかしながら、安価な輸入食肉が多く入ってくる日本の食肉市場の相場を鑑みると、その一連のコストをカバーするのが困難である。この状況下で、小売段階における精肉加工のコスト削減や低価格販売が増えれば増えるほど、それに対応せざるをえない加工・卸売段階では、国産食肉を取り扱うハードルが非常に高くなる。

なお、ひとぐち小売段階といえとも、スーパーなどの量販店と、食肉専門小売店の展開方向がかなり異質なものであることが明らかである。スーパーでは結果的に輸入食肉の取り扱いが増える傾向にあるが、専門小売店では国産食肉の品揃えに重点をおくことで差別化を図っている。また、スーパーはなるべく小売販売に特化し、加工等のコストを避ける方向へ動いているが、専門小売店では加工・卸売ないし生産といったサプライチェーンの川上方向に事業を多角化させているといえよう。こうした中で、スーパーでも、売上の急伸を目指すセルフ方式による安価な量販とは全く異質な販売戦略を展開する可能性があるとY社の事例分析から明らかになった。Y社の対面販売で国産食肉、とりわけ国産牛肉・豚肉をプリセリングすることで、一定の顧客層を維持し、わずかでも着実に売上を増やしていくことに有効である。他方では、スーパーとの差別化を図る食肉専門小売店の積極的な戦略展開もH社の事例から明らかになった。畜産農家の高齢化と食肉生産コストの上昇ならびにTPP11・日欧EPA協定発効による畜産物輸入の拡大といった先行きが不安な状況のなかでもなお、地道にチャレンジし続けるH社の事例が、地域に根ざした中小規模の食肉加工流通業者ならではの柔軟さと強靭さを示唆している。

COVID-19危機下のヒト・モノ・カネの移動の停滞によって、食料外需の減少による輸出難や、生活様式の変化にともなう食料の家庭内需要の拡大など、食料の需要構造と消費形態が大きく変化しており、家庭内需要に供給する小売流通の重要性がさらに高まった。持続可能な食肉を安定的に供給できるようにするためには、国内生産基盤の強化が必要であることは言うまでもないが、それに寄与する国産食肉の消費振興においても、家庭内需要に直接仕向ける食肉小売流通業界が果たすべき役割は大きいと考えられる。

注

1）（公財）日本食肉流通センター平成27年度食肉流通関係委託調査研究成果の一

部である。また、当該事例は論文「スーパーマーケットにおける食肉の専門店化展開と課題―スーパーマーケットYの食肉対面販売を事例に―」として『農業市場研究』26(4) pp.48-58に掲載済みである。

2）（公財）日本食肉消費総合センター令和２年度国産食肉新需要創出優良事例調査成果の一部である。

3）記事「特集　がんばる！ニッポンの食肉専門店」『ミート・ジャーナル』食肉通信社、2015年10月、pp.70-77。

4）B to BはBusiness to Businessの略称で、企業から別の企業を対象に行うビジネス形態を指す。B to CはBusiness to Consumerの略称で、企業が一般消費者を対象に行うビジネス形態を指す。H社は、小売事業がB to Cに相当し、飲食店などへの卸販売はB to Bに相当する。

5）牛肉の原料仕入において、少量であるが、一部加工品向けや時期的な問題をカバーするために食肉メーカーから単品の部分肉を仕入れることもある。

参考文献

安土敏(1987)『日本スーパーマーケット原論―本物のスーパーマーケットとは何か』ぱるす出版.

伊達陽（1972）「スーパー・マーケット産業論覚え書（１）」『桃山学院大学経済学論集』第13巻第４号，pp.432-451.

片野浩一（2013）「食品スーパーマーケットの業態革新」『明星大学経営学研究紀要』第８号，pp.125-139.

桑原正信監修・藤谷築次編（1971）『講座・現代農産物流通論第１巻　農産物流通の基本問題』家の光協会.

南方建明（2002）「統計からみた食品スーパーの成長と専門業種店の動向」『日本経営診断学会論集』第２号，pp.94-105.

日本食肉研究会編（2010）『食肉用語事典（新改訂版）』食肉通信社.

齋藤雅通（2003）「小売業における「製品」概念と小売業態論―小売マーケティング論体系化への一試論―」『立命館経営学』第41巻第５号，pp.33-49.

佐々木悟（1996）「小売市場再編と精肉小売商の流通機能の変化」『流通』No.9, pp.114-125.

高村愼一郎（2010）「スーパー業界の現状―明暗分ける食品スーパーと総合スーパー―」『中央三井トラスト・ホールディングス　調査レポート　2010／春』No.69.

田村正紀（2014）『業態の盛衰―現代流通の激流―』千倉書房.

（戴容秦思）

第7章

インテグレーション型流通の現段階と構造的特質
—鶏肉産業を中心に—

1．課題設定

インテグレーション型流通は畜産部門で一早く進展し、日本では1960年代頃に飼料穀物や素畜の輸入とともに、アメリカで開発された契約生産方式が導入された[1)]。1990年代以降、輸入品への対抗策としてブランド化の取組が進展し、2000年代に入ると生産履歴情報システムなど品質管理の取組がいっそう強化されてきたが、これらの動きに伴いインテグレーションの調整が進められてきた[2)]。2010年代に入り、生産の大規模化・集中化、流通・加工産業の寡占化等が進むとともに、生産から販売に至る価値連鎖、いわゆるバリューチェーンの構築が行政・民間ともに推進されてきた[3)]。このような産業構造の変動や価値創出の取組は、農産物の生産から販売に至るインテグレーションの構造に影響を及ぼすことは言うまでもない。18～20年にはTPP11、日本EU・EPA協定、日米貿易協定といった大型FTA・EPAが発効され、今後さらなる輸入拡大が危惧されるなか、市場競争力の向上に繋がるインテグレーションの調整が必要不可欠と言えよう。

そこで本章ではインテグレーション型流通の現段階と構造的特質について明らかにすることを課題とする。具体的には、2000年代以降のインテグレーション研究を中心にサーベイし、その分析視点と特徴を取り纏める。また、本課題を検討するにあたり、インテグレーションが一早く進展した鶏肉産業に焦点をあてる。鶏肉インテグレーションを規定する産業構造を把握した上で、国内最大規模のインテグレーターである農協系統の全農チキンフーズ株式会社を事例に、インテグレーション型流通の実態について検討したい。

２．日本におけるインテグレーション型流通の研究動向と特徴
—2000年代以降の動向を中心に—

60～80年代にはインテグレーション型流通の研究が数多く蓄積され、主に独占資本の観点から所有・支配関係としてインテグレーションが捉えられたが[4)]、1990年代に入ると所有・支配関係に限らず現実の多様な相互関係に関する研究が進められた。2000年代以降の研究動向をみると、新山（2001）では、生産から販売にいたる垂直的局面を合併・買収（統合)、資本提携・グループ化（準統合）などを「所有統合」、資本関係にない生産契約・販売契約などを「取引形態」として整理し、所有統合や取引形態の有利性や不利性等が体系的に纏められている。また、斎藤（2001）でも支配関係・搾取論的な視点ではなく協調・提携、ネットワークによるパートナーシップ等の視点から企業間関係が把握されている。張・斎藤（2006）では、インテグレーターの戦略と行動から所有や契約が生じることから、所有による統合だけではなく、契約等による協調や連携を含めてインテグレーションとして規定し、日本の鶏肉産業における取引関係を分析した。

日本では同時期に欧米の農業食料政治経済学の潮流に依拠した研究がみられる。中野（2001）はこのアプローチの最大の特徴を、「食料の生産および流通の全過程を資本が包摂していく傾向と、包摂の度合いの分析に関心を寄せている点にある」としているが､同アプローチでは国際的な農産物の生産･流通過程の連結構造や、その構造編成の実質的な主体であるアグリビジネスが分析対象とされる。この農業食料政治経済学の基本的概念や分析対象・手法は多様である[5)]が、流通にかかわる理論としては、商品システム分析、

商品チェーン分析などがあげられる。商品システム分析では、生産過程における技術、労働、生産組織や加工・流通業者の契約生産など広義の意味で生産形態の把握が進められた[6)]。この商品システム分析のような特定の農産物部門を対象とした分析手法は、さまざまな農産物部門に進出する同一企業の特定化を行う商品集団分析、さらに、グローバルな農業・食料システムを編成する主体としての企業体そのものを分析対象とする多国籍アグリビジネス分析へと発展している[7)]。杉山（1997・2001）では、この視点に依拠してインテグレーションが分析され、その発展段階を第１段階の垂直的統合、第２段階の複合企業型インテグレーション、第３段階のグローバルインテグレーションとして整理した。

一方、商品チェーン分析は世界システム論を背景として中心国と半周辺国及び周辺国の間における連結構造を最終商品の段階から生産資材の段階に至るまで遡り、その構成主体間の支配－従属的な関係を分析・把握する手法である[8)]。この商品チェーン分析は、次第に付加価値の創出と分配に力点が置かれるようになり、グローバル・バリューチェーン分析（以下、GVC分析）へと発展した[9)]。GVC分析の手法は経済学や経営学など多様な分野に依拠し、概念・理論の構築から国、産業、企業、製品レベルでの実証に至るまで、定性的・定量的な研究が進められている。農業経済分野での定性的な実証研究では辻村（2015）、清水（2016）等があげられ、GVC分析の研究に共有される「ガバナンス（統治構造）」などの主要な概念を援用している。ガバナンスはチェーンをリードする主体によって形成された取引関係や資本関係であり、Gereffi, G. et al.（2005）が、①市場型（市場での取引）、②モジュラー型（調達者が供給者に一定の仕様情報を伝達した取引）、③関係型（調達者と供給者が仕様や製造を調整し、場合によっては投資を行う取引）、④拘束型（供給者が調達者に依存した取引）、⑤統合型（統合形態による取引の内部化）、と５つに類型化している。

日本でもフードバリューチェーンに関する実証的な研究が散見され、そのなかでインテグレーションの動きが把握できる。斎藤（2017）では地域再生、

６次産業化、医福食農連携等を対象としたバリューチェーン、斎藤（2020）ではアメリカ、ブラジル、EUや日本のバリューチェーンが分析され、契約・委託取引等の調整や統合など多様なインテグレーションの実態がみられる。

以上、インテグレーション研究及び関連理論の変遷にみられるように、その定義は論者の問題意識や分析対象等によって多様であるが、本稿では内部化や同一資本の取引などの所有に基づく関係、継続的な契約に基づく取引関係を総合的にインテグレーションとしたい。また、張・斉藤（2006）が指摘するように、所有及び調整関係の構築はインテグレーターである企業の戦略的行動が起点なる。また、00年代後半～10年代における戦略的行動の特徴としては、価値創出を目的としたバリューチェーンの構築があげられ、これがインテグレーションの再編に繋がっている。そこで、本稿ではバリューチェーンの構造把握とともにインテグレーションの特質を分析・検討したい。

３．鶏肉産業の構造とインテグレーションの展開

日本の鶏肉インテグレーションについては、60～80年代に数多くの研究が蓄積され、90～00年代にも前述の張・斎藤（2006）やブロイラー産地である南九州や北東北のインテグレーターの実態を明らかにした駒井（1999、2001）や後藤（2001、2003）、商社系・農協系インテグレーションの実態を明らかにした野口（2009）等がみられる。2010年代以降、鶏肉インテグレーションに関する研究は少ないが、鶏肉産業における規模拡大やバリューチェーンの形成といった構造変化に伴い、インテグレーションの調整が進んでいることが想定される。そこで本節では2010年代の動きを中心に、鶏肉インテグレーションを規定する産業構造として、生産・処理、卸売・加工段階の競争構造と垂直的な連鎖構造について整理したい。

まず、競争構造をみると、生産段階では14～19年の間に高齢化等による廃業から飼養戸数が減少する一方、飼養羽数は微増傾向にあり、１戸当たりの飼養羽数は増加している。同時期の出荷羽数規模別戸数をみると30万羽以

表7-1　ブロイラーの飼養戸数・羽数、出荷羽数規模別の出荷戸数の推移

	飼養戸数（戸） 飼養羽数（千羽）	1戸あたり飼養羽数（戸）	出荷戸数（戸）						
			計	3千～5万羽未満	5～10万羽未満	10～20万羽未満	20～30万羽未満	30～50万羽	50万羽以上
2014	2,380	57.0	2,410	331	345	776	415	310	230
	135,747		100%	13.7%	14.3%	32.2%	17.2%	12.9%	9.5%
2016	2,360	56.9	2,360	276	374	706	396	339	266
	134,395		100%	11.7%	15.8%	29.9%	16.8%	14.4%	11.3%
2018	2,260	61.4	2,270	240	313	673	431	338	272
	138,776		100%	10.6%	13.8%	29.6%	19.0%	14.9%	12.0%
2019	2,250	61.4	2,250	236	319	692	363	362	282
	138,228		100%	10.5%	14.2%	30.8%	16.1%	16.1%	12.5%

資料：農林水産省『畜産統計』より作成

上の層が拡大傾向にあり、とくに50万羽以上の戸数シェアは9.5％から12.5％に増加した（**表7-1**）。また、産地特化が進み、都道府県別の飼養羽数シェア（2019年）をみると、1位の宮崎県が約20.4％、2位の鹿児島県が約20.2％、3位の岩手県が15.7％と、上位3県が56.3％を占める[10]。

処理段階をみると、処理場数については大規模施設（年間処理羽数30万羽を超える施設）・小規模施設（年間処理羽数30万羽以下の施設）ともに減少する一方、処理羽数については、小規模施設が減少し、大規模施設が増加傾向にある。2019年現在、大規模施設の数は全体の約8％であるものの、処理羽数の約97.6％を占める（**表7-2**）。また、処理羽数500～5,000万羽未満層の処理場は約55ヵ所で処理羽数全体の約38.5％を占めている[11]。

大規模産地の生産については、生産・処理業者の子会社もしくは直営農場、生産・処理業者と生産・販売契約を締結した農家が中心となる。ブロイラー産地上位3県における生産・処理業者（**表7-3**）の資本系列をみると、農協系統は3県それぞれに業者が配置されているが、鹿児島県には総合商社系や食肉加工メーカー系の業者、宮崎県および岩手県にはこれらの系列に入らない独立系業者が多い。ただし、岩手県では独立系業者が農協系統、総合商社系とそれぞれ共同出資して設立された業者もみられる。これら産地の生産・処理業者については、2010年代に大きな変化はみられず、各業者の取扱数量も14～20年の間に概ね横ばいもしくは微増で推移している。大規模生産・

表7-2　規模別食鳥処理場数および処理羽数の推移

	規模別食鳥処理場数（ヵ所）			規模別処理羽数（万羽）		
	計	大規模	認定小規模	計	大規模	認定小規模
2014	2,131	149	1,982	76,862	74,470	2,391
	100%	7.0%	93.0%	100%	96.9%	3.1%
2016	2,002	146	1,856	78,938	76,648	2,290
	100%	7.3%	92.7%	100%	97.1%	2.9%
2018	1,885	146	1,739	82,009	79,844	2,165
	100%	7.7%	92.3%	100%	97.4%	2.6%
2019	1,779	143	1,636	83,133	81,114	2,019
	100%	8.0%	92.0%	100%	97.6%	2.4%

資料：厚生労働省『と畜・食鳥検査等に関する実態調査』より作成
注：大規模処理場は年間処理羽数が30万羽以上の施設、認定小規模食鳥処理場は年間処理羽数が30万羽以下の施設

処理業者は２～３ヵ所の工場を設置しているが、処理比率については業者の規模問わず、解体品が中心となっている。

卸売・加工段階では、農協系統、総合商社、食肉加工メーカー、冷凍食品等の加工品メーカーが自社に加工・販売部門や、グループ内に鶏肉の卸売・加工業者を設置しているが、前述の生産・処理業者が卸売・加工事業まで行うケースも少なくない。生産・処理業者が直接取引することで、実需者ニーズの把握やニーズに応じた品質の確保、販売数量に応じた生産調整が可能となる。卸売・加工業はこれら多様な主体によって形成されており、特に食肉加工メーカーや加工品メーカーは鶏肉以外の食肉及び加工品等の製造・販売も行っていることから、鶏肉に限定した規模分布の把握は困難である。ただし、一業者あたりの取扱規模は拡大傾向にあり、日本経済新聞に掲載される鶏肉荷受相場の卸売・加工業者７社の販売シェアは過半数を超える状況にある[12)]。

輸入品との競争のなかで、国内鶏肉産業では生産・処理、流通過程における大規模化、機械化等によるコスト低減や、消費者の安全・安心志向に対応した品質衛生管理、特殊な飼料や品種、飼育方法などで差別化された銘柄鶏・地鶏の生産等に重点が置かれてきた[13)]。また、多様な消費者ニーズを踏まえ、低需要部位を利用した加工品など新たな商品開発による価値創出の取組も進

表7-3　ブロイラー飼養羽数上位3県の生産・処理業者（2020年現在）

県名	企業名	従業員	年間売上高	月間取扱数量 2014年	月間取扱数量 2020年	処理比率 ①屠体・中抜 ②解体品 ③加工品	工場名	許可羽数
宮崎県	宮崎くみあいチキンフーズ㈱	803	321億	7,500t	8,715t	②94% ③6%	都城食品工場	58,000羽/日
							川南食品工場	70,000羽/日
	㈱児湯食鳥	1,058	559億	1万2,254t	1万2,755t	②98% ③2%	本社工場	59,000羽/日
							都城工場	22,000羽/日
							高崎工場	53,000羽/日
	宮崎サンフーズ㈱	290	13億	3,600t	3,600t	①1% ②79% ③20%	—	43,000羽/日
	日本ホワイトファーム㈱	1,930	456億	—	—	—	—	84,000羽/日
	㈱エビス商事	170	255億	2,200t	2,400t	①0.2% ②89% ③10.8%	—	21,400羽/日
	エビスブロイラーセンター㈱	160	75億	3,000t	3,000t	①5% ②85% ③10%	—	37,000羽/日
鹿児島県	㈱エビス	—	—	—	—	—	—	44,000羽/日
	鹿児島くみあいチキンフーズ㈱	873	204億	7,579t	—	①0.1% ②91.4% ③8.5%	川内食品工場	55,000羽/日
							大隅食品工場	57,200羽/日
	赤鶏農業協同組合	137	25億	368t	368t	①6% ②84% ③10%	—	12,000羽/日
	マルイ食品㈱	1,379	312億	3,190t	3,480t	①1% ②44% ③55%	野田工場	60,000羽/日
							野田第2工場	12,000羽/日
	㈱アクシーズ	968	172億	2,500t	3,300t	①1% ②98% ③1%	宮之城工場	64,000羽/日
							薩摩工場	23,000羽/日
							川上工場	18,000羽/日
	㈱ウェルファムフーズ	1,073	464億	—	—	—	—	77,000羽/日
	㈱エヌチキン	320	36億	—	—	—	—	36,000羽/日
	㈱ジャパンファーム	1,732	474億	4,850t	1万3,743t	①4% ②84% ③12%	大崎工場	80,000羽/日
							垂水工場	80,000羽/日
岩手県							盛岡工場	31,000羽/日
	住田フーズ㈱	276	75億	1,618t	2,102t	①12% ②88%	食鶏処理工場	675万羽/年
	岩手農協チキンフーズ㈱	444	29億	4,507t	4,897t	②100%	八幡平工場	1,176万羽/年
	㈱十文字チキンカンパニー	1,042	462億	7,332t	7,815t	②100%	久慈工場	2,502万羽/年
	㈱PJ二戸フーズ	—	—	—	—	—	—	715万羽/年
	プライフーズ㈱	3,504	745億	—	—	—	軽米工場	576万羽/年
	㈱アマタケ	484	105億	446t	575t	①1% ②72% ③27%	大船渡工場	840万羽/年
							㈱甘竹田野畑	49万羽/年
	㈱オヤマ	598	103億	—	—	②70% ③30%	本社工場	750万羽/年
							藤沢工場	278万羽/年
	㈱フレッシュチキン軽米	130	30億	970t	970t	②100%	—	441万羽/年
	㈱阿部繁孝商店	663	319億	5,250t	8,370t	②100%	九戸工場	769万羽/年

資料：日本食鳥協会『一般社団法人日本食鳥協会会員名簿令和2年・平成26年度版』、厚生労働省医薬・生活衛生局『と畜・食鳥検査等に関する実態調査』令和2年度版より作成

注：処理工場及び許可羽数については、認定小規模食鳥処理場を除いた食鳥検査の対象施設

められている[14)]。

次に、連鎖構造をみると、農家と生産・処理業者の主体間関係は①販売契約、生産契約などの取引形態、②生産・処理業者が資本出資した子会社との同一資本間取引、生産・処理業者が自社内に直営農場を設置する内部化などの統合形態に分けられる。

①の販売契約では、販売前に数量及び価格、出荷内容等の契約が交わされる。販売契約では買手側の調達先の安定化等のメリットがあるものの、鶏、飼料、鶏舎等の差異により生産物の品質が不安定となる。①の生産契約では、委託者が鶏と飼料を提供して生産を委託し、飼育料金を支払う。地域や生産者ごとに飼養管理の方法は多様であるが、飼育成績で報酬金額が設定される。報酬については、育成率、飼料要求率、１日あたりの増体、鶏舎坪あたり生産重量、PS（プロダクションスコア）データ[15)]等、多様な指標から生産性を評価して金額が設定される。また、鳥インフルエンザ等の家畜疾病が発生するなか、鶏舎及び関連施設、機械・器具の洗浄・消毒等の衛生管理についても生産契約に含まれるケースも少なくない。生産契約は販売契約に比べて、生産物の品質安定化・高度化に繋がるが、委託者側が生産リスクを抱え、コストの負担も増加する。②の統合形態については、生産・処理業者が直営農場を設置し、飼養管理者は雇用契約となる。生産リスクとコストは生産・処理業者の丸抱えとなるが、調達及び品質の安定化に加えて、販売に応じた生産の量的調整が可能となる。なお、高齢化が進むなか、①の契約を締結できる農家の確保が難しくなっており、②の統合形態を選択せざるを得ないことも指摘される[16)]。

生産・処理業者と卸売・加工業者の主体間関係は基本的に相対取引であり、食鶏取引規格を参考にしつつ各業者が自社の格付・基準で商品を評価し、価格については日本経済新聞掲載の荷受相場が指標とされることが多い。当荷受相場の正肉については、東京７社、大阪３社のモモ肉、ムネ肉の売値（安値・加重平均・高値）、販売量が示される。卸売・加工業者と実需者（小売・外食・中食業者など）の取引も相対であり、主に日経相場が基準とされる。

ただし、銘柄鶏については、日経相場を基準としつつ生産コスト（特に飼料等の差別化にかかるコスト）やプレミアム等を踏まえた協議価格となる。地鶏については、ブロイラーと生産方法が異なるため、生産コスト等を勘案した協議価格となるケースが多い。卸売・加工業者の国産鶏肉の販売先をみると、量販店や食肉専門店など小売業への仕向けが高い割合を占める。スーパー等の小売では、人手不足からアウトパック化が進展しており、卸売・加工業者や生産・処理業者が小売指定のカットやパック作業まで担うケースが増えている[17]。

4．全農チキンフーズ株式会社による鶏肉インテグレーション

本稿では、国内最大規模のインテグレーターである農協系統の全農チキンフーズ㈱を事例とし、同社の組織及び事業展開をみていきたい[18]。

沿革をみると、1972年に系統ブロイラー事業の販売部門を強化するため、全農と食肉卸の老舗であった㈱鳥市の共同出資により設立された全農鳥市が同社の前身となる。その後、㈱鳥市の全株式を取得し、同社は100％農協系統資本となり、1990年に全農の食鳥事業を統合して発足した。また同社は、2002年に岩手県の住田フーズ㈱、2008年に宮崎県の宮崎くみあいチキンフーズ㈱、鹿児島県の鹿児島くみあいチキンフーズ㈱を子会社化した。これにより全農チキンフーズ㈱は生産から処理・加工、販売まで一貫した事業機能を有する組織に再編された。同社の年間売上高は、再編前の2007年には約470億円であったが、2020年には約1,007億円に拡大している（**図7-1**）。

まず、全農チキンフーズグループの生産・処理業者３社の事業概要を整理したい。岩手県の住田フーズ㈱は、2020年現在、直営農場を11ヵ所（住田町・10ヵ所、陸前高田市・１ヵ所）、契約農場を17ヵ所（住田町・15ヵ所、陸前高田市・１ヵ所、奥州市・１ヵ所）設置している。処理施設は住田町に１ヵ所設置され、同社の年間処理羽数は08～20年の間に約700万羽から約890万羽に拡大している。

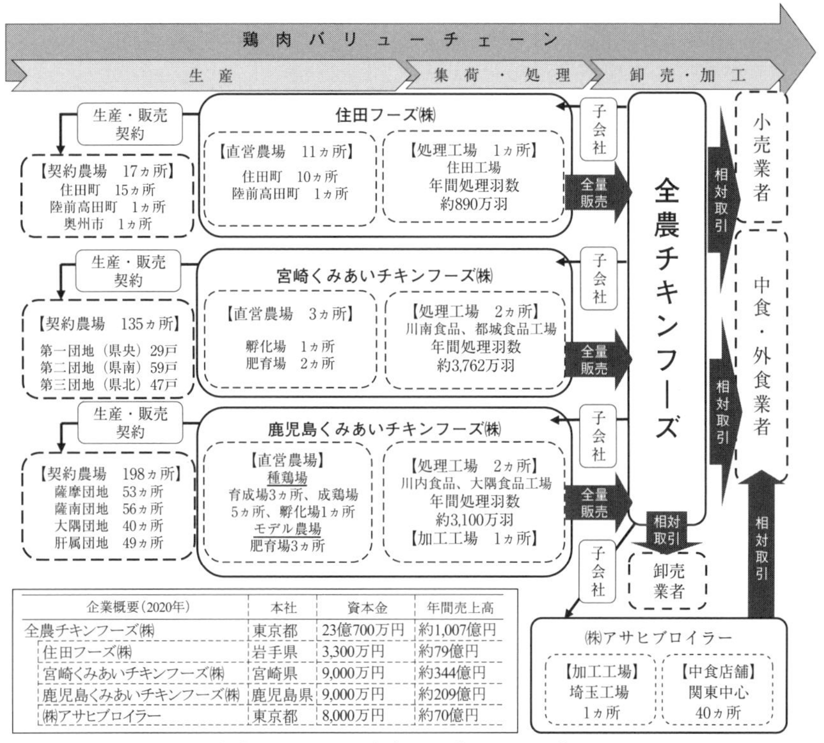

企業概要（2020年）	本社	資本金	年間売上高
全農チキンフーズ㈱	東京都	23億700万円	約1,007億円
住田フーズ㈱	岩手県	3,300万円	約79億円
宮崎くみあいチキンフーズ㈱	宮崎県	9,000万円	約344億円
鹿児島くみあいチキンフーズ㈱	鹿児島県	9,000万円	約209億円
㈱アサヒブロイラー	東京都	8,000万円	約70億円

図7-1　全農チキンフーズグループのインテグレーション

資料：全農チキンフーズ㈱へのヒアリング調査から筆者作成
注：農場数、処理羽数については2020年度現在

宮崎くみあいチキンフーズ㈱は県全域でブロイラー養鶏農家と契約取引を実施しており、３ヵ所に生産団地を形成している。契約戸数（2020年）をみると、県央地域の第一団地が29戸、県南地域の第二団地が59戸、県北地域の第三団地が47戸で、３団地の契約戸数合計は135戸となっている。また、同社は直営農場として、孵化場を１ヵ所とブロイラー肥育場を２ヵ所設置している。処理・加工施設については、北部、中部、南部工場、佐土原食品工場（食鶏加工センター）が設置されていたが、処理能力拡張の必要性や施設の老朽化等を背景として、2019年に施設の統廃合が進められた。国の農畜産物輸出拡大施設整備事業補助金を受け、海外輸出に向けた処理・加工拠点とし

て川南食品工場が新設され、同時に北部、中部、佐土原食品工場の３ヵ所が閉鎖され、南部工場は都城食品工場に名称が変更となった[19)]。同社の年間処理羽数は08 ～ 20年の間に約2,900万羽から約3,762万羽（川南食品工場・約2,220万羽、都城食品工場・約1,542万羽）に拡大している。

鹿児島くみあいチキンフーズ㈱は種鶏の育成農場を３ヵ所、成鶏農場を５ヵ所、孵化場を１ヵ所設置しており、種鶏から種卵生産、孵化、素雛生産を自社で行っている。また、同社は県全域でブロイラー養鶏農家と契約取引を実施しており、４ヵ所に生産団地を形成している。契約農場数（2020年）をみると、北薩地域の薩摩団地が53ヵ所、南薩地域の薩南団地が56ヵ所、大隅半島北部の大隅団地が40ヵ所、大隅半島南部の肝属団地が49ヵ所と、４団地の農場数合計は198ヵ所となっている。また、直営モデル事業にも着手し、2014年に川辺農場、2016年に福山農場、2018年に岩南農場が設置され、これら３ヵ所のモデル農場では、ブロイラーの肥育と新飼料の開発・試験、鶏種の性能試験、システム鶏舎の性能試験等が実施されている。また、同社は川内・知覧・大隅・鹿屋の４ヵ所に処理施設を設置していたが、2000年代後半からこれら施設の統廃合と再整備を進めてきた。2006年に川内工場を整備して処理能力を増強し、薩摩半島の処理を川内工場へ集約した。2012年には強い農業づくり交付金を利用して大隅工場の再編整備と鹿屋工場の閉鎖を進め、大隅半島の処理を大隅工場へ集約した。2016年には、この大隅工場の敷地内に鶏肉切身専用工場を設置し、知覧工場を閉鎖している。処理施設は川内と大隅の２ヵ所となり、2019年には名称が川内食品工場と大隅食品工場に変更された。同社の年間処理羽数は08 ～ 20年の間に約2,900万羽から約3,100万羽（川内食品工場・約1,517万羽、大隅食品工場・約1,583万羽）に拡大している。なお、同社は鹿屋市に加工食品工場を設置しており、唐揚げやローストチキンなどの加熱加工品の製造も行っている。

前述のように全農チキンフーズグループの生産・処理業者３社は、いずれも直営農場の運営と農家との契約取引を進めている。農場の規模は各社ごとに多様であるが、１農家の平均飼養規模は概ね５万羽ほどとなっている。また、契約取引の形態についても各社異なり、生産・処理業者側が雛、飼料、消毒薬などを農家に供給し、飼育された生鳥を買い取る「一定価格買取方式」や、生産成績に応じて農家へ預託手数料を支払う「預託事業方式」などがある。また、農家の鶏舎が老朽化している場合、生産・処理業者が修繕・改修費用等も負担するケースもみられる。

グループの生産・処理業者３社の処理羽数合計は2020年に約7,700万羽で全国シェアの約10％を占める。これに加えて、全農チキンフーズ㈱は全農岐阜県本部の岐阜アグリフーズ㈱、全農群馬県本部の群馬農協チキンフーズ㈱、佐賀県農業協同組合の㈱JAフーズさが等の農協系統の関連会社や、提携している生産・処理業者からも集荷しており、これらを含めた羽数が全農チキンフーズ㈱の総数量羽数となる。

全農チキンフーズ㈱の仕入取引では、グループ３社を含め取引先である処理工場の年間処理羽数や稼働率から全農チキンフーズ㈱の年間・月間仕入数量が決定される。季節需要に応じて月間数量は若干調整されるが、年間仕入数量に大きな変動はない。仕入における価格の決定方法については、全農チキンフーズ㈱が生産・処理業者と協議した上で決定している。

同社が取り扱う差別化商品は、グループ３社が生産する銘柄鶏５種、地鶏１種の合計６種である。銘柄鶏については、安全・安心に重点を置き、飼料による差別化を図った生産が進められている。住田フーズ㈱の「みちのく清流どり」は指定工場でハーブを添加した飼料、「みちのく清流味わいどり」は全飼育期間、飼料に抗生物質・合成抗菌剤を添加せず、海藻・木酢液・ハーブ抽出物を添加した飼料で差別化されている。また、宮崎くみあいチキンフーズ㈱の銘柄鶏「はまゆうどり」、鹿児島くみあいチキンフーズ㈱の「鹿児島いいとこ鶏」と「健康咲鶏」は鶏の健康増進等を目的としてパーム油脂、ビタミンE、ウコン、ブドウポリフェノール、５種ハーブを添加した飼料で生産されている。なお、「健康咲鶏」については全飼育期間、抗菌性物質を配合しない飼料が利用される。地鶏については、鹿児島くみあいチキンフーズ㈱が「さつま若しゃも」を生産している。「さつま若しゃも」は薩摩鶏の雄と白色プリマスロックの雌を交配させた品種で、飼育方法については、①出荷日齢平均80日、②全期間平飼い、③28日齢以降は１㎡あたり10羽以下の飼育、等が特徴となっている。全農チキンフーズ㈱が取り扱う鶏肉は「JAチキン」と総称されているが、これら銘柄鶏・地鶏は取扱い全体の約20％を占める。

これらJAチキンにはグループ独自のトレーサビリティシステムが導入され、処理施設から製品出荷する主要品目のダンボールや袋には製造ロット番号がつけられており、その番号を入力することで、荷受会社や量販店が生産、処理及び出荷に至る過程の情報を確認できる仕組となっている。

また、同社では精肉だけでなく加工品の製造も進められている。低需要部位の活用において加工品製造は重要となるが、チキンナゲットなど同社の主な商品数は40～50個ほどで、国産の強みを活かした商品開発に取り組んでいる。前述の鹿児島くみあいチキンフーズ㈱の自社工場に加え、外部の加工メーカーに原料肉を供給して、製造を委託するケースもみられる。

これら精肉及び加工品の販売概況をみると、定期的な取引がある販売先は約800社で、そのうち大手食肉加工メーカーなどの卸売・加工業者への販売が約55％、スーパーや生協などの小売への直接販売が約45％を占める。小売については、全国に店舗を展開する大手スーパーから地域に根ざしたローカルスーパーまで取引されているが、2015年以降、小売への販売割合が拡大傾向にある。正肉（もも肉・むね肉）の販売取引では一般的に日本経済新聞の加重平均価格を指標にして取引価格が決定されている。なお、指標とする日経相場は取引の前日、前週、前月など相手先によって異なる。銘柄鶏や地鶏の販売取引では、生産コストやプレミアムを踏まえた協議価格で年間契約が結ばれるケースが多い。販売形態をみると、卸売業者との取引ではフルセット、小売業者との取引ではパーツや正肉等が多い。小売業のトレーパックの外部委託が進むなかで、同社は2018年に東日本営業本部にパック施設を設置し包装事業を開始した。また、2021年にはJA全農ミートフーズ㈱の神奈川県・大和工場に鶏肉のパック施設を設置し、包装事業を開始している。これら施設ではトレーパックから値札付けまで行われる。また、近年ではトレーパックに加えて鮮度保持と資材の削減等に繋がる深絞り包装（真空包装）も行われている。なお、これらの加工・包装の取組については、全農チキンフーズ㈱だけでなく、グループの生産・処理業者３社が処理工場にカット・パック施設を併設するなど、一部産地で対応する動きもみられる。また、物流施設の老朽化が進むなか、JA全農ミートフーズ㈱と全農チキンフーズ㈱は、2017年に共同の物流センターを埼玉県戸田市に開設している。両社にとって首都圏で最大級の物流施設であり、保管する冷蔵・冷凍商品の品質確保、荷捌きや共同配送の効率化など両社のシナジー効果を高めていく方針である。

さらに、全農チキンフーズ㈱は2020年に中食売店運営や外食業態等への販売を経営の主力にする㈱アサヒブロイラーの株式90％を取得し、子会社化した。同社拠点の埼玉工場では月間約300ｔの加工品が製造されており、商品製造割合をみると、つくね・だんご製品が約55％、鶏肉タンブリング製品が約35％、加熱鶏肉製品が約10％を占め、特につくね製品が主力となっている。これらは主に居酒屋や焼鳥屋などの外食業者へ販売されている。さらに全農チキンフーズ㈱の銘柄鶏を使用した惣菜商品の開発・販売も進めており、今後グループの国産原料を活かした商品を展開する方針である。また、焼鳥・惣菜等の鶏肉加工品を店舗販売する中食売店事業では、関東地方を中心に、デパ地下、エキナカ等に７つのブランドで約40の直営店舗を運営している[20)]。この統合によって中食・外食で扱う商品の自社加工やリテール網の整備を強化している。

５．考察

本章では、鶏肉産業を対象としてインテグレーション型流通の現段階と構造的特質を検討してきたが、インテグレーション研究のサーベイを踏まえ、バリューチェーンの分析視点であるGereffi et al.（2005）のガバナンス（統治構造）の類型からインテグレーションの構造的特質を考察したい。

鶏肉バリューチェーンの構造をみると、農家－生産・処理業者では、一定の出荷条件などの販売契約を交わすモジュラー型、鶏と飼料を提供して飼養・衛生管理方法を指定し、場合によっては鶏舎を建築して生産を委託する拘束型、生産子会社や直営農場を設置する統合型がみられる。生産・処理業者－卸売・加工業者と、卸売・加工業者－実需者（小売・外食・中食業者）では、数量及び価格、引渡方法、代金決済に加えて商品の品質・規格、部位など一定の仕様条件を伝達したモジュラー型取引、産地や銘柄、飼養管理方法、加工形態などの詳細な商品の仕様条件を相互に調整する関係型取引、これらの取引条件を調達者側が完全に指定する拘束型取引がみられる。また、生産・処理業者が卸売・加工を内部化するケースや、大手の卸売・加工業者が生産・処理業者を吸収する統合型の形態もみられる。

国内最大規模のインテグレーターである全農チキンフーズグループの事例では、卸売業者である全農チキンフーズ㈱がブロイラー養鶏の３大産地に設置されていた生産・処理業者３社を統合した構造となっている。この生産・処理から販売に至る組織の統合は、価格や品質、カットや包装等の商品形態、飼料等による差別化に至る多様な実需者のニーズに対応した生産体制の構築に繋がる。また、同社グループでは飼料や雛を供給し、安定したブロイラー肥育に繋がる生産契約を維持するとともに、自社の直営施設を拡大する動きがみられ、集荷羽数は拡大傾向にある。このような規模拡大に対応し、自社処理施設の統廃合や再編整備も進められ、処理能力が増強されている。

卸売・加工段階では農協系統のグループ会社間の連携によって、物流施設の共同化を図るとともに、実需者のトレーパックの外部化に対応したパック機能の強化も進めている。販売では卸売以上に小売向けの精肉販売が拡大傾向にある一方、加工品製造や中食・外食への販売を主力とする業者を統合したことで、新たな加工商品の開発や中食・外食分野への販路開拓を進めている。このように、鶏肉産業の大規模インテグレーターにおいては生産・処理、卸売・加工に至る過程で多様な取引類型が併用されつつも、総合的に統合型に向かうインテグレーションの動きが確認された。

以上、本稿では鶏肉産業を対象としたが、他の畜種や畜産以外の他部門でも、輸入品や国内産地間の競争のなかで、生産・流通の効率化、品質の高度化等が求められており、インテグレーションの調整が進展している。本稿の知見を深めるには、このような多様な部門におけるインテグレーションの構造を比較検討することが重要となるが、この点については今後の検討課題とし、他日を期すことにしたい。

付記

本稿は、科学研究費助成事業（課題番号：16K18760　代表：野口敬夫）による研究成果の一部である。

注

１）宮崎（1972）pp.53-62による。
２）野口（2009）pp.34-38による。
３）農林水産省は2014年にグローバル・フードバリューチェーン推進官民協議会を設置し、民間でもJAグループが改正農協法を受けた自己改革（2015年10月）において、農業者の所得増大のために、「バリューチェーンの構築」を盛り込んでいる。グローバル・フードバリューチェーン戦略検討会『グローバル・フードバリューチェーン戦略』平成26年６月６日、全国農業協同組合中央会『第27回JA全国大会　組合員説明資料　創造的自己改革への挑戦』平成27年10月による。
４）宮崎（1972）pp.33-42及び杉山（1989）pp.111-118による。
５）農業食料政治経済学の理論的整理については、Buttel, F.H.（2001）、立川（2003）、記田（2007）が詳しい。
６）Friedland, W.（1984、2001）による。
７）この分析の発展過程についてはHeffernan, W. and D. H. Constance.（1994）が詳しい。
８）Gereffi, G. and Korzeniewicz, M.（1990、1994）による。
９）商品チェーン分析からグローバル・バリューチェーン分析への潮流やグローバル・バリューチェーン分析の理論的整理については、程（2017）pp.8-24が詳しい。
10）農林水産省『畜産統計調査』https://www.maff.go.jp/j/tokei/kouhyou/tikusan/（2021年６月10日参照）による。

11）厚生労働省『と畜・食鳥検査等に関する実態調査』令和２年度による。
12）全国食鳥新聞社（2014、2020）及び日本食鳥協会へのヒアリング調査（2021年６月）による。
13）日本食鳥協会へのヒアリング調査（2021年６月）による。
14）日本食肉消費総合センター（2017）は、鶏肉の部位別需要の変化、低需要部位の発生状況や販売のための工夫、商品開発の事例について調査を実施している。
15）PSデータとは、育成率（入雛羽数に対する出荷羽数の比率）×出荷平均体重÷飼育日数（入雛から出荷までの日数）×飼料要求率（１単位の体重増加に対する飼料の使用料）×100、で計算される。斎藤（2020）pp.198-201による。
16）杉山（2001）pp.135-138、斎藤（2020）pp.198-212、日本食鳥協会へのヒアリング調査（2021年６月）による。
17）駒井（2007）pp.4-15、長谷川（2016）pp.38-41、全国食鳥新聞社（2014、2020）及び日本食鳥協会へのヒアリング調査（2021年６月）による。
18）第４節の内容については、断りの無い限り全農チキンフーズ㈱へのヒアリング調査（2021年７月）による。
19）宮崎くみあいチキンフーズ㈱の工場再編については、鶏鳴新聞「国内最大級・最新鋭設備　宮崎くみあいチキンフーズ川南食品工場」2019年７月25日による。
20）全農チキンフーズ㈱が子会社化した㈱アサヒブロイラーの事業については、JA全農ウィークリー「中食･外食市場への販売強化」2020年７月20日（vol.930）https://www.zennoh-weekly.jp/wp/article/9208（2021年５月22日参照）による。

引用文献

Buttel, F. H.（2001）Some Reflections on Late Twentieth Century Agrarian Political Economy, *Sociologia Ruralis* 41（2）, pp.11-36.

張秋柳・斉藤修（2006）「インテグレーションをめぐる垂直的主体間関係と経営戦略―鶏肉産業を中心として―」『フードシステム研究』12（3）, pp.2-12.

Friedland, W.（1984）Commodity System Analysis : An Approach to the Sociology of Agriculture, in Scharzweller.H, ed., *Research in Rural Sciology and Development : An Research Annual*, JAI Press, pp.221-235.

Friedland, W.（2001）Reprise of Commodity System Methodology, *International Journal of Sociology of Agriculture and Food* 9（1）, pp.82-103.

Gereffi, G. and Korzeniewicz, M.（1990）Commodity Chains and Footwear Exports in the Semiperiphery, in Martin,W ed., *Semiperipheral States in the World-Economy*, Greenwood Press, pp.45-68.

Gereffi, G. and Korzeniewicz, M. eds.,（1994）*Commodity Chains and Global Capitalism*, Praeger.

Gereffi. G., Humphrey, J. and Sturgeon, T.（2005）The Governance of Global Value Chains, *Review of International Political Economy* 12（1），pp.78-104.
後藤拓也（2001）「輸入鶏肉急増下における南九州ブロイラー養鶏地域の再編成」『地理学評論』74（7），pp.369-393.
後藤拓也（2003）「輸入鶏肉急増下における北東北ブロイラー養鶏地域の存続メカニズム」『人文地理』55（1），pp.1-25.
長谷川量平（2016）「産地パックなどの鶏肉流通に係る最近の動向」『畜産コンサルタント』52（10），pp.38-41.
Heffernan, W. and D. H. Constance.（1994）Transnational Corporations and the Globalization of the Food System, in Bonanno,A. et al, eds., *From Columbus to ConAgra : The Globalization of Agriculture and Food*, University Press of Kansas, pp.29-51.〔上野重義・杉山道雄共訳（1999）『農業と食料のグローバル化：コロンブスからコナグラへ』筑波書房〕.
駒井亨（1999）「ブロイラー生産の規模拡大と契約生産の変容―岩手県の調査事例から―」『畜産の情報―国内編―』122号，pp.4-12.
駒井亨（2001）「産地ブロイラー企業の地域貢献」『畜産の情報―国内編―』142号，pp.4-12.
駒井亨（2007）「鶏肉の生産、処理加工および流通の現状」『畜産の情報―国内編―』215号，pp.4-15.
記田路子（2007）「食のグローバル化に対応する米欧の農業・食料研究―フード・レジーム論の方法論的意義―」『季刊　経済理論』44（3），pp.44-54.
宮崎宏（1972）『農業インテグレーション』家の光協会.
中野一新（2001）「世紀の転換期における農業市場のグローバル化とリージョナル化―多国籍アグリビジネスによる世界食料市場開発―」中野一新・杉山道雄編『グローバリゼーションと国際農業市場』筑波書房，pp.15-44.
日本食肉消費総合センター（2017）『国産食肉の低需要部位発生状況と販売対応に関する調査報告書』日本食肉消費総合センター.
新山陽子（2001）『牛肉のフードシステム―欧米と日本の比較分析―』日本経済評論社.
野口敬夫（2009）「鶏肉産業におけるアグリビジネスの事業戦略と系統農協の対応」『農業経営研究』47（2），pp.33-38.
斎藤修（2001）『食品産業と農業の提携条件』農林統計協会.
斎藤修（2017）『フードシステムの革新とバリューチェーン』農林統計出版.
斎藤修（2020）『フードバリューチェーンの国際的展開』農林統計出版.
清水達也（2016）『ラテンアメリカの農業・食料部門の発展』アジア経済研究所.
杉山道雄（1989）『養鶏経営の展開と垂直的統合』明文書房.
杉山道雄（1997）「インテグレーションの複合企業とグローバル化」日本農業市場

学会編『農業市場の国際的展開』筑波書房，pp.141-165.
杉山道雄（2001）「農業資材の市場の国際化と農業支配―飼料＝畜産インテグレーションの新展開―」中野一新・杉山道雄編『グローバリゼーションと国際農業市場』筑波書房，pp.131-149.
立川雅司（2003）『遺伝子組換え作物と穀物フードシステムの新展開―農業・食料社会学的アプローチ―』農山漁村文化協会.
程培佳（2017）『スマートフォンのバリュー・チェーン分析』同志社大学大学院商学研究科商学専攻・博士学位論文.
辻村英之（2015）「途上国のフードシステムにおけるグローバル化の影響―『キリマンジャロ』コーヒーのフェアトレードを中心として―」『フードシステム研究』22（2），pp.97-110.
全国食鳥新聞社（2014）『一般社団法人日本食鳥協会会員名簿・令和26年度版』一般社団法人日本食鳥協会.
全国食鳥新聞社（2020）『一般社団法人日本食鳥協会会員名簿・令和２年度版』一般社団法人日本食鳥協会.

（野口敬夫）

第8章

生協産直の到達点と可能性

1．食料・農業市場研究における産直―課題の限定―

食料・農業市場研究における産直は、卸売市場外流通の一形態として、また既存の食品流通の諸問題を解決するための生産者や消費者の運動―市場問題を解決するための「変革主体」[1)]―として論じられ、また事例分析が行われてきた。

とくに運動としての産直は、生産者（供給）と消費者（需要）の属性や性格変化に応じて、また規模の拡大につれて、性格変化を繰り返してきた。そのため、時代ごとに産直はさまざまな性格づけが行われる存在であった。さらに産直は、生協産直に限定したとしても、生産者、消費者の属性によって多様に展開しているため、個別事例の分析だけでは産直の全体像や時代の性格を把握することは困難であると言われてきた[2)]。

農業市場学会企画の「講座　今日の食料・農業市場（全５巻）」(2000～2001年）にあっては、当時の「産直活動」の限界や今後の運動の方向性についての提起がなされた[3)]。これらの研究が行われた2000年前後は、生協産直をはじめ産直事業における大きな転換期でもあり、産直を対象として（運動として）とりあげる成果は、2010年以降減少しつつある[4)]。

したがって、食料・農業市場の今後を展望する上でも、2000年までの産直の拡大要因の確認とともに、2000年以降の産直の性格変容を、2000年以前からの動向にも留意しつつ明らかにすることは重要な課題となっている。

そこで本稿では、食料・農産物研究における産直の基本的視野を確認し、生協産直の展開と性格変容の内容を確認する。次に、生協産直の到達点や課題を「全国産直調査」を通して分析する。さらに、コープさっぽろの「食をめぐる実践」から産直事業とは別の新業態や商品開発の動向をみてみる。最後に、生協産直を新たな食料運動として展開するための課題、その可能性について考察したい。

2．産直と生協産直

（1）産直に対する基本的視野

産直は、一般的には「産地直送」「産地直結」などの略称であり、市場外流通による生産と消費を直結する流通形態としてとらえられている[5)]。しかしながら、協同組合論や流通研究にあっては1950年代から、乳業メーカーによる低品質と価格値上げに対抗した生産者と消費者の直接的なつながりが萌芽としての産直運動としてとらえられていた[6)]。その延長線上に生協の誕生をみていたし、高度経済成長の下で発生する卸売市場の諸問題を打開する可能性があるものとして産直をとらえる論調も見られた。

そのため、産直をめぐる議論は、1970～80年代は主に生鮮農畜産物の市場外流通の一形態として産直形態や関連主体の関係を中心に論じられる一方で[7)]、産直を運動として位置づけるものに大きく分かれた。産直運動として位置づけた場合は、消費者と生産者が産直を媒介として手を結び、食料自給率向上や産直運動の全国的拡大を目標として設定することも提起されていた[8)]。消費者運動による安全・安心な国産食糧を手に入れたいとする産消提携の取り組みも産直運動に含まれようが、それはもっぱら有機農業と強く結びついて1960年代から多様にみられた。

本稿では主に生協産直を対象とするが、その前に産直に対する基本的な視野を宮村光重の研究成果で確認しておきたい（以下敬称略）。宮村の産直論は1990年時点のものであるが、産直の本来的意味を確認し今後を展望する上で非常に参考となる[9]。

宮村は、産直に対する基本的視野としてとくに以下の３点を指摘する。第１に産直主体の多様性である。産直を行う生産者・消費者（組織）は生協や農協だけではなく多様に存在する。とくに、安全な農産物を取り扱う目的の産消提携も産直活動の一部をなしている。生産者と結びついた実施主体に注目すると、消費者グループや会社形態の集団、宗教的組織なども視野に入りうる存在と論じる[10]。また、農産物の生産者が消費者と近間で取引し交流する形態も産直の視野に入れている。例として、朝市などの取り組みや学校給食へ地域産品を使用する運動を挙げる。生協事業の拡大とともに生協産直も事業伸張しているが、生協産直だけが産直のすべてではないことは留意すべき点である。

第２に、生協産直であっても、それぞれの生協において主体の取り組みをどう呼ぶかは、それぞれの主体の判断にゆだねるという視点である。その場合「産直概念の多様化あるいは拡散」という状況もありうるが、言葉や概念は整理され明確になってゆくと述べている。2000年代に入り、日本生協連において産直概念が整序されてゆく過程を考えると、確かに産直概念は「進化」していったが、個々の生協の独自性が希薄化することにもなっている。この状況の吟味のためにも、産直の基本的な視野におく必要があろう。

第３に、産直に関係する組織のあり方は特定化しない方がよいとしている点である。つまり、「安全な食糧をもとめる消費者」、そしてそれに呼応する「生産農漁民、加工業者、小売商」など、多種多様な国民諸階層が「国民経済レベルの食糧供給・流通・消費基盤に対して多かれ少なかれ問題意識を醸成しつつある」ことが産直の背景として存在している（同論文p.212）。食糧問題への関心を有し、醸成された問題意識を背景とした産直には、さまざまな形態がある。こうした宮村の含意は、産直も含む食糧（料）運動は、目的達成のために活動するとしても、組織活動に硬直的な見解、指針を持ち込むとの危険性の指摘であると考える。

以上３点から、宮村は、産直の活動主体や組織を厳密化し、産直の取り組み内容を特定化することに非常に慎重であったことが分かる。生協産直が事業の拡大局面となったとしても、地域生協の固有性は尊重されるべきことも示唆していると理解できる。

（２）生協産直の展開と無理

以上の、産直に対する基本的視野を踏まえ、生協産直を中心にこれまでの展開過程をみてみる。産直展開は画期区分して分析することが多いが、ここではまず2000年までの代表的な論者の特徴を概観し、次いで2000年以降の状況をみてみる。

すでにみたように産直は、1960年代以前から行われたとする論者もあるが、多くは1960～1970年代以降、主に協同組合による運動が開始し、1980年代には広く産直事業が取り組まれたとしている[11)]。1990年代に卸売市場経由の産直など「多様化」（成熟および変容）を迎えているとの共通の指摘も現れる。

大高全洋と岡部守に依拠しつつ、戦後産直の特徴を段階的に整理すれば次のようになる。

まず1960年代前半までの第１期は、生産から消費に至る流通過程において、中間マージンが単純に節約されるという「流通経路短絡論」に基づいた産直実践の時期である。1960年代後半より始まる第２期は、消費者グループなど団体による「安全食品入手論」に基づく運動である。そして、第３期の1970年代に入り、生協や系統農協など協同組合による産直事業が本格化する。第２期の特徴は、消費者物価高騰の背景にある生鮮食品の転送、遠隔地間輸送、過剰包装・規格などの問題を産直事業によって解消しようとする組織的な「流通正常化論」（大高）である。

第４期は、系統農協と生協が産直事業に組織的に取り組み始める1980年代である。1970年代までの個別農家や生産者グループとの取り組みから、より広がりと深まりを増す段階といえる。1980年代の生協産直は全国規模の実態調査が始まり、取り組みを蓄積する段階に成長してきた。しかし、1985年プラザ合意以降の急速な円高のもとで安価な農産物輸入が加速化される。輸入食糧の増大は、生協産直ひいては食糧供給事業に少なからず影響を及ぼすようになる。一つは、輸入食糧の安全性問題の影響による、生協食糧への関心・利用の増加というプラスの影響である。反面、多種多様な食料品が購入可能となり、産直から離反するというマイナスの影響も懸念されるようになった。こうした、相対立する動きの結果、生協産直が量・質とも変化し始めたのが1980年代後半だったのである。

第５期が1990年代であるが、この時期の特徴は第１に、生協事業量の増大に伴い卸売市場を経由する「市場流通型産直」（大高）が本格的に始まっている点である。第２にこれまで生協など消費者団体が活動主体であったが、有機農産物の専門流通事業体や量販店などの参入によって多様化が進展し、競争も激化している点である。その意味では生協産直事業に「競争力」を求める段階となっているが、その競争力の内実は各単協に差異が存在する。商品の品質追求と低価格追求の双方を考慮した要求だけではなく、安定供給のための産地確保や産地ローテーションの構築も課題となっている。また同時に、産地への低価格の押しつけや自己都合による出荷を強いる危険性も包含していた。

1990年代の特徴として第３に指摘したいのは、各単協の産直の理念・事業内容に差異が生じている点である。輸入食糧の取扱や海外産地の位置づけについてみると、「国際産直」という概念も登場し、大手生協は積極利用の方向にあった。一方、国産品にこだわる生協も存在しているが、大手スーパーとの品ぞろえと価格競争も相まって、産直事業において「無理」が行われる可能性が伏在していた[12)]。

2000年以降は、雪印食品による牛肉事件をはじめ生協・農協においても産地偽装問題が発生した。玉川農協と東都生協間で行われた産直豚肉の事例は、契約に基づいて独自ブランド豚肉の取引を扱っていたにも関わらず、1996～2001年までの５年間で約半数が市場や業者から仕入れた一般豚肉であったことが明らかとなった。また、枝肉１kg当たり一定の販売代金が生協から支払う方式をとるといった「生産者保護の政策価格システム」があったが、逆に品質向上の努力、技術向上などのインセンティブ要素が組み込まれていなかった点も指摘されている。他の偽装問題の事例も併せて、「産直なのに何故」という視点ではなく「産直だからこそ」発生した事例であるとの問題提起も日本農業市場学会の場でなされていた[13)]。

食品メーカーや食肉業者だけではなく各種協同組合も食品偽装の当事者となった背景としては、生協にあっては大手スーパー間との競争激化の中で、「欠品は許されない」といった生協側からの締め付け強化が一因にあるとも指摘されている（注13参照）。

こうした状況のもとで、日本生協連は以下の方向を提示した。第１に、産直主体間の仕組みや契約、態勢の見直し・改善の方向である。具体的には、農産物・食品表示、商品仕様書・契約書の見直し、新たな仕組みとしてのコンプライアンス部門の設置、組合員や第三者機関等による表示点検・監査の導入などである。そして「生協産直基準」に基づいて、単協ごとに産直事業の見直しが行われることになる[14)]。食品安全基本法制定（2003年）による食品安全行政の転換に対応した各協同組合の体制整備も必要となり、2000年以前まで続いてきた運動としての産直は厳格な契約取引の性格を強めることになってゆく。

現在、日本生協連がすすめる「産直品質保証システム」（2018年に「農産物品質保証システム」から名称変更）は、「適性農業規範（GAP）」「適性流通規範（GDP）」「適性販売規範（GRP）」の３つの規範を各段階に繋ぐとともに、トレーサビリティ可能なシステムとなっている。

日本生協連によるこのシステムの目標は、生協の産直基準に即した「たしかな商品づくり」の実現にある[15)]。「たしかな商品」とは、①安全性とトレーサビリティが確保されていること、②表示が正しいこと、③仕様書の内容が守られていること、④①～③のことが検証できることを指す。また、たしかな商品を実現するためにはフードチェーン（生産から食卓までのつながっている経路）の各段階で工程管理の取り組みが必要であるとしている[16)]。したがって、現在の生協産直事業とは、こうした「たしかな商品」の供給の実現が目的となっている。

このシステムにおいて、生産者と組合員との提携については、生産者段階でいえば「生協との交流の計画／記録書」などの文書保管が必要であり、運動としての産直（顔の見える関係、生消交流）の内実が文書によって保証できる範囲に限定されるようになる。

こうした状況がすすむ前から、田中秀樹は産直そのものが停滞する中で質的に変化を起こしてきていると論じていた。生消提携的な産直運動は、地産地消運動や直売市に転換し、「新たな食料運動」として展開しているとの指摘がそれである[17)]。

新たな食料運動については、後の節で確認するが、その前に、生協産直事業の到達点と課題を直近の全国生協産直調査を通してみてみよう。

３．生協産直の到達点―「第10回全国生協産直調査」を通して―

（1）生協産直の現況と「新しい産直」

全国生協産直調査は1983年に第１回調査が行われ、それ以降ほぼ４年ごとに実施されてきた。ただ、すべての地域生協を対象としていない点、回答・分析生協数が限定的（50生協程度）といった特徴があるが、全国の主要生協のおおよその産直状況を知ることができる。

第10回全国産直調査（2017年）によれば、集計生協は52生協であり、その総事業高合計（生鮮６品すなわち農産・畜産・牛乳・卵・米・水産）は約9,162億円にのぼる。そのうち産直は2,892億円で約31.6％を占めている。第８回（2010年度）以降と比較すると、総供給高はほぼ横ばいで推移している。全国の地域生協組合員数は2010年の1,895万人から2017年の2,188万人に増加しており、地域生協全体でみた場合、組合員あたりの産直供給額は減少傾向であることが読み取れる。また、同表で品目ごとの推移をみると、第８回か

表8-1　部門別産直割合の推移

（単位：億円、%、万人）

	第8回 2010年度	第9回 2013年度	第10回 2017年度
食品合計（供給）	9,090.5	8,235.8	9,161.8
（産直）	2,748.7	2,699.6	2,892.1
（産直率）	30.2	32.8	31.6
青果物（農産物）	3,035.4	2,657.5	2,927.5
	999.8	925.5	921.3
	32.9	34.8	31.5
精肉	2,128.4	1,861.5	2,170.7
	597.5	679.0	842.8
	28.1	36.5	38.8
牛乳	586.0	503.6	622.8
	300.9	244.0	295.7
	51.3	48.5	47.5
卵	343.8	300.1	384.5
	233.4	171.9	260.0
	67.9	57.3	67.6
米穀	757.7	853.2	755.1
	474.1	507.4	457.3
	62.6	59.5	60.6
鮮魚（水産）	2,239.2	2,059.9	2,301.2
	143.0	171.8	115.0
	6.4	8.3	5.0
組合員数（地域生協）	1,895	2,012	2,188

資料：日本生活協同組合連合会『第10回生協産直調査報告書』より作成。
注：組合員数（地域生協）は『生協の経営統計』他による。

ら第10回にかけて事業額が伸長している品目（精肉）がある一方で、事業額が逓減する品目がみられる（青果物、鮮魚、表の数値の下線部分）。

また同報告書では、組合員の産直に対する認知は世代ごとに差異があり、とくに70代以上と20代との大きな乖離（70代が８割以上に知られている反面、20代は40%台にとどまる）についても指摘している。さらに生産者団体は後継者不足や高齢化などにより、事業そのものが継続困難となることを危惧している。こうした分析を通して産直三原則の一つである生産者と組合員との交流・コミュニケーションのいっそうの取り組みが重要とされている[18)]。

ただ、すでに運動としての産直が「停滞」と呼ばれていたように、組合員あたりの利用額の低下、若年層の認知度の低さなど現在の産直事業そのものの根本的な見直しが必要であることがみて取れる。

第10回全国産直調査の報告書においては、林薫平が「新しい産直」を展望するための問題提起を行っている。林は、生協産直とは、「生産者と消費者が協同して課題解決に取り組むプラットフォーム」としている。提起の背景には、生協の産直が曲がり角にきているという認識がある。林によると、プラットフォームとは増田佳昭が産直を「いれもの」と表現したことを受けての表現である。すなわち「マーチャンダイジング手法としての「産直」は一種の容れ物であって」「そのときどきに、さまざまな意味づけがなされてきた」のであり、例えば「安全・安心」はもちろんのこと、「産消提携」「協同組合間協同」「食育」「地産地消」なども「産直」という容れ物に、新たな意味づけや価値を加えてきたとの増田の主張をさらに「プラットフォーム＝いれもの」論として展開しようとしている[19)]。

ただ、増田の産直「容れ物」論は、（生協）組合員による安全で安心できる商品の「調達手段」（増田）として産直がはじまり、産地の発見や物流（共同購入など）を組合員協力のもとで作り上げていったことが議論のベースにある。産直事業の発展に伴って、「協同合間協同」や「地産地消」といった新たな意義、目的が現れてきたとき、それらの実現のために「産直」という手段が活用されているというのが増田の含意である。産直は最終目的ではなく手段であることと捉える必要がある。林の「プラットフォーム」論は、産直を基本にしつつ、そこに新たな概念を載せるという構想であり、そうであるならば産直を目的化していることになる。

増田は、組合員が活動に参加し、活動を活発化するという目的実現のための一つの手段として産直をとらえているのである。林の述べる、産直商品の購入主体としての「消費者」という表現では示しえない、個々の組合員が意識的に利用結集のための努力を続ける側面に注目すべきである。また増田の主張は、流通大手資本との競争には協同組合は本来的になじまないことも明示している。これら諸点に留意する必要がある。

（2）生協産直の課題

では、「新しい産直」をどのように展望するか。2000年以降の生協事業は、品質保証システムの開発を通して、「たしかな商品」としての産直商品の開発を図っている。これによって「標準化」がすすみ、産直システムの輸出も視野に入れることが可能となっている[20)]。反面、産直の内容が、規格化・標準化された食料・農産物を生産する契約農場から小売りまでの物流システムに矮小化されてしまい、「システム化された産直」が完成されることになる。そこには、規格外品のあつかい、近隣農家の利用、加工農産物・食品の利活用、組合員と生産者、流通業者との（記録化できない、質的な）交流活動など、これまでの産直を通した多様な関係性が排除されざるを得なくなる。さらに、標準化可能な範囲での産直商品開発がすすめられるため、おいしさ、旬、栄養などの観点が後退する[21)]。

第10回全国産直調査報告書において、「あらたな未来」のためにプラットフォームとしての産直を展望するが、システム化された産直には包摂できない「食料運動」の要素を含めなければ「新しい産直」の未来を展望しえないのではないか。

ところで、実際の地域生協の中には、現在の産直事業の限界を乗り越える取り組み、「産直の質的な変化」（中嶋信・神田健策編（2001）、p.60）をすすめている事例が存在する。以下、簡単ではあるがコープさっぽろ（北海道）の事例についてみてみる。

4．新業態創出と産直の発展―コープさっぽろの事例から

（1）コープさっぽろの経営危機とV字回復

コープさっぽろは、1965年に設立した札幌市民生協を源流としている。現在の活動エリアは北海道全域であり、組合員数187万人（2021年３月、北海道全世帯の67％）、年間総供給額は3,023億円（うち店舗事業1,918億円、宅配事業1,041億円、その他）である。全国的にはコープみらいについで第２位の事業高を誇っている。

コープさっぽろは1990年代に店舗の大型化と多角化を進めた結果、経営危

機に陥り、事実上の経営破たんを起こしているが、全国の生協からの支援を受けるとともに、組合員からの維持存続の要求もあり、不採算店舗の圧縮や人員削減を行い、経営を存続することになった。同時に役員トップは辞任し、日本生協連から役員を派遣して経営再建にあたることになる[22)]。

こうして、挫折の1990年代からの再建のため、2000年代からはこれまでの家庭用品や衣料品部門も備えた総合スーパー志向ではなく、食品特化の店づくりに着手しはじめる。また北海道内の各地域生協との事業統合をすすめ、2007年のコープ十勝との経営統合をもって、コープさっぽろは北海道全域を活動エリアとする地域生協となる。

以上の激変は府県生協では見られない試練である。他方、一連の事柄はコープさっぽろがその後、次のような実践をはじめることを可能とした。

第１には、北海道全域の統合によって都市部だけではなく農山漁村も活動エリアになり農山村に住む組合員の声を聴き応える活動も必要となったことである。第２には、合併前の道内各地域生協の先進的な事業（宅配事業、移動販売事業、配食事業など）を積極的に取り入れ、全道展開することが可能となったことである。第３に、北海道地方都市で経営難に陥った函館市や室蘭市の地元スーパーからコープさっぽろへの経営委譲が行われ、結果、これらスーパーの強みであった水産・デリカ部門の営業力を学ぶことになったことである。

こうして、経営危機を契機として、評価は分かれるとしても過去の組織運営・事業経営のしがらみにとらわれることなく新業態開発や新食料供給事業に取り組むことができるようになったのが当生協の特徴である。

（2）コープさっぽろの食をめぐる実践からの示唆

ここでは、コープさっぽろが取り組んできた商品開発や業態を概観しよう。なお、コープさっぽろの産直品そのものは残っているものの契約生産としての性格が強くなってきており、以下に述べるような農産事業全体の比重は低下している（職員へのインタビューによる）。

第1に商品開発についてである。まず、「ご近所やさい」という商品群がある。店舗がある自治体に隣接している市町村などから供給される、生産者が特定できる農産物の取り扱いを行っている。輸送経路が短いことでフードマイレージの削減につながることも視野においている（地産地消の事業化）。

第2に、「なるほど商品」という、原材料の種類をなるべく減らすとともに良質なものを意識し、できるかぎり北海道製造にこだわったコープさっぽろ独自の開発商品がある。「おいしさ、こだわり、産地、便利さ、安心」が一目でわかるような工夫もある。さらに、「北海道100商品」「黄金そだち商品」といった、地産地消、有機農産物など地域社会や環境に配慮して開発した商品群がある、組合員はエシカル消費（倫理的消費）を学ぶきっかけにしたいとの意図が組織・事業双方の意図として存在している。

コープさっぽろ独自の取り組みとして、第2に生産者と消費者との交流事業がある。「コープさっぽろ農業賞」は、北海道の農家を消費者団体が応援するという目的で2004年に始められた（2006年から漁業の部も加わる）。「畑でレストラン」は、コープさっぽろと関係のある産地に出向き、現地でとれたての食材を使い料理と景観を楽しむ取り組みを行っている。これらは産直における従来の交流事業とはまた別の交流の形とみられる。

第3に、供給手段としての新業態開発である。店舗については、長く借入資金の返済のために新規出店は停止していたが、地方都市においては行政からの開店要求もあり出店をすすめている。ただ従来の店舗機能に加えて、地域住民の交流の場、バスの待合場所などのコミュニティスペースを併設している。また、店舗のないエリアの組合員の買い物を考慮した移動販売事業、離島（利尻・礼文島）も配送先とした宅配事業（愛称トドック）は、商品供給だけではなく、高齢者見守り機能も兼ね備えている。

以上、コープさっぽろの近年の取り組みは、北海道という地域の固有性を踏まえた事業活動の結果、移動販売車などの新業態開発、規格外品や近隣産青果物の提供など地域貢献につながる成果を上げている。これらの動向は日本生協連による「生協産直の新たな未来をつくるために」必要な取り組み（持続可能で多様な農畜水産業への貢献、持続可能な地域づくりへの参加）を産直ではなく、固有の事業を通して実践していることを示していよう[23]。

５．産直運動から「新たな食料運動」へ―生協運動の課題―

生協産直にとって今後求められる課題は何か。最後に、産直運動をより豊富化し、新たな食料運動としての実践をすすめてゆくための課題と可能性について考えてみたい。

第１に、産直運動の内容の豊富化である。「講座　今日の食料・農業市場」においては、「産直運動の質的変化」として消費者・生産者双方の相互承認の活動が、地産地消運動として、生産者・消費者交流事業として広く展開しつつあると述べていた。これを「新たな食料運動」と規定するならば、今後、新たな食料運動としての産直運動の内容をより豊富化してゆく必要がある。そのためには過去の産直運動の実践に学ぶ必要がある。例えば、低食料自給率のもとで国内の食生活基盤を安定させるための方策を運動としてどのように具体化してゆくか、都市への人口集中と農山村の人口減少をもたらした経済成長政策をどのように見直すか、SDGs（持続可能な開発目標）のターゲットに産直運動をどのように関連づけるか、国内農業をどのように支えるかなどが課題となろう。そのためにも組合員や役職員に対する協同組合教育が重要となる。

第２に、生協組合員の属性の変化（高齢化、単身家族化等）にともなう産直事業への対応である。生協利用をみると、青果物利用は減少傾向にあるとともに、利便性重視の購入行動に変化している。高齢世帯は生鮮農畜産物よりも出来上がり弁当、そう菜類を好む傾向がある[24]。ならば、商品開発において一般スーパーとは異なるブランド商品開発を、産直商品をはじめとして作り上げることができるかどうかが課題となる。その際のポイントは、できる限り地元産（環境負荷を考慮する）で、シンプルな原材料・包装であること、さらには地域環境を改善させるための説明ができる商品開発が求められる。その意味では各単協開発商品を組合員参加の中で作り上げてゆくことが商品開発の課題となろう（かつてのCO・OP商品は商品開発力量のなかった単協にとって有用であったが、生協商品のブランディングのためにも、組合員参加のためにも必要である）。地域の生産者を応援するための規格外農産物、農水産加工品の提供、多様な「交流」も新たな食料運動としてとらえることができる。

ここで、交流とは農場、店舗視察やお互いのコミュニケーションということだけではなく、産直商品を媒介としてその向こう側の労働や暮らしにまで心を配ることである。しかもお互いへの配慮だけではなく、交流を通してお互いが相互浸透し生産現場や暮らしの内容を変えてゆくことではじめて相互交流が実現するのである。結果として、アニマルウェルフェア商品開発（ケージ飼いから平飼い卵へ）、グルテンフリー小麦開発、ぶこつ野菜・ご近所野菜の取り扱いなどに繋がってゆくのである（コープさっぽろの事例がそれである）。

第３に、産直商品をはじめとした食料（食材）を活かした実践である。地元の第一次産業の学習や地元食材の調理方法など、「地域の健康で文化的な食生活を維持」するための取り組みに食料運動として積極的に参画する必要があろう[25]。個々の単協ではすでに取り組まれている例もあるが、地域の旬の食材を合理的に利用した美味しい食べ物を実現するためには、商品化（標準化・規格化）した農畜産物だけではない要素を組み込んで広げてゆく必要がある。つまり、購入後の保存方法を含めた広い意味の調理の学習や商品化からはずれた農畜産物への配慮が今後の課題となる。また、地域社会の維持発展・地球環境も考慮した生産から輸送、廃棄・リサイクルを織り込んだ新たな食料運動は、SDGsの理念にも適合しているし、グローバル経済の歪みも正し、社会的な公正とエシカル（倫理的）を満たした商品開発となりうる。

第４に、「新たな食料運動」に即した生協業態の創造である。地域貢献を目指すための生協業態は、移動販売車や配食事業などの新たな供給手段と、高齢者見守り機能を加えるような形にシフトしつつある。合理的なロジスティックスやリサイクルは、浪費型経済システムの転換に寄与するだろうし、地域社会から大きな価値を有する存在として認知されると考える。

かつて、生協ブランドといえば、安全・安心の商品が代表的な表現であった。加えて、適正な価格（一方的な価格引き下げ、ダンピングではない）への「こだわり」、健康、安全、環境、自然を守ることへの「こだわり」、消費者発の商品開発への「こだわり」といった原点回帰が重要である[26)]。

既存の流通方式への対抗として誕生した産直は、事業として大きく伸張したが、「消費者」「顧客」に対する生協産直事業としては限界を示してきている。「生協産直の新たな未来」のためには、産直事業だけではなく生協事業全体を「参加型」に再構成すること、組合員だけではなく役員・従業員などの運営参加によるブランド創造をすすめること、であろう。ここでいうブランドとは協同組合の特質である組織運営体と事業経営体を統一した実践によって可能となる。産直でいえば産直商品（モノ）の提供だけではなく、生産者が組合員らからの提案を受け、環境に負荷のない、安全・安心を担保する産直品を組合員とともに作り上げ、提供できるかまでのコト（体験・感動）の提供にこそ意味がある。また生協による商品・サービスの提供形態は、労働参加によるかつての共同購入が生協独自の価値だった時代から、生活実態に即応したコミュニティ店舗[27)]や見守りサービスを伴った個配や移動販売車などの新業態が生協の新たなブランドとなってくる。

産直運動には、もともと国内農業を守ること、地域社会の持続的発展を目指すなどの目的があった。そのための手段としては、現在の生協産直だけはなく「産直の視野」を広くとらえる必要があるし、固有の取り組みも許容すべきであろう。したがって、運動の目的実現に向けて地産地消や直売所などへ「質的な変化」が見られるだろうし、今後も多様な取り組みが起こると考えられる。従来の協同組合の中から生まれる可能性もあるし、また新たな協同運動として行われることも期待されるのである。

注

1）臼井晋「農業市場変革の課題と主体形成」（臼井晋・宮崎宏編（1990）、p.323）。
2）山本明文（2005）『生協産直、再生への条件』コープ出版。同書では日本国内に多様な生協が存在する中で、産直についても「産直という言葉は同じでも、全国あちこちに存在する生協や連合会で繰り広げられている産直は、それぞれ独自の歴史を持ち、細かく見ていけばその定義も規格も独自のもの」であり、「各生協の歴史が違うように、その産直の歴史も現在の姿も全く違っている」と述べる（同書 p.4）。
3）渋谷長生「流通再編下の生活協同組合」、野見山敏雄「食品流通再編と産直の展開」（いずれも滝澤昭義・細川允史編（2000））。同編では生協産直の展開や現状分析を行い、田中秀樹「システム転換と協同組合運動」、中嶋信「食料・農業政策転換への新たな挑戦」（いずれも中嶋信・神田健策編（2001））においては産直運動の限界性と展望について論及している。
4）J-STAGEの検索機能を使って2000年代以降の農業市場学会誌に掲載された産直論文（タイトルに「産直」が使われている）を調べると、2000～2010年までは書評や特集（シンポジウム）を含めて７編であるが、2010年以降の論文は２編にとどまっている。
5）『広辞苑』（第７版、2018年）では、産直とは「産地直結・産地直送・産地直売などの略。生鮮食品や特産品を通常の販売経路を通さず、生産者と小売店・消費者とが直接取引すること」となっており、他の辞書にもほぼ同様の説明がある。産直の実践を振り返ると、こうした辞書は産直をやや狭く定義づけているが、一般的な理解はこのようなものと考えられる。
6）食糧の生産と消費を結ぶ研究会編（1984）では、「1955年に、千葉北部酪農協同組合（「八千代牛乳」）は飲用乳工場を建設して、大学生協や消費者グループと手を結んで「10円牛乳」運動をすすめ」この「運動はやがて、1968年に「天然牛乳を守る会」を発足させ、消費者側の組織も大きく発展した」としている。こうした「乳業メーカーの低品質と価格の一方的な値上げに対して消費者も立上り、乳業独占の支配に対して共通した認識をもったことが、産直運動を萌芽させる基本的な背景でした」と述べていることから、産直運動の源流は1950年代にあったことが分かる。食糧の生産と消費を結ぶ研究会編（1984）、p.244。
7）「流通革命」が謳われた1960年代以降、旧来の流通経路ではない「流通経路短絡論」の視点から産直を議論した代表的論者に秋谷重男がいる。ただし、秋谷の産直論は、単純な流通経路短絡論ではなく、1960～1970年代当時の卸売市場流通の問題点を念頭に置きつつ、産直の可能性についても言及している。秋谷重男（1978）を参照。秋谷の議論については田中秀樹（2008）「産直論の系譜」が詳しい。

８）農業市場学会の前身である農産物市場研究会の1970年代の議論がそれである。大島茂男「消費者運動からみた産直」(1977)、梅木利巳（1977）「協同組合間協同による産直の意義」(『農産物市場研究』）といった報告や討論がそれにあたる。

９）宮村光重（1990）「産直運動の今日的局面と論点」『経済』pp.209-227.

10）宮村は同論文において、産直は「日本に特有な食糧運動の一形態」であると述べる。つまり、日本特有の諸問題―急激な食生活変化や農業再編―を是正してゆく食糧運動の一つであるとして産直を捉えている（同上論文、p.214)。なお、宮村の産直の規定について野見山（1997）は「宮村は産直を日本に特有の食糧運動の一形態と既定し、産直運動の広がりを喚起した点で高く評価できるが、産直の範囲や実践的な流通問題についてはほとんど触れていないことが惜しまれる」としている（同書 p.23)。しかし、産直の範囲（基本的な視野）については、宮村論文（pp.210-213）で言及されているし、産直の「実践的な流通問題」を目的とした論考ではない。過度に期待しすぎではないかと思われる。なお、宮村光重（2004）では、地産地消の運動と生協産直との関係について述べており、参考になる。

11）大高全洋（1995)「食料流通と産直・協同組合間協同」日本農業市場学会編、p.204。大高は、産直運動の段階ごとの整理を岡部守のものを参考にして行っている。岡部守（1978）pp.6-7。同（1988）pp.1-5。岡部の成果に対して大高は1990年段階の整理を新たに加えている。なお､ここでの整理は佐藤信（2014）も参照。

12）1985年のプラザ合意以降の円高に伴って、多くの生協理事者たちが水産物や牛肉などの海外産地の開拓に積極的な姿勢をみせていた。佐藤信（2014）のpp.115-117を参照。

13）2002年度日本農業市場学会（山形大学）の公開シンポジウムは≪「表示偽装」問題と産直取引の再構築≫のタイトルで行われた。「産直なのに何故」ではなく「産直だからこそ」の発言は中島紀一による。シンポジウム報告の内容は、宇佐美繁（2002)「座長解題」『農業市場研究』11（2)、他を参照。

14）日本生活協同組合連合会（2004)「生協の農産事業・産直事業の現状と課題」に2002年に続発した産地偽装事件後の生協の対応の調査と分析が行われている。同pp.6-7。

15）日本生活協同組合連合会編（2016）のp.77参照。

16）日本生活協同組合連合会全国産直研究会「生協産直品質保証システム運用マニュアル」(2020年改訂版)。

17）田中（2008）のpp.193-194。

18）日本生活協同組合連合会（2019)、pp.8-9。なお、第10回全国生協産直調査においては、宅配の方が店舗よりも産直割合が高くなっている、また部門ごとに産直割合が二極化する品目（例えば牛乳の90％以上を産直で占めている生協がある一方、取り扱いのない生協も存在する）や産直割合の低い品目（水産の取り扱い10％未満や取扱いなしが８割以上）があるといった特徴がある。同報告書p.75参照。

19）日本生活協同組合連合会（2019）、pp.59-60。また、増田佳昭（2014）を参照。

20）生源寺眞一（2010）「安全な食料の安定供給と生協の役割」pp.198-199。

21）日本生協連全国産直研究会「生協産直品質保証システム運用マニュアル」には「味」「栄養」「おいしさ」の項目はない。他方、日本生活協同組合連合会（2019）の組合員アンケートには、生協産直商品のイメージとして「おいしい」という回答が「安全・安心」「利用しやすい・便利」に次いで宅配利用者では高く（p.191）、同報告書の生産者団体アンケートにも、今後重視してほしいこととして「おいしさ」が回答に存在している（p.166）。なお、岡部守（1988）には1983年の日本生協連による産直調査結果が紹介されているが、そこには産直取引のメリットとして「旬で味の良いものが得られる」ことが回答生協の３割以上となっていた。

22）コープさっぽろの経営難の要因や北海道３生協問題については、佐藤信（2014）を参照。

23）日本生活協同組合連合会（2019）、pp.10-15。

24）日本生活協同組合連合会（2018）の組合員意識調査の結果、高齢世帯ほど購入先として生協を選ぶ傾向があり、とくに「そう菜」に顕著な傾向がみられている。同報告書pp.64-68。

25）中嶋信「食料・農業政策転換への新たな潮流」（中嶋信・神田健策編（2001）、pp.222-223）。

26）これからの生協の商品開発の課題については、兼子厚之「時代の要請に応える生協運動への期待と提言」小木曽洋司・向井清史・兼子厚之編（2019）が参考になる。同書pp.220-254。

27）コミュニティにおける店舗の役割については、佐藤信（2021）を参照。

参考・引用文献

秋谷重男（1978）『産地直結』日経新書.

大島茂男（1977）「消費者運動からみた産直」『農産物市場研究』第３巻，pp.1-11.

増田佳昭（2014）「容れ物としての「産直」～問題は何を盛り込むかだ」くらしと協同の研究所『くらしと協同』第10号，p.1.

宮村光重（1990）「産直運動の今日的局面と論点」『経済』311号.

宮村光重（2004）『食糧運動をたおやかに』コープ出版.

中嶋信・神田健策編（2001）『21世紀食料・農業市場の展望』筑波書房.

日本農業経済学会編（2019）『農業経済学事典』丸善.

日本生活協同組合連合会（2004）『第６回全国生協産直調査報告書』.
日本生活協同組合連合会（2016）『生協ハンドブック［2016年６月改訂版］』.
日本生活協同組合連合会（2018）『2018年度　全国生協組合員意識調査報告書［詳細版］』.
日本生活協同組合連合会（2019）『第10回全国生協産直調査報告書』.
野見山敏雄（1997）『産直商品の使用価値と流通機構』日本経済評論社.
小木曽洋司・向井清史・兼子厚之編（2019）『協同による社会デザイン』日本経済評論社.
岡部守（1978）『産直と農協』日本経済評論社文庫.
岡部守（1988）『共同購入と産直』日本経済評論社.
大高全洋（1995）「食料流通と産直・協同組合間協同」日本農業市場学会編『食料流通と問われる協同組合』筑波書房.
佐藤信（2014）『明日の協同を担うのは誰か』日本経済評論社.
佐藤信（2021）「協同の店とは？　コミュニティにおける店舗の役割」『くらしと生協』第36号，pp.50-54.
生源寺眞一（2010）「安全な食料の安定供給と生協の役割」現代生協論編集委員会編『現代生協論の探究』コープ出版.
食糧の生産と消費を結ぶ研究会編（1984）『産地直結の実践』時潮社.
田中秀樹（2008）「産直論の系譜」『地域づくりと協同組合運動』大月書店.
滝澤昭義・細川允史編（2000）『流通再編と食料・農産物市場』筑波書房.
梅木利巳（1977）「協同組合間協同による産直の意義」『農産物市場研究』第３巻，pp.20-34.
宇佐美繁（2002）「座長解題」『農業市場研究』11（2），pp.37-38.
臼井晋・宮崎宏編（1990）『現代の農業市場』ミネルヴァ書房.
山本明文（2005）『生協産直、再生への条件』コープ出版.
日本生活協同組合連合会全国産直研究会「生協産直品質保証システム運用マニュアル」（2020年改訂版）https://jccu.coop/activity/sanchoku/pdf/sanchoku_manual.pdf（2021年８月28日参照）

（佐藤信）

第9章

地産地消運動の現段階と農産物直売所の果たす役割

1．課題

地産地消とは、地域で生産された農産物や食品を同じ地域の住民・消費者に食べてもらう取り組みの総称である。ローカル／地元とみなせる地域の範囲をどのようにとらえるか、また対象となる食品を一次産品に限定するのか、加工食品も含むのか等、厳密な定義を試みると議論は収束しないと思われるが、この概念は2000年前後より徐々に注目され、生産者からも消費者からも一定の認知を獲得することとなった。国内外を問わず消費地から遠く離れた産地で生産され、多くの流通経路を経て食卓に届けられる食材を利用するのが一般化した現代にあって、その傾向と逆行するローカルな食材が注目を集めている。人々は食のグローバル化が進む中で失われつつある特性を、地産地消の取り組みを通じて確認し、時に再評価していると思われる。実際、各地で地産地消を実現するための様々な媒体・流通経路が一定の普及をみせている。

図9-1は、地産地消という用語がどの程度一般化しているのかを把握するための試みとして、新聞（全国紙）にて地産地消を取り上げた記事の件数がどのように変化したのかをまとめたものである。読売・朝日の両新聞が提供する記事検索システムに地産地消を検索語として検索をかけた場合、ヒット

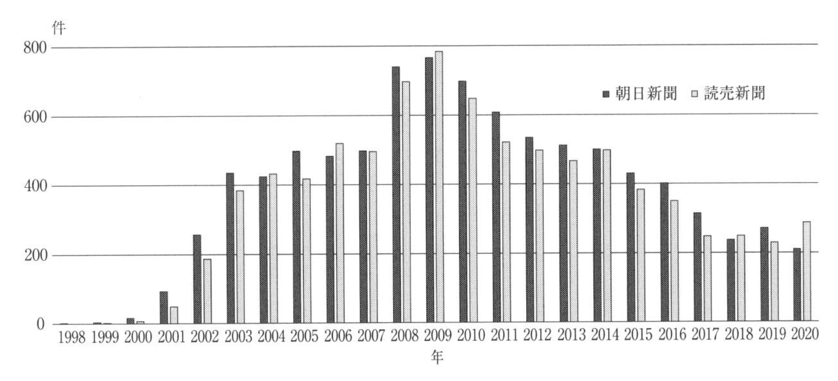

図9-1　地産地消を扱った新聞記事数の変化

資料：朝日新聞・読売新聞の検索システムにて「地産地消」を検索語として検索した件数である

数の年次変化をまとめている。両紙とも傾向は似ており、1990年代末より記事が現れ、2002年ごろから急増し、2009年にピークを迎えている。ピークの時期は、政府が6次産業化・地産地消法（後述）を成立させ、地産地消の取り組みに制度的な後ろ盾を与えた時期と重なる。その後記事数は漸減するものの、現在もなお年間200件以上の記事が掲載されている。地産地消は決して一時的なブームではなく、定着したことを示唆している。

本章の課題は二つある。一つは、海外の動向とも比較しながら、日本における地産地消運動の特徴を整理することである。もう一つの課題は、地産地消を実現する取り組みの典型例として農産物直売所（以下、時に直売所と略す）を取り上げ、ここ20年間の運営状況の変化を概観するとともに、ケーススタディを通じて直売所の品揃えを支える出荷者の特性、行動、そして経営成果を明らかにすることである。以下、２節では地産地消の概論、３節では直売所の動向を整理し、４節で総括を行う。

２．日本のローカル・フードシステムとしての地産地消

（1）地産地消を実現する取り組み

地産地消を単なるスローガンに留めず、実際に地域の食材をその地で入手

し食するためには、生産者と消費者をつなぐ広い意味での媒体が必要である。また地産地消の取り組みは食品の流通に限定されない。地域の食品を生産・流通・消費する一連のローカルなフードシステムに関わる主体が、食品を通じて互いの行動やその背景を認識し理解を深めるための様々な取り組みも含まれる。実際に様々な取り組みが地産地消と絡めて実施されている。

表 9-1　農林水産省表彰事業にみる地産地消の取り組み事例

(n=97)

取り組み	該当数	構成比：%
農産物直売所	42	43.3
加工品の開発	42	43.3
給食等への地場食材提供	35	36.1
食農教育	31	32.0
体験・観光事業	22	22.7
住民・顧客との交流	21	21.6
地元産地の振興・再活性化	21	21.6
レストランの運営	18	18.6
直売以外の流通経路開拓	15	15.5
伝統食の再評価	10	10.3
レシピの開発	5	5.2
その他	15	15.5

資料：農水省 HP 資料を筆者により再集計
注：構成比は全事例数 97 を 100%とした場合の値である。

多様な取り組みを鳥瞰するため、優れた地産地消の実践として評価された農林水産省による地産地消表彰事業の受賞事例を素材に、その分類を試みた。対象としたのは同省HP上に整理された2005年度から19年度までの受賞事例97件である[1)]。各事例にて行われている地産地消関連の取り組み数を集計した結果が**表9-1**である。なお、1事例にて複数の取り組みが合わせて実践されていることも多い。概ね1事例当たり3項目程度の取り組みを実践している。

最も多い取り組みは農産物直売所の運営と地元産の原料を用いた加工品の開発で、全体の40%以上が該当する。それに続くのが給食（学校給食のほか病院給食等も含む）ないし地域の食堂・レストランへの地場食材の提供・納入で、全体のほぼ３分の１の事例が取り組んでいる。直売所、加工品開発、給食への食材提供の３点が典型的な地産地消の実践であることは、全国的傾向ととらえてよいだろう。実際、表彰事例では、直売所の敷地内に加工所が設けられ、そこで加工品の製造も行うほか、直売所が地域の学校給食への地場食材納入のとりまとめ役も果たし、これら３点を一つの運営組織がまとめて運営するケースが多く見られた。

農産物直売所の動向については後述するが、同じ程度実践されている加工品開発を実際に担うのは、女性農業者の経営体、あるいは女性農業者により組織されたグループであることが多い。戦後の日本農村では、農村生活の近代化を目指し、女性農業者の集団活動を通じて衣食住の環境を改善しようとする「生活改善運動」が農業普及部門の主導により全国的に進められた。その後、近代化や環境改善という目標は、徐々に農業経済の多角化や農業女性の自立に変化し、集団での取り組みも個別化が進んだが、一連の取り組みは農村女性の起業活動として継承されている[2)]。こうした農村女性起業活動では、かねてより地場の食材を活用した加工品製造が行われていた。その規模は極めて零細であったが、地産地消運動の認知が高まるにつれ、加工品そのものへの関心も高まり、さらに直売所設置により少量でも販売できる場が生まれたことが、地産地消における加工品の取扱いを容易にしていると思われる。

学校給食をはじめとする給食事業に地域の食材を納入する取り組みが多いのも、日本の地産地消運動の特徴といえよう[3)]。学校給食に使用する食材は、事前に確定しているメニューと予算の制約のもと、定量を確実に納入する必要がある。そのため、一般には学校給食会と呼ばれる団体が地方自治体毎に設けられ、食材調達をコントロールしていることが多い。農業者や地元の加工業者が地場の食材を簡単に納入できるわけではない。それでも各地で試行錯誤が続き、地域差は存在するが、県レベルの給食会では米、パンなど基本的な食材では一定量を地場産で賄う傾向が定着しつつある。市町村レベルでも、地場産の調達割合は向上している。また地域の食材を供給する主体（農家、農協など）と給食会のコミュニケーションがとられ、参入障壁が改善される方向にある。加えて2005年に制定された食育基本法では、学校における食育の推進について、地域の特色を生かした学校給食等の実施が明文化され、定期的に公表される食育推進基本計画においても学校給食における地場農産物の利用について具体的な言及がある。こうした食育推進の制度化も、地産地消運動における学校給食の役割を高める方向に作用している。なお、表彰事業にて食材納入の事例としてカウントした取り組みの中には、地元産の食材にこだわる地域の飲食店に対し農林水産業者が直接納入している例も一定数含まれている。かつては個別の飲食店とごく少数の農林水産業者が契約を結ぶ例が多かったが、近年では流通業者等がコーディネートし、複数の飲食店と多数の地域農林漁業者をつなぐ取り組みもみられるようになった[4)]。

表9-1に戻ると、消費者への食育や農業に関する指導・情報提供も全体の約3割、食に関する各種体験事業や観光事業、さらに顧客や住民とのゆるやかな交流経験も全体の約2割で実践されている。単に地場の食材を販売する、あるいは食べるだけでなく、それをきっかけとして食生活、健康、農林水産業についての理解を高めるための情報提供があわせて行われているのも近年の地産地消運動の特徴といえる。

（2）地産地消の制度化

地産地消の実践が各地でなされ、その認知が進むとともに、一部の地方自治体は、地産地消を推進することを方針として宣言したり、関連する取り組みを補助事業で支援するようになった。そして政府も2010年に「六次産業化・地産地消法（通称）」を制定し、地域の農林水産物の地域内利用を促進するために各種支援を施すことを打ち出した。地産地消の支援は根拠法を持つ政策としても確立したわけである。

同法の第３章において、地産地消に関する諸事項が定められている。ただしその内容は、６次産業化の政策推進について規定した第１・２章に比べると簡素である。同法では地方自治体に対し、地域農産物の利用を促すための「促進計画」の策定を呼びかけている。2020年９月現在、全ての都道府県と88.7％の市町村が促進計画を策定している。ただし、そのカウント方法は緩やかであり、独立した計画でなくても、地域の農業ないし食育に関する各種計画・答申類にて、地産地消に関係する記述がある場合は策定されたものとして扱われている。実際の計画に規定された内容はかなりの地域差があると考えられる。

（3）海外のローカル・フードシステムとの比較

地域で生産された農産物・食品をその地域内で消費しようという取り組みは、日本だけでなく、世界各地で展開している。特に先進国ではその傾向が強い。どの国も農と食のグローバル化が進展し、国内の農業は激しい国際競争にさらされ、食生活では海外や遠隔産地から運ばれてきた農産物・食品への依存度が高まっている。しかしそうした傾向を反省し、地域に密着した食生活とその原料供給先としての地域農業の再評価を目指すローカル・フードシステムの再構築ともいえる取り組みが増えつつある[5)]。

例えば日本の地産地消に似たスローガンを掲げた取り組みとしては、韓国における「身土不二」がよく知られている。身土不二とは、生まれた土地の食品と身体は分かちがたく結びついているという意味であるが、韓国の農協組織がこの語をスローガンに掲げ、直売施設の運営、農産加工品の振興等に取り組んでいる。かつては地域の枠を超えた国産品愛用運動に近かったが、近年ではよりローカルな範囲を想定した運動も広がりを見せている。また台湾では、政府が2014年を「地産地消年」と定め、ローカルフードのプロモーションを全島的に支援したことをきっかけに、ファーマーズ・マーケットや日本式直売所の設立が相次いでいる[6)]。アメリカではBuy Localというスローガンによく接する。本来、Buy Localとは食品に限定されない地域の小売店舗での購入を促す取り組みであるが、農産物・食品の分野でも、地場産の食材、特に生鮮品の愛用をアピールするための用語としてよく用いられている。

アメリカでは、日本の直売所と同様、ファーマーズ・マーケット（Farmers' Market：以下FMと略す）の増加が顕著で、2019年現在、全土に8,140のマーケットが開設されている[7)]。アメリカのFMは日本の直売所と異なり、連日開催はまれで、市の公園や交通の要所にて週１～３回程度の頻度で開催されている。登録出荷者は指定された場所にブースを設け、自身の産品を展示し対面販売する。大都市ではこうしたFMが市内各地で開催されており、各

FMを周遊して買い物を楽しむ常連客もいる。アメリカのFMは、出荷者と市民がともに参画するボード（理事会）により運営されることが多いが、総じて市民の関与の度合いが高い。また多くのFMがアメリカで長年取り組まれているフードスタンプ(貧困者向けの食品購入用クーポンを配布する事業)に協力し、かつての紙媒体に代わって電子化されたカード（EBT）での決済を受け入れている。

FMとともにアメリカで増加傾向にあるのがCSA（Community Supported Agriculture）である[8)]。CSAは農場と都市住民が事前契約を結び、代金を先払いした後、定期的に野菜等の産品を受け取るシステムである。契約した住民は単に産品を受け取るだけでなく、シーズン前の作付計画や収穫物の価格設定において農場との協議に加わったり、援農活動や収穫後の配送準備を支援することで、農場の経営に部分的に関与することもある。またCSAで取り扱う農産物は、その多くが有機農産物ないし環境に配慮した農法で栽培された農産物である。

またアメリカやカナダでは、自治体やNPOが核となり、地域の食をめぐる様々な問題を議論し、具体的な提案を行うフードポリシー・カウンシル(FPC)という一種のプラットフォームを形成している都市が多数存在する[9)]。その実践の内容は都市により異なるが、コミュニティ・ガーデンでの野菜作による貧困層への新鮮な食材の供給、現物供与等も行われている。市民の共助により地域内のフードアクセス問題を解決するための場として機能している。

アジア諸国の都市部では、日本以上に大型小売施設の台頭が著しい。しかし今なお多くの国で、近代的施設の横に伝統的なマーケットが残り、青果物や簡単な加工食品を販売している光景をよく目にする。こうしたマーケットには商人だけでなく、近郊の農村から農産物を持ち込む農家も出店・販売していることが多い。近郊農家にとって伝統的マーケットは、産品を現金化できる重要な販路となっている。ただし、伝統市には販売をめぐる様々な慣習も残っていて、誰もが簡単に参入できる状況にはない。また、日本に比べれば農家の保有する輸送手段は貧弱であり、トラック等の調達に要する費用も無視できない。

こうした海外の地産地消に類した取り組みとの比較から、日本の地産地消運動の特徴を指摘してみよう。第一に、日本の地産地消を目指す取り組みは多様であるが、その多くが農業者側からの提案や実践によりスタートしている。生産者と消費者・住民との距離は物理的には近く、両者がコミュニケーションする可能性も高いにもかかわらず、実際には住民側が取り組みに直接関与する機会は少ないのが現実であろう。ややもすると農業者からの一方的な取り組みに陥る恐れもある。第二に、有機農産物や環境保全型農産物への取り組みも、欧米諸国のローカル・フードシステムに比べれば希薄である。気象条件の違いも考慮しなければならないだろうが、日本でも住民からの潜在的なニーズは高いにもかかわらず、実践は進んでいない。上記２点は課題ないし問題点といえる。しかし直売所の設置数の多さや、地域差こそあれ学校給食への地場食材供給のある程度の普及を考慮すると、地産地消運動の大衆性ないしアクセスの容易さについては、日本の実践は高い水準にあるといえるだろう。

３．成熟期における農産物直売所の展開

（1）農産物直売所の普及

地産地消を実現するための様々な取り組みの中でも、最も一般に普及し、生産者・消費者双方から利用されているのは農産物直売所であろう。

日本の農産物直売所は、前節でも指摘した通り、欧米諸国のファーマーズ・マーケットや開発途上国によくみられる伝統市とは異なるスタイルで運営されている。FMや伝統市では、出荷者＝生産者が出店を認められたスペースに自ら簡易なブースを設け、自身の産品のみを対面式で直接展示販売している。こうしたブースが連なることでマーケットを形成している。一方、日本の直売所では、一定の規模を備えた常設の店舗が用意されており、出荷登録

している多数の生産者が店舗に自身の産品を展示するものの、販売管理は直売所の専従職員が担うのが一般的である。顧客は店内で多数の出荷者の産品を相互比較し、必要な産品を選んだ後、レジスタにて一括精算する。海外のFMや伝統市に比べ、相対的に大きな常設店舗にてメンバー出荷者の産品がまとめて陳列され販売されている。こうした運営方式をとるゆえ、日本の農産物直売所は時に共同直売所と呼ばれることもある。

共同直売所がいつ頃から普及し始めたのかについては不明であるが、直売所の展開が早かった中国・四国地方や関東・東海地方の一部では、1980年代半ばにはこうした取り組みの萌芽がみられた。直売所自体は比較的簡易な施設でも設置が可能なため、1990年代には全国的な展開を見るようになる。そして地産地消のスローガンが普及し始める2000年代より設置数はさらに増加するとともに、年間販売額が１億円を超える大型直売所も各地にみられるようになった。

しかし直売所の設置数を統計や調査結果により把握できるようになったのは最近のことである。**表9-2**は全国規模で集計された直売所の設置数の変遷を複数の調査・統計により比較したものである。全国初の公的な公表値は埼玉県が他の都道府県に問い合わせて1997年に集計したものと言われており、1万1千余りの直売所がカウントされている。その後、農水省は2005年および10年の農林業センサス、その後は6次産業化総合調査にて直売所の設置数を集計・公表している。設置数は2000年以降もしばらくは増加傾向が続いた。ただし、農水省の集計では、果実の沿道直売のような季節・臨時営業の直売施設や無人の施設もカウントされている。周年営業する有人直売所に限定した公表値を比較すれば、2010年ごろを境に設置数は頭打ちになっていると推測される。直売所は簡易な施設で回転できる反面、

表 9-2　農産物直売所の設置数の変遷

調査年	設置数	調査主体・統計	備考
1997	11,356	埼玉県	情報のない県あり
2002	11,814	まちむら交流きこう	
2005	13,538	農林業センサス	有人直売所の数
2010	16,829	農林業センサス	有人直売所の数
2015	26,990	６次産業化総合調査	全対象の集計
2015	11,280	６次産業化総合調査	常設のみ
2019	11,370	６次産業化総合調査	常設のみ

他店との競合や出荷者の減少により売上額が減少し、店舗としての収益性が悪化すれば、撤退することも容易である。そのため、みかけの設置数の背後に相当数の参入と退出がある。そして近年では退出が増加していると推測される。製品ライフサイクル論の言説を援用すれば、直売所の市場規模はすでに「成熟期」に達していると考えられる。

共同直売所形式をとる日本の農産物直売所の、出荷者から見たユニークな特性は、出荷に関する意思決定の任意性と柔軟性（フレキシビリティ）にある。多くの直売所では、出荷者になるための要件は比較的緩く、参入は容易である。日々の出荷においても、最低限のルールを守れば、基本的に出荷者は自己の都合に従って自由に出荷日・出荷品目・出荷量を決めることができる。価格設定についても、ダンピング的な値下げを防ぐために目安価格を設定する直売所は多いが、最終的には出荷者の判断に任されていることが多い。こうした柔軟性を有するため、多くの出荷者にとって、自己責任こそ伴うものの、自らの判断で生産・出荷の意思決定ができる販路として評価されている。またこうした特性を持つがゆえに、地域の多様な生産者の参画をもたらしている。

共同直売所形式をとる日本の農産物直売所の運営をめぐる近年の動向を３点ほど指摘したい。１点目は、情報の処理・利用技術の高度化である。草創期の直売所では、店頭での精算や出荷者の伝票処理は手計算でなされるのが一般的であった。しかし手計算に伴う膨大な労力やミスを軽減するため、生産者番号、単価、主要な作目名をバーコードに印刷し、レジスタでスキャンする仕組みが急速に普及した。これをきっかけに、バーコード情報を精算業務のみに利用するだけでなく、情報を記録・分析し、場合によっては出荷者にも情報提供して、出荷行動の改善や店頭の品ぞろえの充実につなげようとする直売所が増加している。出荷者への情報提供も近年はリアルタイム化しており、希望する出荷者に携帯電話等を通じて自身の出荷品の売れ行きを伝えるシステムは、大型直売所ではかなりの普及を見せている。こうしたシステムが普及する背景には、残品の発生とその引き取りを警戒して出荷量が抑制的になり、販売機会ロスが発生することを防ぎたい直売所の店舗としての要請が存在する。実際、携帯電話による販売情報還元を実施する直売所では、出荷者に対し売り切れ時の追加出荷を推奨している例が多い。ただしその効果は限定的であると聞かれる。

２つ目の特徴は、直売所の運営の多角化である。この傾向は年商が１億円を超える大型直売所や、観光地ないし交通の要所に立地する直売所で顕著である。直売施設だけでなく、地域の農林水産物を原料とした加工品を製造する施設を設ける例、食堂を設置し飲食物を提供する例、観光農園や体験農園を併設する例がよく見られる。直売所と同じく1990年代後半より全国に設置されるようになった国土交通省（旧：建設省）主導による「道の駅」の普及も、こうした傾向を後押ししている。多角化を進めることにより、一般に短いといわれる直売所の滞在時間の増加や、中食・外食や観光事業も取り込むことによる地域農林水産物の高付加価値化が期待される。地産地消の視点からも、一次産品の販売にとどまらないトータルな地産地消の展開が期待できる。半面、過度に事業を集中することにより、地域の他の主体の事業機会損失や、移動の　極集中化による交通渋滞、観光のワンパターン化が生じるおそれもある。

第３に、共同直売所では、雇用された専従職員が販売業務を担うのが一般的であり、出荷者と顧客が直接対面する機会は極めて少ない。出荷者は朝の出荷時に産品を店頭に陳列した後は店内に滞在することはない。そのため、海外のFMやかつての伝統市における対面販売であれば把握できる顧客の評価を知ることが難しい。販売を職員に委託することにより、出荷者は販売の労務からは解放され、営農に先進できる。しかし生産者と消費者が近接しているために対面型のコミュニケーションをとりやすいことも、地産地消運動に期待されることの一つであろうが、現行の販売方式では、直売所の職員と顧客とのコミュニケーションは促進できるものの、出荷者との直接コミュニケーションは難しい。そのため、一部の出荷者は顧客のニーズを無視した出荷行動（例えば大量の残品をもたらす特定品目偏重の出荷、品質や労力を無視した価格設定等）をとり、直売所全体の品揃えを悪化させ、その評価を落とすことにつながりやすい。近年、一部の直売所にて、共同直売を行いながら休日等に店頭で個別ブースによる対面販売も行っている風景を目にする。これは出荷者とのコミュニケーションを希望する顧客への対応であり、また出荷者に対面型コミュニケーションを経験させることにより、顧客のニーズや店内の動向を把握させるための一種の研修活動でもある。

（2）ケーススタディにみる出荷者の特性

直売所の研究例は増えたが、店舗としての直売施設の運営管理、設置の社会的意義、利用する消費者の行動等についての研究が多い反面、共同直売所の品ぞろえを支えている多数の出荷者の属性や出荷行動については意外と解明されていない。そこで直売所の特徴を理解するためのケーススタディを行うにあたり、今回は出荷者の諸特性に注目してまとめることにする。

今回の対象直売所は、千葉県の最南端に位置する安房（南房総）地域で営業するX直売所である。X直売所は安房地域の中山間部、地域の道路交通の要所近くに1999年に設置された。調査時の出荷登録者数は377名、年間販売額は約２億円であった。中山間地帯にあるとはいえ、一定の交通量があり、顧客は地元客だけでなく、外部からの観光客も含む。以下では、2011年～12年に対面式で実施した出荷者調査（無作為抽出した94名の回答）[10)]にて収集したデータを使用し、出荷者の属性や出荷行動の特性を明らかにする。

表9-3に、回答出荷者の基本的属性と出荷行動に関係する基礎的指標の代表値（平均値、比率、中央値等）を整理した。出荷者の属性としてまず注目されるのは、平均年齢の高さである。X直売所の立地する南房総地域は高齢化の深刻な地域である。出荷者の大半は60代または70代であり、80歳以上の経常的出荷者も一定数存在する。一方、60歳未満の出荷者は少なく、新規参入も思うように進んでいない。調査時点で将来的な出荷者の減少、また高齢化に伴う出荷量の減少が危惧されていたが、実際、その後ある程度進行している。女性の出荷登録者は全体の3分の1ほどを占めている。登録者の性別と

表9-3　X直売所出荷者の諸属性と出荷関連指標

項目	単位	平均値または比率	標準偏差
【基本的属性】			
年齢	歳	68.7	11.6
女性の割合	%	33.0	—
学歴（教育年数）	年	11.7	1.9
兼業の有無	%	18.1	—
経営耕地面積	a	139.0	159.8
年間農業従事日数	日	204.3	106.3
年間農業関係販売額	万円	235.0	322.2
家の跡継ぎあり	%	60.6	—
【直売所への出荷】			
年間出荷品目数	品目	12.0	9.7
年間出荷日数	日	164.3	110.7
年間直売所販売額	万円	94.4	139.4
年間販売額の第１四分位	万円	10.0	—
年間販売額の中央値	万円	60.0	—
年間販売額の第３四分位	万円	150.0	—

資料：X直売所出荷者調査（2011-12年）データより作成

実際の出荷者の性別は必ずしも一致しないが、女性の出荷者が多いのは事実で、直売所が女性農業者の活躍の場として機能していることを示唆する。出荷登録者のうち兼業に従事する者は全体の2割に満たない。高齢化の影響もあるだろうが、X直売所では、出荷者自身は農業を主業ないし生活時間のかなりの割合を占める重要な「なりわい」として位置付けていることがわかる。また、経営耕地面積はX直売所の立地する自治体の平均とほぼ同じであったが、平均値に比べ標準偏差が極めて大きく、出荷者によりばらつきがあることがわかる。同様の傾向は農業関係販売額（農業産出額と農業関連の多角化活動による収入の合計：ただし推計値）においてもみられる。このことから、直売所の出荷者はきわめて多様性に富んでおり、様々な属性を備えた出荷者が参画していることがわかる。

直売所への出荷に関する諸指標を見ても、標準偏差が大きい傾向は属性に関する指標と同様であり、出荷行動、その成果においてもかなり多様性に富んでいると推測できる。年間出荷品目数の平均値は12であったが、その分布をみると（図表は省略）、回答者の56％は10品目以下にとどまっている一方、品目数の最大値は50であった。よく直売所の出荷傾向について「多品目少量出荷」と紹介されることが多い。しかし実際には、大半の農家はそれほど多品目化を進めていない一方、少数だが高度の多品目出荷を実践している出荷者も存在するのである。年間出荷日数の平均は160日強であった。X直売所は年末年始を除き無休で営業していることから、平均して１日おき程度の頻度で出荷を行っていることになる。ただし出荷日数についても標準偏差が大きい。

出荷者の年間販売額は平均で94万円ほどであるが、この標準偏差もかなり大きい。そこで販売額の中央値並びに第１・第３四分位数を確認すると、中央値は平均値を下回っており、第１四分位数は10万円である一方、第３四分位数は平均値を大きく上回る150万円であった。出荷者の年間販売額は極めてばらつきが大きく、かつ大半の出荷者は零細な出荷額である一方、少数ながら100万円を大きく上回る大規模出荷者も存在することがわかる。

そこで出荷者の多様性をより詳しく把握するため、年間出荷額の第１・第３四分位数と中央値を閾値として出荷者を４階層に区分し、各階層（出荷額の少ない方から順に「微量」「小規模」「中規模」「大規模」とした）の出荷者属性と出荷行動に関連する指標の平均値を比較したのが**表9-4**である。まず各階層の平均出荷額をみると、微量層は10万円に満たず、小・中規模層で

表9-4　出荷規模別階層間にみられる直売所出荷関連指標の違い

指標	単位	出荷規模別階層				
		微量	小規模	中規模	大規模	
年間直売所販売額	万円	7.1	34.4	73.2	259.6	***
【出荷者の属性・特性】						
年齢	歳	68.3	72.6	67.4	67.1	
年間農業従事日数	日	151.9	154.6	226.1	264.9	***
経営耕地面積	a	81.7	118.9	179.0	178.3	
年間農業関連販売額	万円	157.2	85.3	240.4	448.0	***
加入する農業関連組織数		3.7	4.4	4.5	4.4	*
従事する多角化活動の種類数		0.4	0.7	0.5	1.1	*
【出荷行動指標】						
年間出荷品目数	品目	7.3	13.5	13.9	13.6	*
年間出荷日数	日	73.4	145.2	180.7	254.2	***

資料：X直売所出荷者調査（2011－12年）データより分析
注：　***　1%　**　5%　*　10%水準で有意差あり（分散分析にて）

も100万円に達しない一方、大規模層は250万円を超えており、階層間に大きな出荷規模の違い、特に大規模層が傑出して販売額が大きいことがわかる。直売所の多様な品ぞろえは、大半の零細ないし小規模な出荷者と、一部の大規模出荷者の出荷行動の組み合わせにより形成されているのである。次に出荷者の属性を比較すると、年齢はほとんど差がみられない一方、農業従事日数と農業関連販売額では中・大規模層の平均値が大きく、経営規模が大きくかつ農業に従事する傾向の強い出荷者が結果として出荷額も多いことがわかる。また、出荷者が加入している農業関連の組織数や、直売所出荷も含めた農業関連多角化活動（観光農園、農家民宿、加工への従事等）の実践数では、直売所への出荷がわずかな出荷者が小さな値を示しており、一般的な営農以外の取り組みに消極的な姿勢が示唆される。一方、直売所への出荷に関する重要指標を比較すると、出荷品目数では微量層が他の階層に比べやや少ない傾向がみられる程度であるが、出荷日数では出荷額に呼応する形でその値が増加している。このことから、直売所への出荷額の多い出荷者は、一定の多品目栽培を導入しつつ、高頻度の出荷を継続することで成果を上げていることが示唆される。

4．まとめ：地産地消の今後

本章では、前半で日本の地産地消運動について、海外の実践とも比較しながらその概況を説明し、後半では代表的な取り組みとして農産物直売所を取り上げ、その普及過程と日本的な共同運営方式の特徴を明らかにした。さらにケーススタディにより、直売所出荷者の多様性と出荷行動にみられる特性を考察した。

このように、日本の地産地消運動は、その用語の普及とともに20年あまりにわたって多様な展開を遂げてきた。最後に現時点で認められる地産地消運動の成果・効果を３点ほど指摘したい。

第一に、直売所をはじめとするローカルな農産物・食品を販売する場が確保されたという経済的効果を指摘できる。生産者は地域住民に食材を供給することで販路の多角化を達成した。特に直売所の場合、零細規模の生産者や、組織的マーケティングが難しくなっている都市農業者にとっては、重要な販路となっている。また住民にとっても、ローカルな食材を確実に入手できる経路を確保できた。そしてローカル食材の価値が再認識され、対価も支払われれば、高付加価値化や埋もれていた農産物・食品の再評価にもつながる。

第二に、住民にとって、地産地消の様々な取り組みは地域の食生活や農業事情を振りかえるきっかけを与えている。給食への食材供給については、単なる流通・販売行為にとどまらず、地域の農業や食文化に関する情報を伝える行為も付帯的になされており、食（農）教育の実践につながっている。これらは地産地消がもたらした社会的効果といえよう。

第三に、地産地消の取り組みを通じて、地域の農産物や食品が地元で認知され愛食されているという事実が確たるものになれば、その食材を対外的に販売促進する場合にPR材料となる。地域外でもその食材が評価されれば、地産地消が間接的に地域食品の対外的なブランド化にも貢献することになる。これはマーケティング効果といえる。

その一方、近年の特に住民・消費者側の動向を踏まえると、今後も地産地消運動を定着させ拡大させるには、考慮すべき課題も存在する。ここでは２点ほど指摘したい。１点目は、ますます進む食の外部化への対応である。これまでの地産地消の取り組みでは、加工食品も対象に含まれるものの、どちらかというと素材である農林水産物を対象にするケースが多かったと思われる。しかし私たちの食生活は中食・外食への依存度を高めており、調理能力の乏しい住民や、多忙ゆえに調理する時間を極力節約する住民も増えている。こうした住民に地産地消の取り組みを理解し実践してもらうには、加工食品を取り上げる機会を増やしたり、中食・外食に携わる事業者と連携することが不可欠になるだろう。しかしノウハウを持つ食品製造業者や飲食店が地域に存在するとは限らない。また原材料としてどの程度地元産以外の食材の利用が認められるかが問われることになるだろう。もちろんメインの食材は地元産を利用することが望まれるが、副食材や調味料まで全て地元産で賄うのはかなり難しいと思われる。

２点目の課題は、地産地消の「地」、すなわち想定される地域の範囲を巡る問題である。日本の地産地消運動では、地方自治体の領域を地元と認識される範囲として想定するケースが多かった。しかしケースにより、都道府県／市町村／その他範域が便宜的に、また地域を語る側の都合により、やや勝手に使い分けられてきた感もある。加えて、都市部の住民ほど、生活の様々な場面において移動を経験している。日常生活の地理的範域は居住地にとどまらず、就業地・通学地にも及ぶ。さらに「わが地域」「地元」と認識される地域は、時に主観的にも形成される。例えば故郷やかつての居住地への思い入れの強い住民であれば、今居住している地域よりもかつての居住地のほうが主観的には「わが地域」として認識されるのではないか。総じて農業者や農村住民は現住地に強い愛着を持ち、その地域を「わが地域」と当然視して行動しやすいが、他の住民はそこまで強いこだわりを持っていないこともあることを踏まえて取り組みを進める必要がある[11)]。

注

１）事例が紹介されているページのURLは以下の通り。
https://www.maff.go.jp/j/shokusan/gizyutu/tisan_tisyo/t_yuryo/tisan.htm
２）農村部における女性集団ないし農村女性起業（個人も含む）による加工品開発については、地域社会計画センター編（1994）や澤野（2012）を参照。
３）学校給食の動向と地産地消との関係については、内藤・佐藤編（2010）を参照。
４）飲食店と農業生産者を組織的に仲介する取り組みの例としては、櫻井（2018）等を参照。
５）以下、本節で紹介する海外の取り組みの多くは、櫻井編（2011）に紹介されている。
６）椋田・櫻井（2019）を参照。
７）ERS-USDA（2020）を参照。カウントされているのはマネージャーが存在し、複数の出荷者が登録されているマーケットである。
８）CSAについては羽夛野・唐崎（2019）を参照。CSAはアメリカだけでなく、カナダや一部の欧州諸国でも展開している。日本でも少ないが実践例がある。

９）FPCの最新の動向については、立川（2021）に簡潔にまとめられている。
10）本調査は霜浦森平氏（現：高知大学）と筆者が共同で実施した。
11）ローカル／地元という地域への認識に観られる変動性や主観性について、櫻井（2021）（農業市場学会シンポジウム報告）にて試論を展開している。

引用文献

地域社会計画センター編（1994）『農村の女性起業家たち』家の光協会.
ERS-USDA（2020）National Farmers Market Managers, pp.1-29.
椋田瑛梨佳・櫻井清一（2019）「台湾におけるオーガニックファーマーズマーケットの社会的役割」『開発学研究』30（2），pp.77-82.
内藤重之・佐藤信編（2010）『学校給食における地産地消と食育効果』筑波書房.
櫻井清一編（2011）『直売型農業・農産物流通の国際比較』農林統計出版.
櫻井清一（2018）「地場野菜を地域の飲食店に届けるシステム」『野菜情報』170, pp.36-44.
櫻井清一（2021）「ローカル市場問題と食料・農産物市場」『農業市場研究』30（4），pp.38-46.
澤野久美（2012）『社会的企業をめざす農村女性たち』筑波書房.
立川雅司（2021）「参加型で地域の食生活をつくる」『農業と経済』87（4），pp.17-24.

（櫻井清一）

第10章

地産地消型学校給食と食材・食品流通

1．地産地消と学校給食

地場産物を使用した地産地消型の学校給食は、全国的に展開されている。地場という地域の範囲を学校が立地している市町村から都道府県までとしていることが多い。現在、文部科学省では、学校給食における地場産物の使用する割合を食品数ベースで30％以上、国産食材を使用する割合を80％にすることを目標にしている。

「令和２年度みんなの食育白書」(2021) に、地場産物を学校給食に活用し、食に関する指導教材として用いることにより、子供がより身近に、実感を持って地域の食や食文化等について理解を深め、食料の生産、流通に関わる人々に対する感謝の気持ちを抱くことができると、地産地消型学校給食の意義が示されている。

そこで本章では、地産地消型学校給食と食材・食品流通について北海道の学校給食を事例として明かにする。

2．学校給食における地産地消の推進動向

（1）地場産物活用推進に関する事業

学校給食における地場産物・国産等の活用推進は、農林水産省、文部科学

省が中心となり事業を展開している。近年の動向を見ると以下のような事業がある。

農林水産省では学校給食の食材として地場産農林水産物を安定的に生産・供給するモデル的な取り組みを支援するため2014年度から２か年で「日本の食魅力再発見･利用促進事業のうち学校給食地場食材利用拡大モデル事業(うち地域推進事業)」を公募し展開している。また、2014年度から2015年度、日本の食を広げるプロジェクトのうち「学校給食における地場食材の利用拡大」が実施された。この事業では、農林水産省が学校給食の食材として地場産農林水産物を安定的に生産・供給するモデル的な取り組みの支援を行い、文部科学省が学校給食での地場産農林水産物の利用に係る食育効果の検証等を行い、成果を普及するというスーパー食育スクール事業（2014から2016年度）と連携し、展開した。2021年度現在も内容を引き継いでいる事業として「食料産業・６次産業化交付金」で地域での食育の推進事業、「地域の食の絆強化推進運動事業」でシステム構築を支援するためのコーディネーター派遣の事業を実施し、学校給食の食材として地場産物を安定的に生産・供給する体制を構築するため、調査・検討、新しい献立・加工品の開発・導入などの取り組みへの支援を行っている。

文部科学省では、2016年度から「社会的課題に対応するための学校給食の活用事業」を実施し、学校給食において地場産物が一層活用されるよう、食品生産・加工・流通等における新たな手法等を開発するとともに、全国的な普及を図っている。また、2017年度から2020年度までの４か年、栄養教諭と養護教諭等が連携した家庭へのアプローチや体験活動を通した食に関する理解を深めることにより、効果的に子供の食に関する自己管理能力の育成を目指す「つながる食育推進事業」を実施した。2021年度からは「学校給食地場産物使用促進事業」を実施している。施策内容は、地場産物の活用を通して、さまざまな企画の地場産物を大量・効率的に調理したり、児童生徒に生産者や生産過程を理解させたりすることで、食べ物を大事にし、食品ロスの削減に資するとしている。

2020年度には、農林水産省でCOVID-19の影響により経営に打撃を受けた生産者への支援として「生産者国産農林水産物等販売促進緊急対策事業」が打ち出され、地場産物の使用を後押しした。2020年度は、事業主体が自治体であり実施期間は１年間であったが、2021年度は、事業主体が民間企業まで拡大し、実施期間が３ヶ月となった。

（2）地場産物の取り扱いの推進

学校給食は、主食（米飯、パン、麺）、おかず（主菜、副菜）、汁物、ミルクが揃ったものを完全給食、おかずおよびミルク等のものを補食給食と言い、実施されている。主食である米については、2000年３月に学校給食用米穀の値引き措置が廃止したことを契機として、全国的に地場産米の直接購入に移行してきた。パンについては、地場産小麦100％を使用しているところは２道県であり、2007年に北海道、2012年に山口県が取り組んでいる。2022年度からは滋賀県でも地場産小麦100％のパンに切り替えると公表している。他の自治体も地場産小麦や国産小麦を一部使用したり、地場産の米粉を使用したパン開発したりとそれぞれ取り組んでいる。麺については、小麦を使用した郷土料理がある地域でとくに地場産小麦の使用がみられる。愛知県のきしめんや群馬県のおっきりこみ、福岡県のうどんなどがその例である。他にもソフト麺を地場産小麦100％使用している茨城県の取り組みなどもある。

表10-1は、学校給食における地場産食材数の割合を示したものである。この10年の全国平均をみると、最低平均値が2010年度の25.0％、最高平均値が2015年度の26.9％であり、約２ポイントの開きであった。北海道について、

表 10-1　学校給食における地場産食材数の割合

（単位：％）

年度	2009	2010	2011	2012	2013	2014	2015	2016	2017	2018	2019
全国平均	26.1	25.0	25.7	25.1	25.8	26.9	26.9	25.8	26.4	26.0	26.0
北海道	39.3	39.1	41.3	44.7	43.5		42.5		45.1		43.1

資料：文部科学省「学校給食栄養報告　調査結果の概要」各年次より作成

注：１）地場産とは都道府県内産を示している。

２）学校給食に使用した食品のうち、地場産食材の使用率である。

３）北海道では2013年以降隔年での集計となっている。

地場産食材数割合の推移を見ると、2010年の39.1％以降、40％を超えていることがわかる。

3．学校給食における地場産青果物の供給

学校給食の調理場には、自校方式、親子方式、共同調理場（センター）方式がある。このうち自校方式では、学校に調理場が併設されおり、その学校の給食を調理し提供している。親子方式は、調理施設を持つ自校方式の学校（親学校）が調理施設を持たない学校（子学校）の調理も行う。そして、共同調理場（センター）方式は、同じ市町村内にある複数の主に小中学校用の給食を調理し提供している。

ここでは、北海道札幌市の学校給食会が取り組んでいる青果物の供給体制の中で、地場産青果物の供給を中心に取り上げる。

（1）札幌市学校給食会における青果物供給体制

札幌市は、地産地消の取り組みを進めており、学校給食でも可能な限り北海道産の食品を使用している。札幌市の学校給食に使用している食品は、(公財）札幌市学校給食会と（公財）北海道学校給食会等を通して購入している。札幌市では、市立小中学校と特別支援学校で完全給食を実施しており、実施形態は自校方式と親子方式である。札幌市の学校給食では一部の地域で区内産の青果物を学校給食で使用する取り組みが見られるが、全市共通で供給している札幌市学校給食会が行うクリーン青果物等産地指定青果物[1)]の地場産（北海道内産）青果物の取り組みがある。

札幌市学校給食会は学校給食用物資調達・供給業務を担っている。購入方法は、学校給食会が給食実施校の校長に代わり、契約を締結し、市内すべての学校にその契約単価で供給できる共同購入方式を採用している。青果物調達については、主に２つの方法がある。一つは見積合わせを行う一般品（地場産以外も含む)、もう一つが札幌市学校給食会と卸売業者、農協・産地の

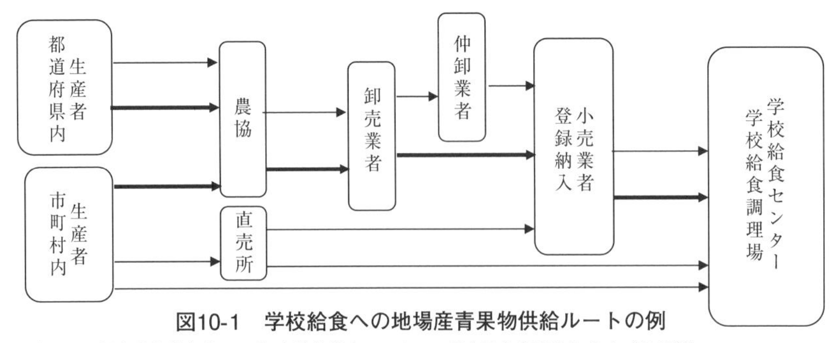

図10-1　学校給食への地場産青果物供給ルートの例

資料：札幌市学校給食会、A県a市学校給食センターの聞き取り調査より作成（2019年）
注：太線は札幌市学校給食会におけるクリーン青果物等産地指定青果物の供給ルートを示している。

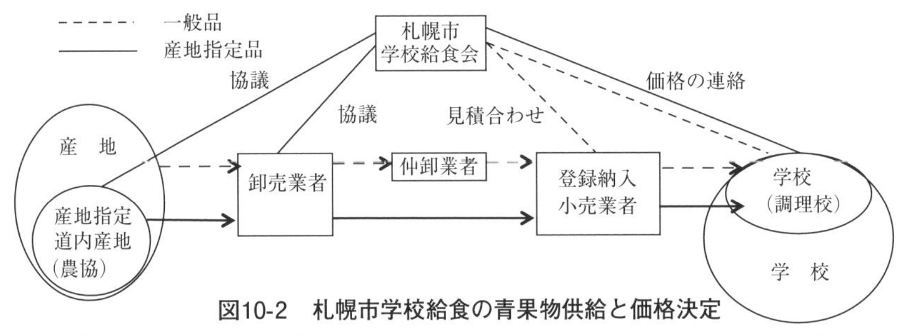

図10-2　札幌市学校給食の青果物供給と価格決定

資料：北海道農政部食品政策課「道内の学校給食における地場産物活用の状況について」札幌市の学校給食食材の調達の流れ（青果物）をもとに作成

３者協議で価格決定するクリーン青果物等産地指定青果物である。クリーン青果物等産地指定青果物を給食へ利用することは、1994年に開始された。開始当初は、札幌市学校給食会と産地の農協との間で口頭契約をし、学校へ対しての品目、価格等の通知のみを行なっていた。その後、2003年からは、協定を締結している。協定は、札幌市学校給食会、農協、クリーン青果物等産地指定青果物の供給を担う卸売業者の３者を範囲としている。

図10-1に示したのは、学校給食への地場産青果物の供給ルートである。このうち、太線がクリーン青果物等産地指定青果物の供給ルートである。見積合わせをして供給する一般品についても登録納入小売業者が仲卸業者から調達するため、地場産青果物が供給される場合があるが、市場流通している青果物が調達範囲であるため、必ず地場産であるということではない。

図10-2では、札幌市学校給食会の青果物供給と価格決定のあり方について示した。一般品の価格決定については、青果物登録納入業者の中の代表が毎週火曜日に品目ごとの見積合わせを行い、代表者が提示したそれぞれの品目の中での最低見積価格が翌週の購入価格となる。これに対し、クリーン青果物等産地指定青果物の価格決定は、供給期間の前に協議を行っている。

（2）流通を担う登録納入小売業者と卸売業者の対応

登録納入小売業者[2)]とは、給食物資の納入を行う業者である。札幌市学校給食会ではこれらについて登録制度を設けており、３年ごとの本登録、追加登録は毎年行なっている。青果物の登録納入小売業者は、2021年度では31業者となっている。登録納入小売業者は、調理校からの各学校で作成した献立に応じた食材料を受注する。登録納入小売業者は複数の学校を担当している。学校や担当する栄養教諭等により、発注タイミングは、前月の20日前後に翌月分を発注、２週間前に発注、前週に翌週分を発注の３パターンである。このタイミングで発注された品目と数量を登録納入小売業者は、集約する。一般品であれば、納入日に卸売市場に買い付けに行くことになるが、クリーン青果物等産地指定青果物の場合は事前に卸売業者に注文し、調理するその日毎に納品している。

卸売業者は、クリーン青果物等産地指定青果物を登録納入小売業者から受注したその日に集約し、供給期間が該当している産地に品目ごとに発注を行う。卸売市場での産地指定青果物の取り扱い日は、基本的に週３日（火曜・木曜・土曜）となっている。ただし、冷蔵庫に入れて鮮度が保たれる品目は週３日だが、葉菜類は毎日の取り扱いとなっている。供給予定期間は、事前に決めているが、産地による天候や作況等により、予定通りに進まないこともある。収穫時期が予定供給期間より早い場合や、予定供給期間より早く終了する場合もある。卸売業者は、産地と連絡を取り合いながら、次に控えている産地がある場合には、供給時期を少し早めたりすることが可能かどうかなどの調整を行っている。

(3) 札幌市学校給食会のクリーン青果物等産地指定青果物の産地・品目の展開

供給を開始するにあたり、札幌市学校給食会は、産地の視察を行い学校給食に適した品質かどうか判断し、供給量や供給期間について検討を重ね、クリアした品目がクリーン青果物等産地指定青果物として学校給食の登録物資となる。

最初のクリーン青果物等産地指定青果物は、1994年に供給開始となったJAふらの産のエコフードと特別栽培の玉ねぎである。**表10-2**は、2021年度のクリーン青果物等産地指定青果物の供給予定品目を示したものである。1994年に供給を開始してから、品目数、産地は増加、拡大してきた。同じ品目でも複数の産地が指定産地となっていることで、地場産青果物として十分な供給期間を確保することを可能にしている。また、品目・産地が同じだが、品種や栽培方法、保管方法が異なるために、供給期間を延長することができている。2021年度では取り扱い予定品目は23品目、産地は北海道内の18農協等からの供給となっていた。

4．地場産原料を使用した加工食品の流通

(1) 学校給食で取り扱われる加工食品の特徴

学校給食において地産地消を促進するには、地場産率の観点からも生鮮品のみの使用だけでなく、地場産原料を使用した加工食品も使用されることが期待される。

とくに、加工食品の購入については、学校や給食センターが単独で独自購入することはほとんどなく、食中毒や食品の事故を防ぐなどの目的から、学校給食で取り扱うことのできる基準を満たした、学校給食会が登録している食品を購入する場合が多い。

多くの場合、都道府県ごとに設置された学校給食会で加工食品を扱っているが、札幌市では、市の学校給食会でも独自に加工食品の取り扱いがあり、

表10-2　2021年度札幌市学校給食会におけるクリーン青果物等産地指定青果物の供給予定品目

供給開始年	品目	産地	品種・栽培方法・保管方法など
1994	玉ねぎ	JAふらの	エコフード
			特別栽培
1997	玉ねぎ	JAさっぽろ	札幌黄
			札幌産　12月中旬から12月末
1998	ばれいしょ	JAふらの	特別栽培他
	にんじん		特別栽培他
2000	にんじん	JA新はこだて（七飯産）	イエス・クリーン
2001	だいこん	JA新はこだて（七飯産）	イエス・クリーン
	こまつな	JAさっぽろ	札幌産　12月中旬から12月末
2002	ばれいしょ	JAとうや湖	イエス・クリーン他
	にんじん	JAようてい	イエス・クリーン他
2005	ばれいしょ	JAとうや湖	イエス・クリーン他　（雪蔵貯蔵）
2007	レタス	JAさっぽろ	フードリサイクル
2008	にんじん	JAとうや湖	イエス・クリーン他
	玉ねぎ	JAふらの	エコフード他（CA貯蔵）
		JAさっぽろ	フードリサイクル（さつおう）
2009	長ねぎ	JAなんぽろ	イエス・クリーン他
	とうもろこし	JAさっぽろ	フードリサイクル
	だいこん	JAとうや湖	イエス・クリーン
	きゅうり	JA新すながわ	イエス・クリーン他
	キャベツ	JA伊達市	イエス・クリーン他
2010	かぼちゃ	JA北いしかり	当別・厚田産
2011	にんにく	JA十勝清水町	十勝産
	キャベツ	JAなんぽろ	イエス・クリーン
2012	ばれいしょ	JAようてい	ようてい地区産
2013	キャベツ	JAとうや湖	とうや産
2014	ばれいしょ	JAきたみらい	スノーマーチ
	はくさい	JA道央	江別産
2015	ミニトマト	JA当麻	当麻産
	ピーマン	JAにいかっぷ	エコファーマー
	にら	JA新はこだて	しりうちにら北の華
2016	玉ねぎ	JAさっぽろ	札幌産 11月から12月上旬
	だいこん	JA道央	恵庭産
2017	ブロッコリー	JAとうや湖	とうや産
	プルーン	JA新おたる	仁木産
	グリーンアスパラ	JAびえい	美瑛産
	かぼちゃ	JA道央	恵庭産
2018	キャベツ	JA道央	江別産
2019	りんご	JAよいち	余市産（早生ふじ）
	ミニトマト・アイコ	JA新おたる	仁木産
	ばれいしょ	ホクレン	北海道産（よくねたいも）
	切り干し大根	JAめむろ	芽室産
	かぼちゃ	JAさっぽろ	札幌産
		ホクレン	北海道産（りょうおもい）
2020	りんご	JAよいち	余市産（つがる）
	とうもろこし	JA道央	江別産
	ごぼう	JAさっぽろ	札幌白ごぼう
2021	にんじん	ホクレン	北海道産

資料：札幌市学校給食会ホームページより作成

地場産原料を使用した食品に力を入れている。

表10-3は、北海道学校給食会と札幌市学校給食会の登録加工食品と加工食品の製造業者数を示したものである。北海道学校給食会の加工食品は、①全学栄商品、②開発商品、③競争入札商品と３つに大別できる。このうち全学栄商品とは、以下の２種類の食品の総称である。一つは公益財団法人学校給食研究改善協会が全国の学校栄養職員から広くアイデアを募集・選定し、栄養的にバランスが取れて、味の良い優良商品として製品化された全学栄製品であり、もう一つは全学栄および協力メーカーの開発製品において、全学栄理事会の指摘を容れて完成した全学栄すいせん製品である。全学栄商品は

表 10-3　北海道・札幌市学校給食会の登録加工食品と製造業者数（2009・2013・2017 年度）

	登録区分	2009 年度		2013 年度		2017 年度	
		商品数	製造業者数	商品数	製造業者数	商品数	製造業者数
北海道学校給食会	全学栄商品	24	12	38	17	45	15
	全学栄製品	(7)	(4)	(5)	(4)	(10)	(5)
	全学栄すいせん製品	(15)	(10)	(26)	(16)	(23)	(9)
	全学栄すいせん製品候補	(2)	(2)	(3)	(3)	(3)	(3)
	全学栄すいせん製品の代替品			(4)	(3)	(4)	(4)
	開発商品	26	12	35	11	32	12
	北海道学校給食会開発商品	(21)	(8)	(24)	(8)	(17)	(7)
	開発委員会推奨商品	(1)	(1)	(1)	(1)	(6)	(3)
	北の海の恵み食育推進委員会開発商品	(4)	(4)	(4)	(1)	(4)	(1)
	文科省委託事業開発商品	–	–	(6)	(2)	(5)	(2)
	競争入札商品	103	43	139	39	157	40
	計	153		212	67	234	67
札幌市学校給食会	随意契約商品（開発商品）	4	2	9	5	10	7
	競争入札商品	21		58	43	63	45
	計	25		67	48	73	52
総計		178		279	115	307	119
実数総計					108		115

資料：札幌市学校給食会供給価格表（2009 年７月－12 月、2013 年４月－８月、2017 年４月－８月）、北海道学校給食会学校給食用物資価格表 2009 年度第２学期、2013 年度第２学期、2017 年度第２学期）より作成

注：１）北海道学校給食会・札幌市学校給食会の登録商品であり、青果原料を使用した加工・冷凍食品数である。

２）札幌市学校給食会と北海道学校給食会の両者に食品製造している加工業者は 2013 年度７社、2017 年度は４社あり実数総計で 2013 年度 108 社、2017 年度 115 社である。

３）2009 年札幌市学校給食会における競争入札商品製造業者数の資料はない。

４）表中の（製造工場数）は各登録区分の内訳であり、重複がある。

いずれも全都道府県の学校給食会で物資登録され、特定の納入業者を通して販売される。開発商品とは、北海道学校給食会の物資開発委員会において全道の学校栄養士の代表者らと開発した商品のことである。これは学校給食向けとして、原料産地や不足しがちな栄養素のバランスを考えた加工食品である。また競争入札商品とは、学校給食会が品目名のみ提示し、競争入札を行う商品のことである。

（2）加工食品製造業者における学校給食向けの商品販売

表10-4は、北海道学校給食会、札幌市学校給食会の登録商品を製造している4社の概要と販売先割合である。Ma・Mb両社は、主に調理済加工食品を、Mc・Md両社は素材系加工食品をそれぞれ製造している。全学栄商品と開発商品については、各製造業者が学校給食に販売していると明確に把握できている。これに対して、競争入札商品の場合は、学校給食会との介在している納入業者による入札の結果を製造業者が把握している場合としていない場合がある。そのため**表10-4**で示した販売割合は製造業者が把握している範囲に限られる。販売先としては調理済加工食品製造業者、素材系加工食品

表10-4　加工食品製造業者の概要と販売先割合（2016年度実績）

	創業（年）	本社（所在地）	工場数（北海道内）	製造商品内容	売上（億円）	学校給食開始（年）	販売割合（%）		
							学校給食向け	その他業務用	市販
Ma社	1966	東京都	3 （1）	・調理済冷凍食品 ・農産加工品 （1品目）	8,732	2000	2	33	65
Mb社	1948	山形県	12 （0）	・調理済冷凍食品 ・レトルト食品 ・日配食品・缶詰 ・チルド食品	535	1968	13	87	0
Mc社	1948	北海道	3 （3）	・農産缶詰 ・冷凍野菜 ・レトルト食品	24	1980	15	45	40
Md社	1990	北海道	1 （1）	・冷凍野菜	2	1993	60	40	0

資料：聞き取り調査と各社HPより作成（2012年6月～10月、2013年8月、2014年8月、2017年4月～10月）
注：1）その他業務用は、産業給食、ホテル、病院・施設給食、外食などである。
　2）販売割合は、製造業者が把握している限りのものである。
　3）A社の販売割合については学校給食向け商品を製造している北海道内の1工場についてのみのデータである。
　4）B社の販売割合は2013年度の実績である。

製造業者どちらの場合も学校給食を含めた業務用向けに特化している製造業者（Mb・Md社）と、市販向けにも対応している製造業者（Ma・Mc社）があった。

次に、製造業者の学校給食向け加工食品の販売契約内容についてである（**表10-5**）。学校給食の専用商品として製造販売しているのはMa社の全学栄商品（調理済加工食品と素材系加工食品）と、Mb社の開発商品（調理済加工食品）であり、このうち全学栄商品は受注生産であり、開発商品は、全量買取となっている。それ以外のMa・Mb両社の競争入札商品（調理済加工食品）、Mc・Md両社の商品（素材系加工食品）は、学校給食専用の商品ではなく業務用として汎用性がある商品であるため、販売先の変更ができる。販売期間は、主に調理済加工食品を製造しているMa・Mb両社の場合、契約締結時から継続しており、素材系加工食品製造業者であるMc・Md両社の場合、販売期間は年度更新となっている。全学栄商品・開発商品を納入業者へ販売する場合、販売価格は両者で協議し決定している。しかし、開発商品であっても問屋を経由し、販売する場合や競争入札商品の場合は、製造業者の設定した価格で販売している。販売数量については、調理済加工食品の場合、全量買取である開発商品を除き、毎月末にならないと決まらないが、素材系加工食品の場合は販売先が決まれば年間・学期間の販売数量も確定する。

（３）加工食品製造業者における学校給食向け原料調達の特徴

表10-6の学校給食向け加工食品の主な原料青果物等の調達内容で購入形態を示している。調理済加工食品製造業者（Ma社・Mb社）は、原料のほとんどを素材系加工食品製造業者が製造した下処理済または１次加工済のものを購入しており、原料確保が難しい品目に関して数量を契約で購入しているほかは随時発注している。原料価格は年に２～４回ほど変動している。全学栄商品の場合、国内産原料を使用することとなっているため、北海道内産原料が作況等により使用できない場合は国内他産地への変更が可能となっている。開発商品は原料産地指定のものが多いため、原料確保が難しいかぼちゃ

表10-5　製造業者の学校給食向け加工食品の登録アイテム数と販売契約内容

登録区分			登録アイテム数				販売期間	納入業者への販売価格決定方法	販売数量の確定
			2013年度		2017年度				
			北海道学校給食会	札幌市学校給食会	北海道学校給食会	札幌市学校給食会			
調理済加工食品製造業者	Ma社	全学栄商品	7	—	9	—	取引契約の締結時から継続	全国栄養士協議会（納入業者が代行）と協議	月末に翌月分の数量が決定
		競争入札商品	1	—	0	—	取引契約の締結時から継続	自社設定価格	月末に翌月分の数量が決定
	Mb社	開発商品	12	—	7	—	取引契約の締結時から継続	納入業者、学校給食会・栄養士との協議	全量買取
		競争入札商品	0	4	0	4	取引契約の締結時から継続	自社設定価格	月末に翌月分の数量が決定
素材系加工食品製造業者	Mc社	開発商品	0	0	0	1	年度更新	自社設定価格	年始に販売先予定数量決定
		競争入札商品	4	0	0	0	年度更新	自社設定価格	落札時に年間・学期間の販売数量が決定
	Md社	開発商品	0	4	0	4	年度更新	納入業者と協議[1]	相対で年間販売数量が決定
		競争入札商品	0	0	0	0	年度更新	自社設定価格	相対で年間販売数量が決定

資料：聞取り調査（2014年8月、2017年4月～10月調査実施）、札幌市学校給食会「供給価格表」2013年度、2017年度4月～8月、北海道学校給食会2013年度「学校給食用物資登録」、2017年度第2学期「学校給食用物資価格表」より作成

注：1）Md社開発商品は電気料金が変化した場合，保管料について販売先の納入業者，学校給食会と3者で協議する。
2）Md社の競争入札商品の販売契約内容については、都府県の取引についての場合である。
3）Ma社の北海道学校給食会向けの競争入札商品は2017年度はなくなっているが、都府県向けがあるため記述している。
4）全学栄商品は都道府県の学校給食会の登録商品となっているため、市町村の学校給食会での登録がない。
5）札幌市学校給食会では、調理済み加工食品の開発商品は取り扱いがない。

については、年間の数量契約を行い、調達している。一方、素材系加工食品製造業者（Mc社・Md社）は、工場立地周辺産地との面積契約による原料の購入を基本とし、それ以外の産地からは年間数量契約によって調達している。面積契約の品目については年間固定価格である。数量契約の品目については価格が変動することがある。変動する理由としては、市況の影響もあるが、購入量と運搬費用によるものが大きい。

表10-6は、2016年と2017年の調査によるものだが、Mc社では、2019年こまつなの在庫がまだあるということで、生産が行われなかった。Md社によ

表 10-6　学校給食向け加工食品の主な原料青果物等の調達内容

		品目	購入形態	道内産比率％	調達先	契約状況	価格の決定時期	価格固定期間	数量の決定時期
調理済加工食品製造業者	Ma 社	かぼちゃ	冷凍ダイスカット	100	問屋		取引開始時	不定期	随時
		にんじん	冷凍千切り ダイスカット	80	問屋		取引開始時	不定期	随時
		たまねぎ	天地カット皮むき	70	問屋		取引開始時	不定期	随時
		じゃがいも	冷凍ダイスカット	10	加工業者		取引開始時	不定期	随時
		白花豆	乾燥	100	農協		取引開始時	不定期	随時
	Mb 社	にんじん	冷凍ダイスカット	100	加工業者（青果仲卸）		取引開始時	不定期	随時
		じゃがいも	冷凍ダイスカットチルド	100	問屋		取引開始時	不定期	随時
		スイートコーン	缶詰	100	加工業者		取引開始時	不定期	随時
		かぼちゃ	冷凍ダイス	90	加工業者	年間数量契約	取引開始時	不定期	随時
			冷凍ペースト		加工業者	年間数量契約	取引開始時	不定期	随時
		たまねぎ	天地カット皮むき	60	加工業者２社		取引開始時	不定期	随時
素材系加工食品製造業者	Mc 社	スイートコーン[3]	青果	100	工場所在地の農協	面積契約	1～2月	1作	営農計画の提出前
		かぼちゃ	青果	100	工場所在地の農協	面積契約	1～2月	1作	営農計画の提出前
			青果		農協	面積契約	2月	1作	12月～2月
		ホワイトアスパラ	青果	100	工場所在地の農協	面積契約	1～2月	1作	営農計画の提出前
		グリーンアスパラ	青果	100	工場所在地の農協	数量契約	3～4月	不定期	3月
		じゃがいも（規格外品）	青果	100	工場所在地の農協		2月	1作	随時
		はうれんそう	青果	100	問屋	数量契約	3～4月	不定期	3月
		小松菜	青果	100	問屋	数量契約	3～4月	不定期	3月
		ふき	青果	100	生産者	数量契約	2月	1作	3月
		ブロッコリー	青果	100	商社系農場	余剰分購入	3～4月	不定期	
		大豆	乾燥	100	問屋	数量契約	相場	不定期	3月
		グリーンピース	冷凍	100	加工業者	数量契約	2月	1作	3月
	Md 社	チンゲン菜	青果	100	工場所在地の農協	面積契約	播種前	1作	2月
		ほうれんそう	青果	100	農協	面積契約	播種前	1作	2月
			青果		問屋	年間数量契約	3月	不定期	随時
		こまつな	青果	100	工場所在地の農協	面積契約	播種前	1作	2月
		いんげん豆	青果（YES! Clean）	100	工場所在地の農協	面積契約	播種前	1作	2月
		枝豆	青果（YES! Clean）	100	工場所在地の農協	面積契約	播種前	1作	2月
		かぼちゃ	青果	100	工場所在地の農協	面積契約	播種前	1作	2月

資料：2015 年度実績について聞取り調査より作成（2016 年 5 月～12 月、2017 年 4 月～10 月調査実施）
注：1）Ma 社については北海道内の 1 工場のみの実績である。
　　2）Mb 社のにんじん、じゃがいもは冷凍の他に北海道外産の原料青果物もある。
　　3）Mc 社のスイートコーンは加工用品種である。
　　4）問屋は、農産物あるいは加工食品を仕入れ、最終消費者以外に販売する業者である。

るいんげん豆と枝豆は、工場所在地周辺では、2021年現在、生産が終了している。豪雨や勢力を弱めずに北上する台風などの異常気象や種子終売により品種の変更を余儀なくされたが、収益性が悪いことから、その土地に適した後継品種を検討することはなかった。

5．地産地消型学校給食の課題

地産地消型学校給食に対する支援事業は、名称を変えながら継続して行われている。前述の通り、2020年度から新たに実施された「生産者国産農林水産物等販売促進緊急対策事業」は、自治体のみが事業主体となり申請を行ったが、2021年度は、事業主体が民間企業も可能になった。一見すると柔軟な対応となったように見えるが、必ずしもそうとは言えない。2020年度は自治体が事業主体だったことで、北海道では北海道学校給食会へ応援・協力を仰ぎ、学校給食会が持つ物流網を使い加工食品を学校に供給できた。とくに加工食品の流通は、学校給食会によって安全・安心を担保されるのであり、制度変更で民間企業からの申請が通り、補助金・交付金により物資が無償で学校に供給される商品となったとしても、安全・安心の確保という観点から、本当に需要があるのかという心配も生じる。そして実施期間が１年から３か月へと大幅に短縮された。加工食品については、３か月では、供給までのリードタイムがあまりに短すぎる。これらを踏まえれば、制度変更は申請側にとってより厳しい条件ともなったと言える。支援事業は継続して行われているものの、学校給食における地場産食材数の割合についてこの10年の全国平均は、大きな変化はみられなかった。北海道においては3.8ポイントの増という結果であり、地場産物活用の取り組みがあったことがわかる。これは、北海道全体に供給される加工食品の取り組みはもちろんであるが、各市町村で行なっている取り組みの成果であると言える。札幌市学校給食会のクリーン青果物等産地指定青果物の取り扱いでは、地場産青果物供給の仕組みが構築されており、地産地消型学校給食の推進が図られていた。今後も新たな品

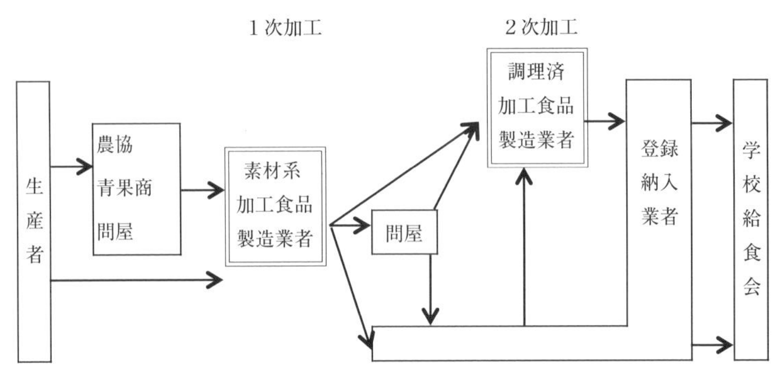

図10-3　学校給食向け加工食品製造業者の位置

資料：聞取り調査より作成

目の登録や産地の拡大も期待するところであるが、学校給食の献立に多く登場する品目はもう既に取り組みが開始していると考えると、産地にとっても利益が上げられるような品目の拡大余地があるかという課題がある。北海道という地域にとっては、冬場の地場産青果物の供給が課題であったが、近年、貯蔵や鮮度保持について、新たな技術開発が見られることから、供給期間の延長への期待の方が大きいかもしれない。

図10-3に示したように加工食品製造業者が位置づけられる。地場産原料を使用した加工食品は、素材系加工食品の製造が行われないことには、調理済加工食品への製造には至らないため、素材系加工食品の製造が鍵になる。しかし、工場所在地周辺での原料生産が難しい状況や、在庫のだぶつきより原料生産が一度中止になる状況は、地産地消型学校給食の継続について弱点となり得る。

6．地産地消型学校給食の展望

地産地消型学校給食と食材・食品流通は、国や自治体による継続した事業の働きかけにより、生産者、産地、農協、卸売業者、納入業者、学校給食会、自治体等の関係機関がネットワークを構築し、進んできたと言える。

しかし、今日では、少子化にともなう児童・生徒の減少に伴い、自治体が学校給食施設を維持することが難しくなってきている。近隣自治体と共同運営したり、地元の高校も巻き込んで学校給食の食数確保をするという動きや、プロポーザル方式にして地元企業に協力を仰いだりと昨今変化が見られる。このような変化のタイミングを契機として、地場産物を使用した食材・食品の活用を念頭においた新たな施設・設備について検討することも地産地消型学校給食の維持または取組を進めていく上で重要である。

注

1）札幌市学校給食会では、より安全で安心できる青果物を提供するため、農薬の回数をできるだけ少なくし、化学肥料の使用料を削減して作られたクリーン青果物の供給に努めている。この中には、YES! Clean（イエス・クリーン）北の農産物表示制度、さっぽろとれたてっこ、JAとうや湖の雪蔵、JAふらののエコフード、フードリサイクルの品目がある。

2）札幌市学校給食会では、登録納入業者という名称である。

参考文献

農林水産省（2021）「令和２年度　みんなの食育白書」. https://www.maff.go.jp/j/syokuiku/wpaper/attach/pdf/r2_index-23.pdf（2021年８月30日参照）.

北海道農政部食品政策課（2015）「道内の学校給食における地場産物活用の状況について」北海道農政部.

山際睦子（2017）「大都市学校給食における青果物調達方式の展開論理」北海道大学大学院農学院博士論文.

脇谷祐子（2019）「学校給食向け地場産加工食品供給の不安定性とその要因に関する研究」北海道大学大学院農学院博士論文.

脇谷祐子（2020）「地場産青果物の安定供給に向けた課題」『農業と経済』2020年９月号，昭和堂，pp.33-41.

脇谷祐子（2021）「北海道・札幌市学校給食における地場産原料を使用した加工食品流通」『六次産業化・農商工連携の展開と農畜産物・食料市場のニューウェーブに関する研究報告書』一般社団法人北海道地域農業研究所，pp.90-99.

脇谷祐子（2021）「学校給食における地産地消推進と地場産物の供給体制」『農家の友』2021年９月号，公益財団法人北海道農業改良普及協会，pp.90-92.

（脇谷祐子）

第11章

インターネットを利用した農産物流通

1．問題の背景と課題の設定

インターネットを介したモノ・サービスの取引（eコマース）において、場所・時間の制約なくあらゆる商品の購入が可能となった。中でも消費者向けeコマース事業を主軸に、無店舗販売事業を行う企業（eコマース企業）は、幅広い商品を揃え、全国の個々の消費者の希望に応じた注文に対応し、著しい発展を遂げた。2010年代後半に国内外において、eコマース企業主導による有機食品小売業者の相次ぐ統合が起こり、これらの企業に商品を供給する主体への影響が考えられる。

これまでインターネットは、空間的・時間的制約を除去する性質から、青果物を例にすると、**図11-1**で示す通り、中間業者が多数介在するという流通多段階化とは異なり、理論上、中間業者を排除する可能性が考えられてきた[1)]。また生産者の顔やメッセージなどの豊富な情報は、消費者にとって心理的な距離を短縮すると考える。しかし、農産物は全国各地で季節生産され、一般的に貯蔵性に乏しい性質を持つ。中でも青果物、とくに野菜は、自然条件により生産量が大きく変動するが、必需品としての性質から年間を通した継続的な供給が求められる商品である。青果物は卸売市場を経由する多段階流通が一般的で、有機・特別栽培青果物のスーパーや生協等との大規模取引においても、栽培方法や味、伝統品種など特色ある品目を専門的に取り

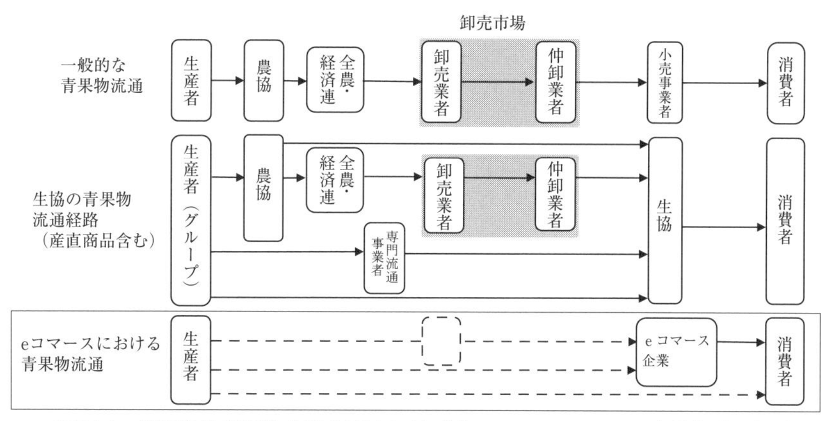

図11-1　青果物流通経路と既存研究に基づくeコマースにおける青果物流通経路

資料：著者作成。
注：矢印は商流を表す。

扱う流通事業者（専門流通事業者）が介在することがわかっている（斎藤・張・西山 2003，金沢・佐藤・納口2005など）。24時間365日全国から注文が可能で、日時指定も可能なeコマース向けに年間を通し継続的に供給するにあたり、中間流通を担ってきたこれらの組織が重要な役割を果たしていると考えられる。

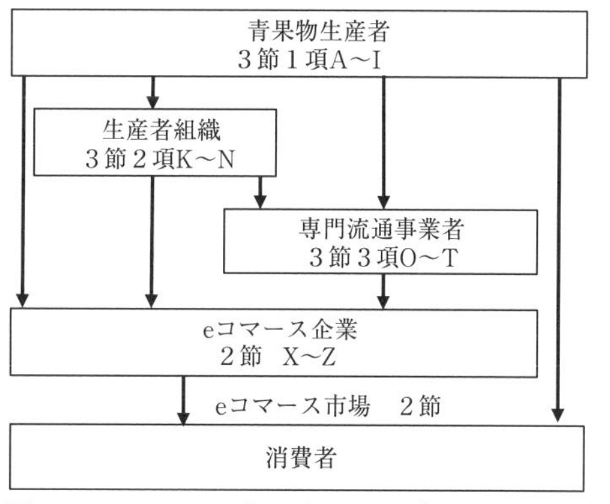

図11-2　eコマース向け青果物サプライチェーンにおける供給主体の位置

資料：著者作成。
注：実線矢印は商流である。

本章ではインターネットを利用した農産物流通における中間流通の存立根拠を明らかにすることを課題とする。分析対象は青果物流通に関わる主体で、**図11-2**で示すような青果物取引の連鎖、すなわちサプライチェーンが生じているものと仮定する。課題を明らかにするため、まずeコマース市場の概況を把握し、国内の大手eコマース企業における青果物の調達先を推定する。次にeコマース向け青果物サプライチェーンに関与する主体別に流通チャネル分析を行い、機能と役割を明らかにする。そしてサプライチェーンにおける取引を通じた調整（垂直的調整）を明らかにする。最後に結論と考察を述べる。

2．国内eコマース市場の概要と大手eコマース企業による青果物調達先の推定

（1）国内eコマース市場の概要

経済産業省（2021）によると、国内のeコマース市場は2020年にて約19兆円、食品の取扱いも緩やかに拡大傾向にある。ジェトロ（2017）によると、国内のeコマース市場全体のシェアはX社、Y社等上位３社で全体の５割弱を占めている。食品部門は、2010年代後半にeコマース企業Z社が有機宅配企業を統合したことで、店舗の商品を配送するネットスーパー事業を展開する大手スーパー２社を上回り最大手となった（ネット販売2018，通販新聞2019）。前述のX社・Y社は調査対象外となっているが、いずれも食品を扱っており、取扱規模は相当大きいと推測される。

（2）大手eコマース企業における青果物調達先の推定

2019年７月に、大手eコマース企業３社の青果物取扱品目数を比較したところ、X社は約１万６千点、Y社は約５万４千点、Z社は約500点であった。店舗の商品を近隣の会員に配送する、ネットスーパー上位２社が約90～140点であるのに対し品目数は大きく、とくにX社およびY社が取り扱う品目数は非常に大きい。同期間中に、eコマース企業が取り扱う青果物全体に占める有機栽培や特別栽培など、慣行栽培とは異なる生産方法により生産されたことが明記された青果物（非慣行栽培青果物）の割合を計測したところ、店舗の商品を近隣の会員に出荷するネットスーパーが約１割程度であるのに対し、eコマース企業は２割～10割と非慣行栽培青果物の割合が高いことを確認した。また品目の出品元の計測および著者の2014年の聞き取り調査より、大手eコマース企業の生産者からの直接仕入割合は各社とも概ね５％前後で

あることを確認した。よって生産者とeコマース企業の間には、何らかの中間流通主体が主に介在することが推定される。

3．eコマースチャネルを有する生産・流通主体の機能と役割

（1）青果物生産者におけるeコマースチャネルの性質とその変化

1）eコマースを利用した青果物流通チャネルの分類

まずeコマース企業の介在の有無と、eコマース企業の倉庫の経由の有無に着目し、**図11-3**の通り、生産者のHPから受注する「直販チャネル」・商取引上、eコマース企業のHPを通じ受注後、物流はeコマース企業を経由せず消費者へ直送する「直送チャネル」・eコマース企業のHPを通じて受注後、eコマース企業倉庫から消費者へ出荷する「倉庫チャネル」に分類する。この分類によると、eコマース企業X・Y社向け取引は直送チャネル、Z社は倉庫チャネルに該当する。３社以外も一部含まれるため、チャネルの性質の違いに基づき分析する。生産者の消費者対応への関与は直販・直送・倉庫チャネルの順に従い小さくなり、出荷規模は大きくなる。

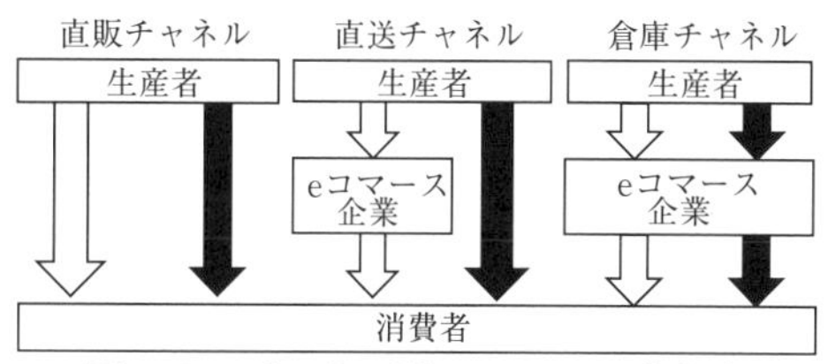

図11-3　チャネル別eコマースの商物流図

資料：著者作成。
注：白矢印は商流、黒矢印は物流を表す。

2）生産者におけるeコマース向け青果物流通チャネルの概要

表11-1は事例生産者の概要でeコマース比率が高い順である。上位に位置する生産者ほど、eコマース企業が介在する直送・倉庫チャネルを活用し、倉庫チャネルにて流通事業者を介さず販売する生産者は、事例の中でも大規模であることを確認した。

表 11-1　生産者の概要

生産者	所在地	企業形態	eコマース開始年	面積(ha)	構成人員	販売高(円)(2017)	eコマース向け割合(%)	eコマースチャネル別販売割合(%)		
								直販	直送	倉庫
A	長野県	株式会社	2013	19.2	役員1名、社員4名 パート12名	7,000万	92～93	0	90	2～3 (※)
B	山梨県	株式会社	2010	18	社員20名、パート15名 実習生3名	N/A	50	—	—	50
C	長野県	株式会社	2017	5.5	役員1名、社員3名 アルバイト・パート28名	3,200万	30	—	—	30 (※)
D	茨城県	有限会社	2008	18	社員40名、パート10名 実習生5名	約5億	20	10	10	—
E	北海道	株式会社	2009	63	役員3名、社員7名	6,650万	10	7	0	3 (※)
F	静岡県	株式会社	2017	1.5～1.8	役員1名、社員1名 パート6名	1,700万	5～6	0	5～6	—
G	北海道	株式会社	2008	4 (12)	役員2名、社員6名 パート3～8名	1億 2,500万	4～6	2～3	0 (※)	2～3
H	茨城県	株式会社	2014	2.1	社員7名、パート19名	7,200万	5	ø	5	—
I	北海道	個人経営	2012	42	経営者2名、従業員1名 パート1～2名、ボランティア1～6名	4,000万	5	5	—	—

資料：聞き取り（2018年8月～11月実施）により著者作成。
注：1）Gの面積の括弧は協力農家の面積である。
　　2）（※）は流通事業者が介在する場合である。
　　3）eコマースチャネル別販売割合について、—は全く販売していない場合、0は0.5%未満、øは販路として機能していないことを表す。

3）eコマース向け青果物流通チャネルの性質とその変化

事例生産者の主力品目数は概ね1～5品目、eコマース向け生産品目の栽培方法は、未認証含む有機・特別栽培・その他非慣行栽培・慣行栽培を確認した。このうち慣行栽培は希少品種または品目に該当する。出荷期間は、流通の間接性が高まるほど、すなわち倉庫チャネルかつ流通事業者が介在するにつれ、短期間である場合を多く確認した。

eコマースチャネル向けの価格は、チャネルの違いおよび流通事業者の介在の有無に関わらず、販売開始時やシーズン前に決定した固定価格で取引がなされており、価格は変動しにくいことがわかった。一方数量について、とくに倉庫チャネルのeコマース企業と直接取引を行う生産者B、Gは週1回翌週分受注するのに対し、流通事業者が介在する生産者Aは定時定量取引、Eは収穫でき次第、コンテナ単位で出荷する納品期限のない取引となっており、取引条件が大幅に緩和されていることを確認した。よって生産者とeコマース企業の間に流通事業者が介在することで、取引条件が緩和されるといえる。

（2）eコマースチャネルにおける生産者組織の役割

1）生産者組織の概要

事例生産者組織の概要を**表11-2**で示す。生産者事業者は取引先として、eコマース企業Y社とZ社を認識し、流通事業者は介していない。eコマース企業向けの販売比率は0.5％未満から３割である。よって生産者組織におけるeコマースチャネルは、卸売市場や食品商社向けを中心に部分的に存立する。

表11-2　生産者組織の概要

生産者組織	K	L	M	N
組織の種類 所在地 青果物の割合	農協 長野県 約７割	農協 栃木県 約５割	農協（I地区） 埼玉県 約８割	生産者グループ 埼玉県 10割
青果物の 販路内訳（2017）	卸売市場　9.5割 市場外　0.3割 直販他　0.2割 eコマース企業　0割 (注)	卸売市場　８割 飲食店・加工企業１割 eコマース企業　１割	卸売市場　９割強 eコマース企業　１割弱	レストラン（※） ６～７割 学校給食・スーパー （※）１割 eコマース企業　３割
取引先の eコマース企業	Z社	Y社	Z社	Z社
流通事業者の介在	なし	なし	なし	なし

資料：2018年８月の聞き取りより著者作成。
注：１）eコマース企業向け割合が０と表記されるものは0.5%未満であることを表す。
　　２）Nの（※）の販路は食品商社を介在させた取引である。

2）eコマース企業との青果物取引における生産・出荷・販売

eコマース企業向け品目の栽培方法は、**表11-3**で示す通り、生産者組織Lを除き有機・特別栽培で、販売品目は数品目か少量多品目である。生産者組織Lの販売品目数は11品目だが、eコマース企業向け販売高の７～８割はいちごで、品目は実質限定的である。eコマース企業への特殊な出荷対応として、品質の高い商品の優先出荷（生産者組織M）、基準に満たない商品の卸売市場向け商品との入れ替え（生産者組織L）を確認した。よって高品質な商品の流通チャネルである傾向が考えられる。

出荷期間については**表11-3**より、単品目または品目を組み合わせること

表11-3　eコマース企業向け品目目の出荷期間

生産者組織	品目	栽培方法	4	5	6	7	8	9	10	11	12	1	2	3
K	ズッキーニ	有機												
	ミニトマト	有機												
L	いちご	慣行												
	ブルーベリー	慣行												
	なし	慣行												
	パパイヤ	慣行												
	トマト	慣行												
	なす	慣行												
	かきな	慣行												
	きゅうり	慣行												
	だいこん	慣行												
	米	慣行												
	雑穀	慣行												
M	こまつな	特別												
	ほうれんそう	特別												
N	西洋野菜20品目	特別												

資料：聞き取り（2018年8月～11月実施）により著者作成。

でほぼ通年となっている。

eコマース企業との数量・価格決定方法のうち、eコマース企業Y社向けは数量・価格とも、生産者組織L側に委ねられることを確認した。一方eコマース企業Z社向け取引において、生産者組織Kは数量・価格の決定に関与せず[2)]、生産者組織Mは５月に決めた固定価格にて、卸売市場向けのうち出荷可能な量を出荷する契約にて取引を行う。他方生産者組織Nは年２回価格・予定数量を決定し、出荷日２日前に数量連絡を受け対応している。価格はシーズン中いずれも原則一定であることを確認した。

３）eコマース向け青果物流通チャネルにおける生産者組織の役割と限界

生産者とeコマース企業の間に介在する生産者組織のそれぞれに対する役割を聞き取りに基づき検討する。

生産者における生産者組織の役割

生産者組織が介在する場合、連絡窓口が生産者組織となり、生産者はeコマース企業からの連絡対応が不要になる。生産者組織Kは数量・価格調整に関与しないが、生産者の伝票処理を担い、事務作業を減少させている。出荷について生産者組織L・Mの生産者は、農協の集荷場へ出荷後の調整は農協が担うため、卸売市場向けと同様に出荷できる。生産者組織Nは共同出荷により物流費を節約する。生産者組織Kは生産者の代わりに物流業者を手配する。いずれも生産者組織介在により効率的に出荷可能になるといえる。

eコマース企業における生産者組織の役割と限界

eコマース企業は生産者組織の担当者を通じ、個人生産者と比べ大量または幅広く仕入可能と考えられる。しかし同一地域の生産者によって構成された組織であることから、既に**表11-3**で示した通り、通年供給ができても生産者の栽培技術や、自然条件等の制約から品目・量は限られ、全国の多数の消費者への通年多品目供給において限界がある。

（3）専門流通事業者の機能とeコマースチャネルにおける役割

1）専門流通事業者の機能と流通経路

専門流通事業者は、1970年代後半頃から有機農産物・加工品を専門的に取り扱う流通主体として位置付けられている（桝潟・高橋・酒井 2019）。**表11-4**にて事例の専門流通事業者の概要を示す。いずれも有機・特別栽培・

表11-4　専門流通事業者の概要

事業者	O社	P社	Q社	R社	S社	T社
本社所在地	東京都	茨城県	千葉県	愛知県	愛知県	東京都
売上高（2016）	77億円	12億円	8億円	5億3,000万円	5億3,000万円	1億300万円
事業概要	有機・特別栽培・こだわり農産物の卸売、生産指導、堆肥・資材販売	有機・特別栽培農産物・加工品の卸売、生産指導、生産資材販売など	有機・特別栽培青果物の卸売新規就農支援など	有機・特別栽培・こだわり青果物の卸売	有機・特別栽培・こだわり青果物の卸売	有機・特別栽培、こだわり農産物・加工品の卸売、資材販売、農業経営支援事業など
売上高に占める青果物流通事業の割合	93%	72%	100%	100%	100%	66%
青果物品目数（2017）	約130	116	50～80	約100	約50	約40
青果物売上高に占める野菜の割合	8割	8割	8割	9割	9割	9割
eコマース企業からの受注方法（2017）	直接	直接	直接	直接	間接	間接

資料：各社への聞き取り（2017年11月、12月実施）、HPを元に作成。

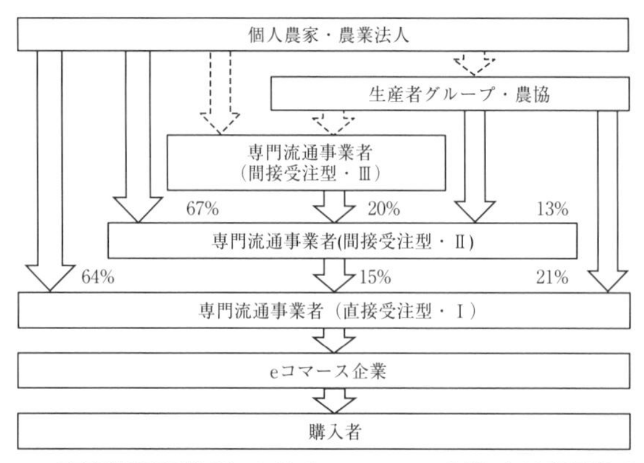

図11-4　専門流通事業者におけるeコマース 企業 向け青果物の商流

資料：各社への聞き取りより作成。
注： 各事業者の取扱金額と販売割合を加重平均し、 算出した。

こだわり青果物等、非慣行栽培青果物の卸売事業を主事業とし、青果物を40品目以上と多品目かつ野菜を中心に扱う。青果物は個人農家・農業法人、生産者グループ、専門流通事業者から調達する。いずれも全国に産地を有し、年間を通し供給可能な得意品目を持つ。

専門流通事業者の主要販路はeコマース企業のほか、スーパー・無店舗宅配事業を行う生協で、各小売事業者の要望に応じた栽培履歴の管理・圃場訪問による確認による産地管理を行っており、品質保証機能を持つ[3)]。

eコマース企業からの受注方法は、eコマース企業から直接受注する場合と、直接受注する専門流通事業者を通じて間接受注する場合を確認した。この取引の位置に着目し前者を直接受注型、後者を間接受注型と分類する。

図11-4は専門流通事業者における、eコマース企業向け青果物の商流である。生産者とeコマース企業の間に、１～３社の専門流通事業者が介在する多段階流通が生じていることがわかった。

２）専門流通事業者の調達販売

専門流通事業者は、調達先に関わらず作付け前に事前協議を行い、数量について直接受注型は概ね納品日の３日前か随時決定する。間接受注型は月初め、納品日の３～７日前に決定する。調達価格は、直接受注型は出荷直前、間接受注型は作付け前に決定する傾向を確認した。

eコマース企業向けの数量は直接受注型が納品日の３日前または当日決定する。間接受注型は定時定量取引または３～７日前に決定する。eコマース企業向け取引価格の決定時期と適用期間は、直接受注型は市況が考慮される。間接受注型は作付け前に決定する傾向を確認した。

3）eコマース向け青果物流通チャネルにおける専門流通事業者間取引の検討

直接受注型専門流通事業者におけるeコマース企業への販売対応

全国の消費者から24時間365日受注し、希望日時に配送するeコマース企業からの受注に対し、直接受注型専門流通事業者は、数量変動に耐える価格設定、予定数より確定数が少なく余剰が生じた場合は、スーパー等の店舗に販売する。予定数より確定数が大きく予定産地からの調達が困難な場合[4)]は、専門流通事業者から調達し対応する[5)]。

直接受注型専門流通事業者から見る多段階流通の検討

専門流通事業者は年間を通じ多品目を少量から大量まで随時調達できる。直接受注型の専門流通事業者は、生産者や生産者グループとは異なり欠品が生じた場合の代品手配を求められるため、随時調達可能な専門流通事業者を取引先として確保する必要がある。さらに、例えば千葉県にある専門流通事業者Q社が、北海道等の遠隔産地から玉ねぎを調達する場合、個人農家より現地の専門流通事業者から調達する方が、調達費用を節約できる場合も専門流通事業者を選択する。O・P・R社も同様の理由で専門流通事業者から調達することを確認した。よって専門流通事業者間取引は一般的になされていると考えられる。

間接受注型移行事例による多段階化の検討

専門流通事業者S社は2010年より間接受注を開始し、2013年にeコマース企業Y社から提案され、直接受注も開始した。しかし負荷が大きく約１年で取引を停止し、間接受注のみ継続する。間接受注では、商流関連業務を専門流通事業者R社等が担うため継続できる。多段階化は取引継続の点で合理的な理由に基づくと考える。

間接受注型専門流通事業者間取引の検討

専門流通事業者S社は予定産地からの調達が困難になった場合、生産者・生産者グループおよび大規模生産者で構成された広域の販売法人[6]との契約では不足する品目、販売法人の規定より少量必要な場合[7]、専門流通事業者から調達する。現地の専門流通事業者から調達するほうが、トータルの調達費用を節約できる場合、契約量の安定確保が可能となる場合[8]も選択する。いずれも青果物の欠品リスク緩和および調達費用削減のためなされるといえる。

全国に産地を持ち、年間を通じ非慣行栽培青果物を多品目、少量から大量まで供給でき、品質保証機能を有する専門流通事業者のeコマースチャネルは、生産者とeコマース企業の間に専門流通事業者が複数介在する多段階流通が生じており、専門流通事業者間取引は欠品リスク緩和および遠隔地からの調達費用削減のためなされ、取引の位置により役割が異なることがわかった。

4．eコマース向け青果物サプライチェーンにおける垂直的調整

（1）事例概要と青果物の流通経路

本節ではeコマース企業Y社から受注する専門流通事業者R社および、R社と取引関係にある専門流通事業者S社を分析する。eコマース企業Y社は、受注情報および決済管理、取引リスク緩和[9]を担うが、受注情報は受注確定の都度、出品者に流れ、青果物調達に直接関与しない。eコマース企業Y社

を通じ受注する専門流通事業者R社は、オンライン上で、全国24時間365日の消費者からの受注に対応することから、eコマース特有の性質に直面しているといえる。

専門流通事業者R社・S社はいずれも愛知県に立地し、R社とS社のeコマース向け取引は、2012年から開始した。専門流通事業者R社・S社の主事業は青果物卸売事業で、eコマース向けは約0.3割～１割である。

専門流通事業者R社は野菜のみ扱っていたが、eコマース向け取引開始を契機に果実・米・加工品の取扱いを開始し、eコマース向けの品目数は約60、SKUは約140である。eコマース企業Y社向けの商品は、いずれも専門流通事業者R社の屋号を表示し販売している。専門流通事業者R社は青果物卸売事業では特別栽培青果物を中心に扱うが、eコマース企業Y社向けの野菜は、有機栽培で生産されたものが約９割と極めて高く、そのほとんどを専門流通事業者S社から調達する。

専門流通事業者R社の調達先である専門流通事業者S社は事業全体では野菜を中心に取り扱い、その約９割が有機栽培である。専門流通事業者R社に供給するeコマース向けの品目数は10～15、果実０～１品目を除き、有機野菜である。eコマース向けのSKUは約40である。

eコマース企業Y社、専門流通事業者R社・S社の品揃えを比較すると、eコマース企業Y社は食品ほか雑貨、家電、ファッションなどあらゆる商品を扱う。専門流通事業者R社は有機・特別栽培・こだわり青果物の他、米や無添加食品など、所謂自然食品店に類似した品揃えを持つ。S社は有機野菜を扱う。専門流通事業者の品揃えの違いに着目し、以後R社を自然食品専門流通事業者、S社を有機専門流通事業者と分類する。

３社の位置関係は**図11-5**の通りである。商流では消費者に近い順にeコマース企業Y社、自然食品専門流通事業者R社、有機専門流通事業者S社の３社が介在する一方、物流では有機専門流通事業者S社から消費者へ配送される。

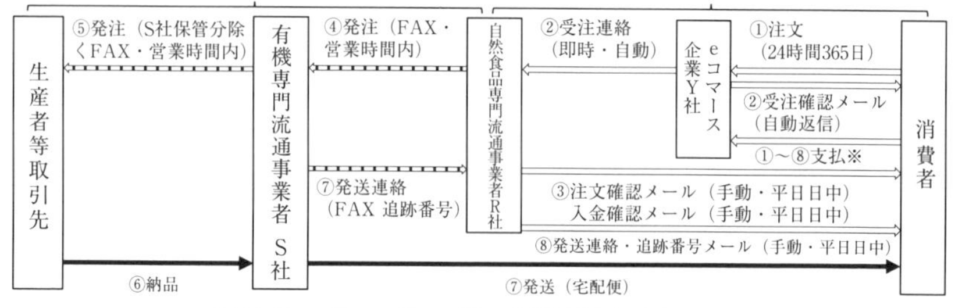

図11-5　Y社・R社・S社の位置関係と受注から配送の流れ

資料：R社・S社からの聞き取り（2019年11月実施）により作成。
注：1）消費者の支払手段は、クレジット決済・コンビニ支払・代金引換・振込等があり、消費者の選択により決済時期は異なるが、R社からの聞き取りによると注文時になされるクレジット決済が一般的に用いられている。
　　2）丸数字は時間的な流れを表す。同じ番号は専門流通事業者にて同時になされると認識している場合である。

（2）eコマースを通じた青果物受注の性質と専門流通事業者による垂直的調整

1）eコマースの受注の性質

自然食品専門流通事業者R社は消費者が注文を確定する都度、eコマース企業Y社を通じ連絡が来ると認識している。よってeコマース企業Y社は消費者の注文を集中させるが、数量調整は自然食品専門流通事業者R社以降でなされるといえる。自然食品専門流通事業者R社はeコマース企業Y社を通じ、1日あたり5～30件受注する。受注件数と受注アイテム数は、個々の消費者の希望に応じ日々変動している。

2）自然食品専門流通事業者R社による垂直的調整

自然食品専門流通事業者R社はeコマース事業において、24時間365日Webまたはアプリから受注し、消費者からの問い合わせも毎日対応する。受注後、自然食品専門流通事業者R社は、野菜を主に有機専門流通事業者S社から調達する。果実は、有機専門流通事業者S社とは異なる専門流通事業者ほか、環境保全型農業に取り組む大規模生産者組織などから調達する。専門流通事業者や大規模生産者組織は、個人生産者と比べ生産の不安定性にともなう欠品リスクが低く、一度に多品目を調達できるため、自然食品専門流通事業者

R社は安定的に品揃えを確保できる。発注は営業終了から営業日当日朝にかけて、eコマース企業Y社のWebまたはアプリから受注した商品を、自然食品専門流通事業者R社の休業日を除き週６回、取引開始時に決定した固定価格で発注している。調達手段はFAXを用いる。発注手段を調達先にとって一般的な手段[10]に統一することで受注負荷を緩和するといえる。

3）有機専門流通事業者S社による垂直的調整

有機専門流通事業者S社における主要販路の受注実績の比較

有機専門流通事業者S社におけるeコマース企業Y社・スーパー・生協各１事業者の、ある有機野菜１品目に関する同時期の受注実績を比較する。

図11-6で示す通りeコマース向けはほぼ毎日受注し、週1回定期的に受注する生協・スーパーより受注頻度は高い。eコマース向けの出荷頻度は週5〜6回で、週3〜4回の生協・スーパーと比べ高い。納期についてスーパー・生協は、受注日から7〜 13日後であるのに対し、eコマースは1件ごとに2〜7日後で短期・不定である。このように、受注・出荷頻度が高く、受注から出荷までの間隔が短期かつ不定という特徴は、日々の受注に対し、生協のように週単位の調整が困難であることを意味し、eコマースはスーパーや生協と比べ、不安定性を有するといえる。

なお、当該期間中の有機専門流通事業者S社の卸売価格は、作付け前に決定した価格で自然食品専門流通事業者R社も変更していない。**図11-6**で当該品目の１kgあたりの卸売市場価格の推移を示したが、卸売市場

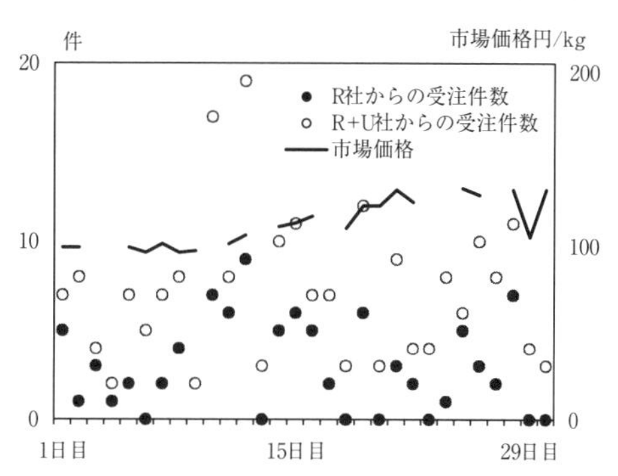

図11-6　有機専門流通事業者S社におけるeコマース向け有機野菜１品目の受注実績と市場価格（１か月分）

資料：S社提供資料及び(独)農畜産業振興機構データベースより作成。
注：１）U社はR社のような専門流通事業者である。
　　２）当該期間中、R社の販売価格は一定である。

価格の変化に対するeコマース向けの数量変化は読み取れない。よって日別変動はeコマースの不安定性に由来する面が大きいと推測される。

有機専門流通事業者S社による集出荷調整

有機専門流通事業者S社は自然食品専門流通事業者R社からのeコマース関連の受注に対し、単品目および消費者が任意の品目を選択できる野菜セットを消費者の到着希望日と配送地域に応じ、１件ごとに出荷調整を行っている。

集荷について、有機専門流通事業者S社は北海道の販売法人から根菜類を発注する場合、発注・納品頻度はともに週１回で、コンテナ便を使いスーパー等、他の取引先からの受注と合わせ５ｔ単位で発注後[11)]、冷蔵倉庫で保管した商品をeコマース向けに出荷している。葉物野菜についてはスーパーや生協向けの受注をとりまとめ、近畿の農業法人に週１回発注するが、日持ちしないため在庫を持たず納品頻度は週６回である。eコマース向けの発注のタイミングは、週間発注前後で異なる。週間発注日前日に葉物野菜を１受注したとすると、S社は週間発注分に１追加し週間発注する。週間発注後、eコマース関連で受注した場合、S社は消費者向けの出荷予定日を納品日に指定し追加発注する。発注頻度が増加するが、他の販路向けと同梱することで売上増・配送コスト節約が可能となる。

eコマース向け青果物サプライチェーンにおいて、eコマース企業の取引における機能が、決済管理や取引リスク緩和と青果物調達・販売面の機能が限定的な場合、eコマースは供給側にとってスーパーや生協向けと異なる受注手段で、受注頻度が高く納品期日が短く不定という不安定性があるため、専門流通事業者において価格・調達手段の調整と集出荷調整を行うことで、取引の安定化・効率化をはかりながら品揃えを確保することがわかった。

５．結論と考察

以上の分析に基づきeコマース向け青果物サプライチェーンの概念図を図

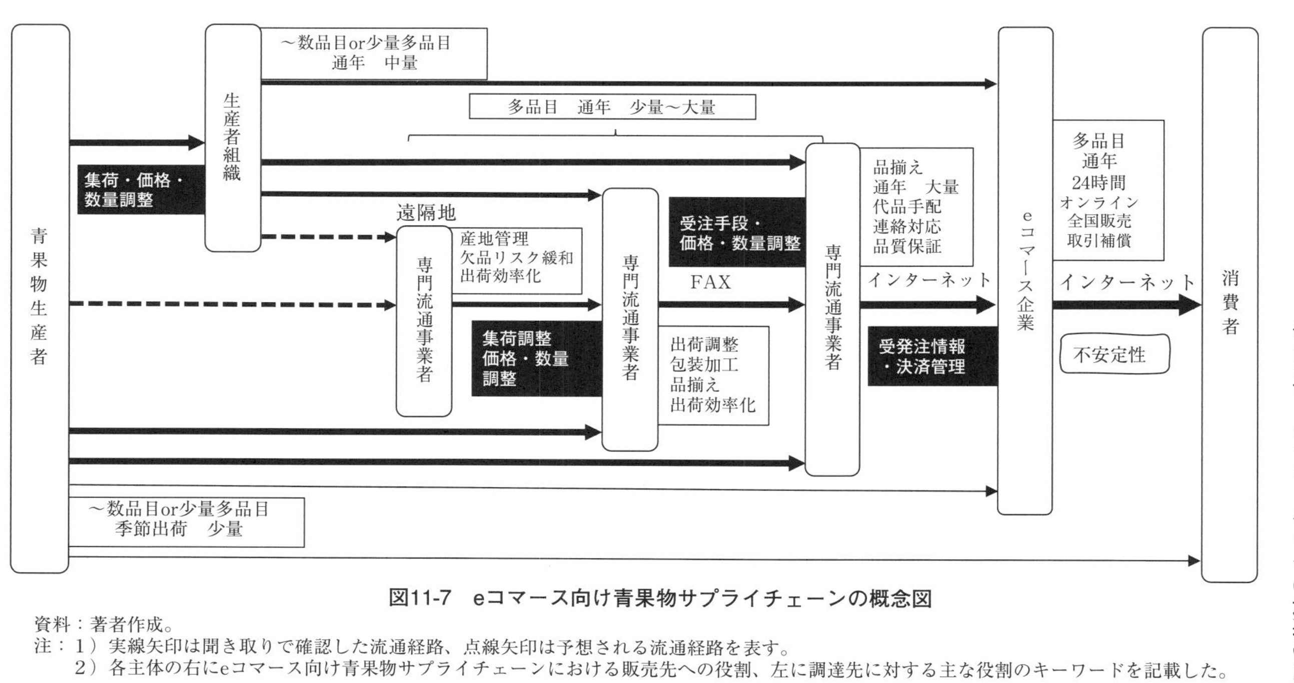

図11-7　eコマース向け青果物サプライチェーンの概念図

資料：著者作成。
注：1）実線矢印は聞き取りで確認した流通経路、点線矢印は予想される流通経路を表す。
　　2）各主体の右にeコマース向け青果物サプライチェーンにおける販売先への役割、左に調達先に対する主な役割のキーワードを記載した。

11-7に示す。eコマース向け青果物サプライチェーンは、専門流通事業者を主な供給元としながら、多段階流通が生じており、役割は分化し、需給調整を行っていることがわかった。eコマース向け青果物サプライチェーンにおける専門流通事業者の存立根拠は生産の零細性・分散性とインターネットという受注手段、不安定な性質に対し、専門流通事業者が役割分担し需給調整機能を担うことで、調達コストの削減および取引安定化をはかりながら品揃えを実現することにある。

最後に、分析結果に基づき、インターネットを利用した農産物流通について考察する。農産物生産における零細性・分散性、貯蔵性に乏しい商品特性、消費者の品揃えの需要、そして本稿で明らかにしたeコマース特有の不安定性により、中間流通による需給調整が一般的になされているものと考えられる。流通段階が省略される場合は、生産者や生産者組織の分析より、品揃えの制約の下、eコマース企業または生産者や生産者組織側で不安定性を調整しながら、限定的に供給されているものと考えられる。

〔付記〕１）本稿は、著者の北海道大学大学院農学院共生基盤学専攻博士論文の研究成果を元に、加筆・修正を行ったものである。

２）本稿は、公益財団法人日本農業研究所の令和２年度人文・社会科学系若手研究者助成事業にて、助成を受けたものである。

注

１）国内では鍋田（2007）ほか、河野（2004）等にてその可能性が指摘されている。海外においても流通段階省略に関する議論が多数存在する。

２）生産者組織Kからの聞き取りによると、価格・数量は生産者とeコマース企業Z社間で決定している。

３）各専門流通事業者からの聞き取りより。なお、eコマース企業の販売サイトにおいては、青果物の栽培方法および主な生産者氏名等、生産者情報の表示にとどまり、実質的に品質保証を担う専門流通事業者名は表示されない。よって消費者への情報公開による信頼確保という点でその機能は消費者に対し間接的といえる。

4）eコマース企業の販売サイトにて受注上限を設定し、予定数量に達し次第売り切れ表示に切り替えることで、上限以上を受注しないようコントロールすることは技術上可能と考えられる。しかし専門流通事業者P社からの聞き取りによると、確定数量は予定数量より多い場合と少ない場合があるとのことであった。そのため専門流通事業者P社の取引先のeコマース企業との取引にて、予定数量を超えた場合の売り切れ表示の切替を、専門流通事業者P社側で調整できないことが推測される。
5）専門流通事業者O社、P社、Q社からの聞き取りより。
6）北海道内の250km圏内に立地する有機野菜生産者約10名で構成され、代表生産者の農場に本社を置き、道内2か所に選果場を有する広域の販売法人である。法人に生産機能はなく、供給主体としての機能は生産者グループと専門流通事業者の中間に位置すると考える。
7）販売法人は鉄道コンテナ便が利用できる5ｔ単位での発注を要請しているため、5ｔに満たない単位で調達する必要が生じた場合、専門流通事業者S社は北海道に拠点を置く専門流通事業者を選択する。
8）専門流通事業者S社によると、ある遠隔産地における個人生産者との取引は、取引慣行の違いにより事前に協議し数量を決定していたとしても、協議後高価格を提示した別の専門流通事業者等に出荷したため、数量不足の問題が発生したほか、方言によるコミュニケーションが円滑に進まない問題が生じていたため、当該地域から生産者からの直接仕入をやめ、コミュニケーションが円滑にとれ、事前協議に基づいた数量調達が可能な現地に拠点を置く専門流通事業者からの調達を選択した。
9）eコマース企業Y社は取引不成立や音信不通、不備等の問題にかかる取引リスクを負っている。Y社のHPによると、Y社では出品者および出品者以外の拠点から配送される直送品の出荷元の審査を行い、供給側に起因するトラブル発生を予防する他、前払いの消費者の未払いに対する催促、商品不備・不着や音信不通等のトラブル発生時の仲裁や補償を行っていることから、取引リスクの緩和の機能を持つといえる。
10）専門流通事業者R社・S社からの聞き取りより。
11）7）でも触れたが、当該販売法人からの大量調達が困難な野菜や、販売法人が定める取引単位5ｔに満たない単位で調達する場合、緊急の場合有機専門流通事業者S社は北海道に拠点を置く専門流通事業者から調達する。

参考・引用文献

伊藤雅之（2016）『野菜消費の新潮流―ネット購買と食卓メニューから見る戦略―』筑波書房.
金沢夏樹・納口るり子・佐藤和憲（2005）『農業経営の新展開とネットワーク』農

林統計協会.
河野敏明（2004）「農産物・食品の電子商取引：流通システム変革の論理とEC」『流通經濟大學論集』38（3），pp.15-33.
経済産業省（2021）「令和２年度産業経済研究委託事業（電子商取引に関する市場調査）」2021年８月29日アクセス.
〈https://www.meti.go.jp/policy/it_policy/statistics/outlook/r1_betten.pdf〉
孔令建（2018）「ネット通信販売の誕生と位置づけに関する一考察」『経済貿易研究』44，pp.39-49.
桝潟俊子・高橋巌・酒井徹（2019）「持続可能な農と食をつなぐ仕組み・流通」澤登早苗・小松崎将一編著『有機農業大全―持続可能な農の技術と思想―』コモンズ.
鍋田英彦（2007）「流通における中間業者排除に関する考察」『東洋学園大学紀要』13，pp.201-215.
中島紀一（2017）「21世紀最初の15年：日本の有機農業の動向をふり返って」『有機農業研究』9（2），pp.29-32.
ネット販売（2018）「特集第18回ネット販売白書」19（10），pp.20-39.
日本貿易振興機構（ジェトロ）（2017）「新たなビジネスモデルとしてのECと人材」『ジェトロ世界貿易投資報告』，pp.89-103.
新山陽子編（2020）『フードシステムの構造と調整』昭和堂.
野見山敏雄（1997）『産直商品の使用価値と流通機構』日本経済評論社.
末永千絵（2018）「Eコマース企業向け有機・特別栽培青果物の多段階流通の合理性」『農経論叢』72，pp.1-11.
末永千絵（2020）「Eコマースを利用する青果物生産者の流通チャネル選択要因―Eコマースの流通機能の違いに基づくチャネル別分析―」『フロンティア農業経済研究』23（1），pp.1-11.
末永千絵（2021）「Eコマース向け非慣行栽培青果物サプライチェーンにおける垂直的調整の方法―専門流通事業者の分析―」『農業市場研究』，30（2），pp.13-23.
末永千絵（2021）「eコマース向け青果物サプライチェーンに関する研究」北海道大学大学院農学院共生基盤学専攻博士論文.
首藤禎史（2018）「小売ビジネスの現代的パラダイム・シフトとその課題：現代米国小売市場と小売ビジネスの動向観察を中心に」『経営論集』36，pp.45-63.
通販新聞社（2019）『通販新聞』2019年７月２日.

（末永千絵）

第12章

「物流危機」と中小規模卸売市場の集荷物流問題

1．農産物物流における中心的課題と集荷問題の位置付け

農産物は、そのほとんどすべてが物流なしには商品とはなり得ない。それに要する費用は、経費のかなりのウェイトを占めているにも関わらず、過去の農業経済学だけでなく、農業市場学の分野においてすら、物流への注目度は必ずしも高くはなかった。ところが、2010年代以降、トラック輸送を中心とした物流の抱える課題が社会問題化したことで、農業市場学研究においても農産物物流問題の地位は大きく変化した。

「低賃金、長時間」の労働環境におかれがちなトラック運送業は、わが国全体の労働力不足を背景としつつ、運転者の著しい不足という事態に直面している。トラックによる運送は国内貨物輸送において重量ベースで90％以上のシェアを保持し、物流の根幹の地位にある。したがって、もしトラック輸送が機能不全を起こせば、国民生活に広く影響が及ぶことは確実である。この10年間で頻繁に耳にするようになった「物流危機」は、それを象徴する言葉であるといえよう。このような物流問題の深刻化は農産物物流においても広範に生じており、特に国内供給を中心とする生鮮野菜、果実、花き産地においては、運賃の上昇と輸送手段確保の困難性増大という課題の解決を迫られている。園芸産品における物流の逼迫は、すでに政策的にも対応すべき課

題となっており、2016年には農林水産省、経済産業省、国土交通省からなる農産品物流対策関係省庁連絡会議が設置された。それを含め、事態の打開に向けた検討が続いており、高速路線バスのトランクルームを活用した混載輸送や共同輸送システムの構築といった試行も始まっている。

ところで、農産物物流の逼迫についての指摘や「物流危機」への危惧は、今までのところ、特に国内供給が多い園芸産品ついて、産地あるいは出荷者の視点から語られることが多かった。それは、基本法農政以降、わが国は、遠隔園芸産地から大消費地の大型卸売市場へと至る物流システムによって青果物などの安定供給を実現してきたからであり、政策的な対応においても、そのような大型園芸産地からの出荷物流が焦点化されるのは当然のことといえた。

しかし、その一方で、これら遠隔園芸産地からの大規模な出荷品が目指す先ではない市場、つまり、地方中小都市の卸売市場における、品揃えのための集荷物流で生じている問題が注目されることはほとんどなかった。これらは、大型園芸産地が出荷市場を大都市の大型卸売市場へと集約したことのあおりを受け、「物流危機」以前から集荷の困難性に直面していた。今日の「物流危機」がそれを深刻化させていることは想像に難くない。

農産物物流は生産者の圃場から集出荷施設までのいわゆる「ファーストワンマイル」にはじまり、都市間の中長距離輸送、そして食品としての「ラストワンマイル」まで範囲が広く、保持している流通機能も主体ごとに多様である。トラック輸送の労働力不足に端を発する「物流危機」の議論が産地からの出荷物流に集中するのは、前述の通り、わが国の青果物流通システムからも当然ではある。しかし、今日、農産物物流問題が最も鮮明に現れるのは、それ以前から抱えていた集荷の困難性に新たな物流問題が降りかかった、地方都市の卸売市場における集荷段階ではないだろうか。

そこで本稿では、農産物物流をめぐる議論においてほとんど着目されてこなかった地方都市の卸売市場における集荷物流について、それがいかなる物流上の課題を抱えているのか明らかにする。分析対象は、環海の遠隔地に立地し、最も集荷物流の困難性が高い卸売市場のひとつである沖縄県中央卸売市場とする。

2．農産物物流研究の展開と農産物物流の特徴

（1）農産物に関わる物流研究の展開

ここでは本論に先立ち、特に青果物に関わる農産物物流の研究展開を整理しておく。前節でも触れたように、滝澤（1983）による農産物物流問題の全容を理論的および実証的に解明し、研究の体系化を図ろうとする試みはあったものの、農業経済学研究において農産物物流問題は主流の研究分野とはいえなかった[1)]。

それ以降の農産物物流研究は、主として、産地マーケティング、卸売、小売のそれぞれの段階での物流問題の研究として展開してきた[2)]。これらのうち特に青果物などの小売主導型流通の研究は、物流負担の増加という今日の問題につながる重要な論点を提示してきたといえる。

加えて、1990年代になると物流コストの縮減や流通における環境問題に着目し、青果物出荷における通い容器の経済性を分析した尾碕（2001）、尾碕・樋元（2012）が発表されている。

今日の「物流危機」が社会的に認識されるようになったのは、概ね2013年頃からとみられる。これを念頭に置いた農産物物流の研究として、矢野（2020）では「物流危機」が単に農産品の輸送問題にとどまらない拡がりをもつことを指摘した。また、佐藤（2020）は産地物流について、物流の一般的機能から説明しつつ、先進的な農業法人を中心に、加工・業務系実需へ積極的に関与していく実態とその背景について明らかにした。さらに、種市（2020）は労働力が弱体化する過疎地や農山村において、巡回集荷がいかに機能しているかについて実態を明らかにしている。

遠隔産地からの出荷物流に関わる問題を扱った研究として、相浦・冨田（2019）では、北海道産農産物の物流について、全国的な状況変化の影響も

受けつつ、物流システムの維持自体が厳しい局面にあることを指摘した。この中で相浦は、北海道のような遠隔産地おいて、「選ばれる荷物、選ばれる荷主」になることが重要であると強調している[3)]。

これらに代表される直近の研究業績については、「物流危機」を背景に、農産物物流の主流であるトラック輸送にまつわる物流問題に高い関心が寄せられてきた。それらの論考は、主として川上である産地から川下である消費地の卸売市場、特に東京や大阪、名古屋の大型卸売市場を向き、いかに円滑に届けるかという出荷物流を対象としてきた。一方で産地から重要な出荷先として見なされていない、出荷の優先度が低い地方都市の卸売市場では、拙稿（2001）などでも指摘しているように、従来から集荷の困難性を抱えてきた。そこに「物流危機」が加わったことで、それらの困難性はさらに増していると考えるのが妥当だろう。

（2）農産物物流の特徴とその課題

農産物、特に生鮮農産物はその物流において取り扱いを難しくする特徴がある[4)]。生産面の特徴として、①天候などにより、長期的にも短期的にも生産量が変動する。②品目数が多く、そのロットは大きいものから小さいものまで多様である。そして、③多くの大型園芸産地は、消費地からみて遠隔地に立地している。それに加えて、商品特性としても、①腐敗しやすく傷みやすい。しかも②同じ品目であっても多種多様な品種がある。そして、③多くの場合は、商品の温度管理が必要である。また、消費の特徴として、①多くの消費者は鮮度を重視する。鮮度が重要なだけに、②購入は多頻度で少量となりがちである。さらに、③アイテムが多様なだけに品揃えが複雑となりがちである。そのため、生鮮食品のトラック輸送は次のような特徴を有する[5)]。まず第１に、積み下ろしにおいて手作業の荷役業務が多くなりがちである。第２に、出荷量が直前まで決まらず、その結果、待ち時間が長くなりがちである。同様に、届先の卸売市場や物流センターでの荷降ろし時間が集中することで、ここでも長い待ち時間が発生しやすい。第３にロットが直前まで決

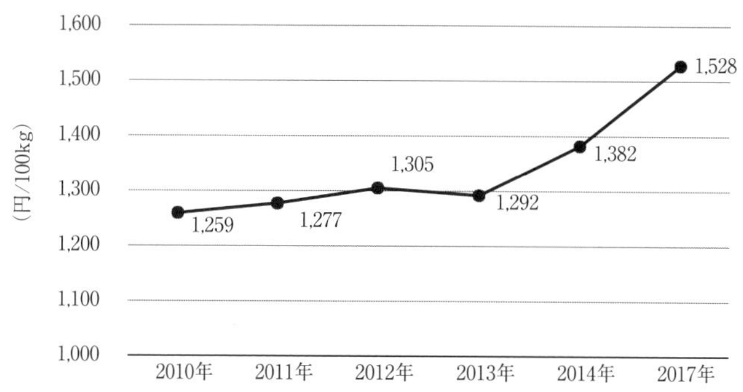

図12-1 集出荷団体の出荷運送料（青果物16品目平均、円/100kg）

資料：農林水産省「食品流通段階別価格形成調査」各年度版より作成。

まらないため、トラック運送事業者の運行管理が難しくなる。第4に品質管理が厳しく、第5に小ロットでの輸送が多くなりがちである。そして第6に、産地が遠隔地であるため、長距離輸送が中心となっている。

ここで指摘されている生鮮農産物輸送の特徴は、データでもはっきりと現れている。国土交通省「トラック輸送状況の実態調査」(2015年調査）によれば、調査対象となっている9輸送品類において、拘束時間は農水産品が最も長く12時間32分であった[6)]。

トラック輸送にとって農産物、特に生鮮農産物の輸送は負担が大きく、結果として、**図12-1**のように輸送にかかる経費は上昇傾向を示しているが、それにとどまらず「取扱いを敬遠される」ケースも生じているという[7)]。このことが、前出の相浦・冨田（2019）の「選ばれる荷物、選ばれる荷主」[8)]という指摘の意味といえよう。

3．遠隔地の卸売市場における物流問題の発現形態

（1）多様な農産物物流問題の存在

ここまでみたように、今日の「物流危機」とは要するにトラック輸送能力の低下、特に劣悪な労働環境におかれがちなトラック運転手の不足に端を発している。

その一方で、「物流危機」にあってもまるで話題にならない地方都市の中小規模卸売市場の集荷物流では、どのような問題を抱えているのであろうか。以下では、沖縄県中央卸売市場の青果部を事例として、地方都市の卸売市場における集荷物流について分析する[9)]。

（2）沖縄県中央卸売市場青果部の集荷物流

沖縄県中央卸売市場は、沖縄県那覇市と浦添市にまたがった港湾地区に1984年に青果部のみで開場、1995年に花き部を併設した比較的歴史が浅い中央卸売市場である。このうち青果部には沖縄協同青果株式会社（以下、沖縄協同青果）１社が卸売業者として入場している。2020年度の取扱金額は113.1億円で、５年前から約２割の減少となっている。

図12-2は沖縄協同青果の県内出荷・県外出荷別の取扱数量を示している。沖縄県の青果物は、ゴーヤ、オクラなどの一部品目を除いて12月から３月ごろが収穫期であり、それ以外の季節の集荷は他県からの移入品が中心となる。通年で見ると、県外産の比率は常に６割以上となっている。

沖縄協同青果における県外産青果物および県内離島からの集荷物流は、原

表 12-1　沖縄航路と使用船舶の規模

	発地と経由地				
A	博多	－大阪	－鹿児島（志布志）	－那覇	
B	東京（有明）	－大阪	－那覇		
C	東京（若洲）	－鹿児島（志布志）	－那覇		
D	大阪	－那覇			
E	大阪	－博多	－那覇		
F	大阪	－博多	－鹿児島（新港）	－那覇	
G	神戸	－大阪	－鹿児島離島	－那覇	
H	博多	－鹿児島（谷山）	－那覇	－宮古・石垣	
I	博多	－鹿児島（谷山）	－那覇	－宮古・石垣	－台湾高雄
J	博多	－那覇			
K	鹿児島（新港）	－鹿児島離島	－那覇		
L	那覇	－宮古・石垣			
M	北大東	－南大東	－那覇		

資料：沖縄協同青果業務資料および運行会社ホームページから作成
注：１）鹿児島離島とは、奄美大島、徳之島、沖永良部島、与論島の４島を指す。
　　２）使用船舶、総トン数は2021年７月14～15日に各社ホームページで確認した。

則として、①産地から積出港までのトラック輸送、②船舶による幹線輸送、そして③那覇港への荷揚げ後のトラック輸送から構成されている。このうち幹線輸送を担う内航海運は、**表12-1**の通り、県内外を合わせて13航路から構成されている。沖縄協同青果への出荷において実際に利用される航路は、

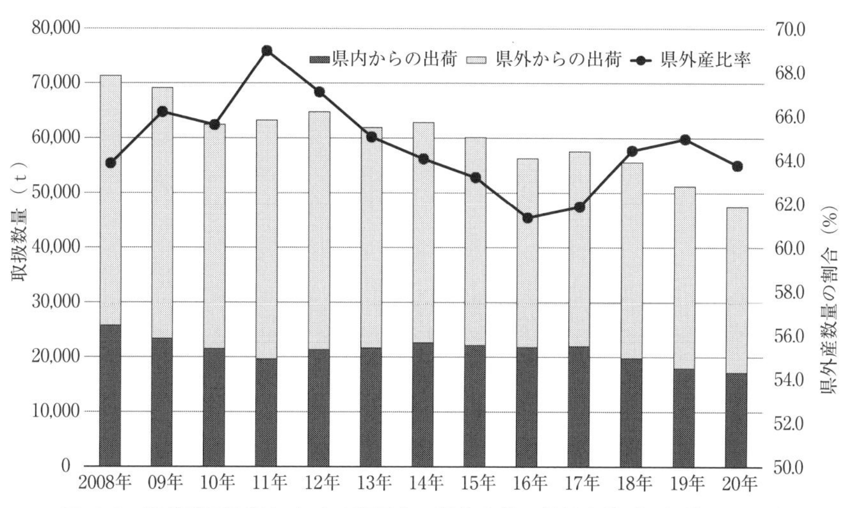

図12-2　沖縄協同青果における青果物の県内出荷・県外出荷別取扱数量と比率

資料：沖縄協同青果提供資料より作成。

使用船舶	総トン数	使用船舶	総トン数	使用船舶	総トン数	使用船舶	総トン数
A-1	10,329						
B-1	9,813	B-2	11,687	B-3	11,687		
C-1	10,034	C-2	10,034				
D-1	1,141	D-2	1,445	D-3	不詳		
E-1	1,550	E-2	1,137				
F-1	5,848						
G-1	10,758						
H-1	9,483	H-2	9,952	H-3	10,185	H-4	11,681
I-1	10,184						
J-1	749	J-2	498	J-3	不詳	J-4	不詳
K-1	8,083	K-2	8,072	K-3	5,910	K-4	4,945
L-1	不詳	L-2	744	L-3	749	L-4	499
M-1	690						

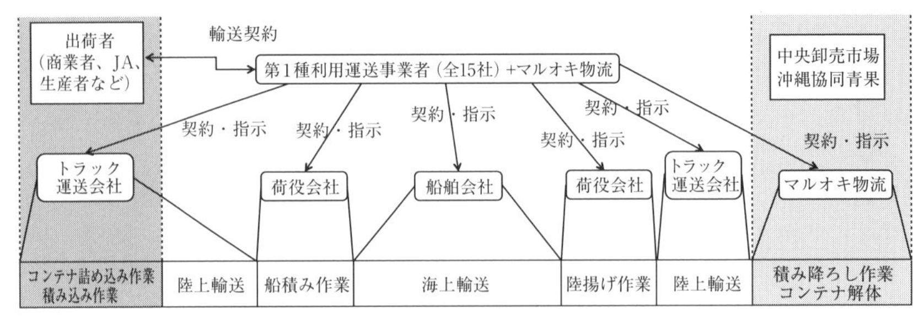

図12-3　沖縄協同青果における集荷物流の契約と実務

資料：沖縄協同青果業務資料およびヒアリング調査より作成

出荷者あるいは出荷者と契約した運送会社側が選択している。

図12-3は、沖縄協同青果へ出荷されてくる青果物について、集荷物流の仕組みを示している。出荷形態はコンテナかパレタイズのいずれかだが、主流はコンテナでの出荷であり、10フィートハーフサイズから40フィートサイズまでの５種類のコンテナが使用されている。このことが、他の卸売市場にはない船積み、陸揚げ、コンテナ解体（出荷品の取り出し）という作業を発生させている。

産地や他市場の卸売業者、仲卸業者などの出荷者は、まず第１種運送事業者（以下、運送会社と表記）と物流に関する契約を結ぶ。出荷品のコンテナは、これら運送会社によって産地あるいは転送元卸売市場から積出港へとトラック輸送される。船積み作業と海上輸送を経て、那覇港あるいは那覇新港に到着したコンテナは、陸揚げ作業を経て、再度、トラックに積み替えられ、同じ港湾地区内にある沖縄県中央卸売市場へと持ち込まれる。

県外からの出荷品は、航空輸送の一部を除き、沖縄県中央卸売市場へコンテナ形態で着荷する。そこで、実際の市場出荷までには、これをトラックから積み降ろし、コンテナ内の物品について計量および検品を経て出荷品として沖縄協同青果が受け付ける作業が必要となる。市場への着荷から出荷完了までの作業は、出荷者が契約した運送会社から沖縄協同青果の子会社であるマルオキ物流へと作業委託されている[10]。

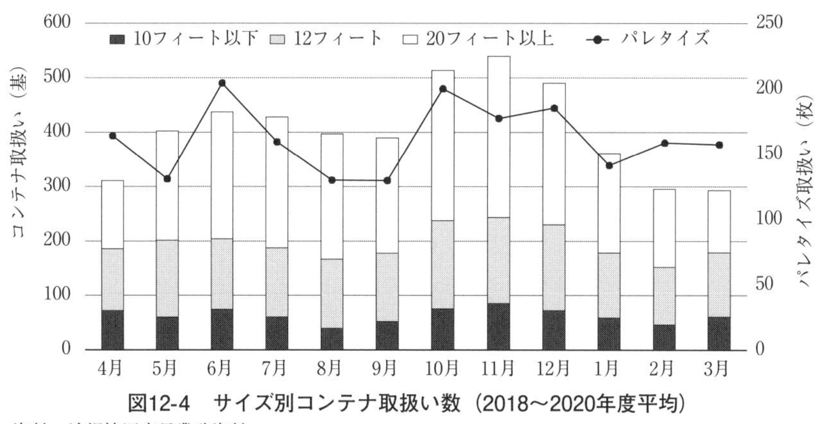

図12-4　サイズ別コンテナ取扱い数（2018〜2020年度平均）

資料：沖縄協同青果業務資料
注：1）コンテナのサイズは、10フィート/ハーフ、10フィート、12フィート、20フィート、40フィート5種類。
　　2）パレタイズについては仕分け労働が必要である点はコンテナと同様だが、やや質が異なるのでここでは分けて集計した。

出荷品となった青果物をコンテナから取り出し、市場の冷蔵庫へと収納する、あるいは売場へと移動させることをコンテナの解体作業といい、これを担うのもマルオキ物流である。ただし、ひとたび出荷品となれば、それ以降の管理は沖縄協同青果の責任となるため、ここでの委託者は同社となる。したがって、その費用も沖縄協同青果の負担となる。沖縄協同青果とマルオキ物流では、市場到着後からコンテナ解体までの一連の作業を「荷受物流」と称している。

沖縄協同青果がこのように集荷する県外産青果物は、**図12-4**の通り、多い月にはコンテナだけで500基、沖縄本島が収穫期を迎えている冬季であっても毎月300基弱に達している。これらのコンテナを受け入れるため、沖縄県中央卸売市場には場内3カ所に冷蔵コンテナ用の荷捌施設が配置されており、到着したコンテナはまずここへ係留される。この荷捌施設には冷蔵コンテナ専用の電源が設置されており、同時にコンテナ35基まで係留可能となっている。

（3）条件不利地の卸売市場における集荷の困難性と物流問題

「物流危機」の議論では、青果物の卸売市場出荷において、到着後のトラック運転手による手作業の荷役業務が問題視されていた。ところが、船舶輸送が介在する、コンテナ形態での出荷が主流の沖縄県中央卸売市場においては、さらに複雑な荷役業務「荷受物流」が発生している。このことは、地理的条件による運賃の高さに加え、追加の物流経費を発生させることを意味し、集荷の困難性を増大させる結果となっている。

条件不利地に立地する、沖縄県中央卸売市場の集荷段階において生じている物流問題として指摘できるのは、次の４点である。

まず第１には、船舶輸送が介在することに起因する出荷集中の問題である。沖縄協同青果の集荷物流において、どの船便に何を搭載するかという決定は、原則的に出荷者と船腹の都合による。したがって、沖縄協同青果はコンテナについて量も内容もコントロールはほとんどできない。到着するコンテナ数と内容を沖縄協同青果とマルオキ物流が知るのは、運送会社によって実際の船積みが決定された後である。このことが、市場へ到着するコンテナ数のばらつきを激しくしている。

表12-2では、例として2021年７月最終週における入荷状況を示している。沖縄協同青果の集荷は、船舶の入港に応じた、コンテナ単位での大量着荷となることから、即日での全量上場は難しい。ここでも、月曜日から金曜日までに９基のコンテナが到着しているが、週末の土曜日には23基、日曜日には実に43基ものコンテナが到着している。このような出荷の集中が発生するのは、船舶輸送が介在する沖縄協同青果の集荷物流における特徴である。

第２の問題は、このような出荷の集中が生じる以上、上場量と販売量を調整するための物流施設が必要不可欠となるが、実際にはそれが大幅に不足していることである。沖縄協同青果としては、商品価値を保持しつつ、次の入港までの間に出荷品を販売しなければならないが、それには大型の冷蔵庫が必要となる。もちろん、沖縄県中央卸売市場にも設置されているものの、容

表12-2 県外からの入荷における集中とばらつき（2021年7月最終週のケース）

（単位：社、基、品目、kg）

入荷日	船名	発地	出荷者数	コンテナ数	品目数	個数	合計重量
2021.7.26	K-2	鹿児島	1	2	2	400	4,000
（月）	B-1	東京・大阪	1	1	1	630	6,300
2021.7.28	K-3	鹿児島	1	1	1	469	7,035
（水）	E-1	大阪・博多	1	1	1	550	5,500
2021/7/30（金）	K-4	鹿児島	2	2	4	1,008	8,271
	I-1	博多・鹿児島	1	1	1	260	2,600
	G-1	神戸・大阪	1	1	1	50	500
2021/7/31（土）	K-1	鹿児島	2	3	8	1,498	13,457
	H-3	博多・鹿児島	2	3	20	697	4,863
	B-2	東京・大阪	8	9	14	2,826	24,220
	C-1	東京・鹿児島	4	6	24	3,226	27,095
	不詳	東京・大阪	2	2	2	110	1,100
2021.8.1（日）	K-3	鹿児島	4	8	24	4,140	46,484
	H-2	博多・鹿児島	9	26	94	12,345	87,555
	H-4	博多・鹿児島	3	8	54	8,674	52,833
	不詳	東京	1	1	1	380	3,800

資料：沖縄協同青果業務資料より作成。
注：「発地」は船名と出荷者からの推測。

量と性能はともに不足している。そのため、前述の冷蔵コンテナ用荷捌き施設において、冷蔵コンテナの状態で係留して保管せざるを得なくなっている。

ところが、この荷捌き施設には冷蔵コンテナに電力を供給するコンセントが35個しかなく、したがって、冷蔵した状態で係留できるコンテナの上限も35基となる。前掲**表12-2**のように着荷が集中すると、コンテナの解体作業が間に合わないばかりか、係留場所も不足することになる。

出荷後の品質保持は、出荷品が委託でも買付でも、沖縄協同青果の責任となる。そこで、冷蔵コンテナの電源不足に対しては、「荷受物流」を担うマルオキ物流が、電源のつなぎ替えによって冷蔵状態をなるべく維持しようとしている。しかしそれには限界があり、まず、電源の切り替えを伴う温度変化によって鮮度保持が難しくなる。また、いずれ電源を切らざるを得ないため、冷蔵コンテナの接続中はほぼ最大出力で冷蔵することになる。それにより電気使用量が増大するという問題まで引き起こしている。ここでの電気使用料も、沖縄協同青果にとって集荷にかかる経費であり、大きな負担となっている。

表12-3　マルオキ物流の荷受物流のための人員配置（2020年度）

（単位：人）

担当業務別	4月	5月	6月	7月	8月	9月	10月	11月	12月	1月	2月	3月
県内担当	13	13	12	13	12	12	12	11	11	11	11	11
昼間荷捌	3	3	3	3	3	3	3	3	3	3	3	3
県外野菜	7	9	10	13	13	13	13	13	12	12	12	12
県外・輸入果実	2	2	2	3	3	3	3	3	3	3	3	3
県外品相対担当	2	2	2	2	3	3	3	3	3	3	3	3
航空便担当	2	2	2	2	2	2	2	2	2	2	2	2
県外品コンテナ	1	1	1	1	1	1	1	1	1	1	1	1
入力担当	5	5	5	5	5	5	5	5	5	5	5	6
冷蔵庫担当	10	10	10	10	10	10	9	9	9	8	8	8
社員属性別	4月	5月	6月	7月	8月	9月	10月	11月	12月	1月	2月	3月
社員（出向）	9	9	8	8	9	9	9	9	9	9	9	9
マルオキ社員	9	9	9	9	9	9	9	9	9	9	9	9
臨時社員	10	10	10	10	9	9	8	7	7	8	8	8
派遣社員	17	17	17	22	25	23	22	22	22	20	22	23
合計人数	45	45	44	49	52	50	48	47	47	46	48	49

資料：沖縄協同青果業務資料

注：1）派遣社員は複数業務を担うケースもあるため、担当業務別の合計人数とは一致しない。

2）「社員（出向）」とは、沖縄協同青果からの出向者を指す。また、派遣社員は3社から派遣されている。

第3の問題は、「荷受物流」における労働力確保である。前述の通り、トラック輸送のみで完結する市場と異なり、トレーラーからのコンテナの積み降ろし作業[11)]、コンテナの解体、さらには冷気保持のための昼夜を問わない電源抜き差し作業まで、ここでの「荷受物流」では他の卸売市場でみられない作業が必要となる。しかも、利用船舶の多くは貨物専用船であり、着岸が夜間であることも多く、夜間作業も常態化している。**表12-3**は2020年度におけるマルオキ物流の荷捌き要員の配置を示している。沖縄協同青果の場合は、コンテナ解体における動線が非効率的であることや、県内産出荷品の物流にも課題があり、それらも背景としつつ、1日最大52名もの荷受物流の要員が必要となっているのである。

第4の問題は、このような「荷受物流」に伴う人件費負担である。**表12-4**は、マルオキ物流における「荷受物流」の収支を示している。市場への到着から沖縄協同青果への出荷までの作業にかかる経費は、本来は荷捌き料として出荷者負担になる。しかし、その「荷受請負収入」は荷受物流の経費総額に対して2割程度に過ぎず、残りの約8割は沖縄協同青果からの委託

表12-4 マルオキ物流の荷受業務に関わる収支

（単位：千円）

	2016年度	2017年度	2018年度	2019年度	2020年度
荷受請負収入（運送会社各社から）	38,589	41,995	44,381	44,333	40,808
荷受受託収入（沖縄協同青果から）	141,662	138,633	138,062	139,144	137,351
荷受収入合計	180,251	180,628	182,443	183,477	178,159
荷受直接経費	76,813	76,248	80,450	82,887	77,341
荷受労務費	32,070	36,324	36,187	37,845	23,105
荷受外注費	33,105	28,489	31,021	33,926	43,558
荷受車両費	10,748	10,212	12,258	10,058	9,861
その他荷受直接経費	890	1,223	984	1,058	817
販売管理費他	103,216	104,328	101,983	100,406	100,803
荷受総経費	180,029	180,576	182,433	183,293	178,144

資料：沖縄協同青果業務資料

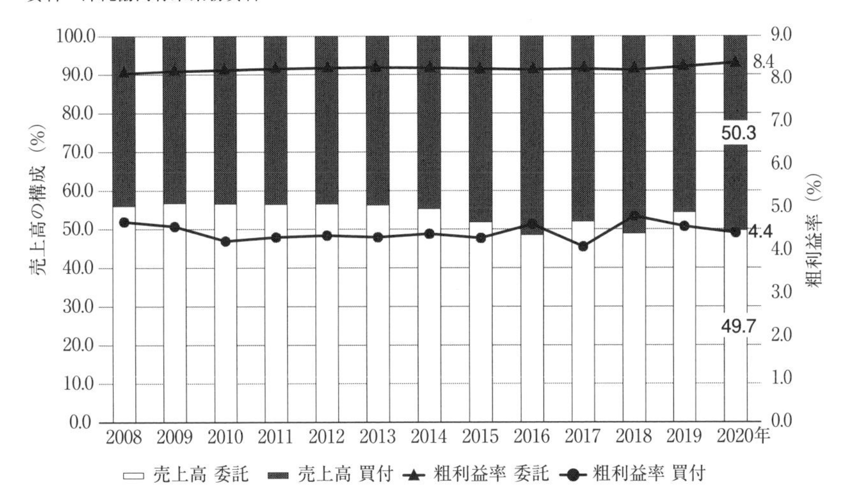

図12-5 沖縄協同青果における委託・買付比率と粗利益率

資料：沖縄協同青果業務資料より作成。

収入となっている。つまり、「荷受物流」は、卸売業者である沖縄協同青果にとって収入源にならないどころか、まったくの負担でしかない。この表では直接経費の85%前後が人件費となっているが、人手不足に加え、夜間作業の存在などもあり、人件費の高騰だけでなく、労働力確保自体も難しくなってきている。

図12-5は、沖縄協同青果の集荷における委託・買付比率とそれぞれの粗利益率を示している。他県から沖縄協同青果へと出荷するには、トラックの

みで輸送する卸売市場に比べて多くの出荷経費がかかる。したがって、出荷者側にとっては、それを確実に回収しうる価格で販売できることが沖縄協同青果への出荷の条件となる。結果として、県外産は買付集荷の比率が高くならざるを得ない。それでも、それが利益につながるのであれば良いが、現実的には買付集荷の粗利益率は委託出荷品の半分程度に止まっている。

4．農産物物流問題の多様性

わが国の青果物物流は、トラック輸送に強く依存してきた。「物流危機」の顕在化は、遠隔地の大規模園芸産地から消費地の大規模卸売市場への出荷という、典型的な青果物流通システム自体に大きな影響を及ぼすと考えられる。

その一方で、地方都市の卸売市場では、その立地や規模によって、物流にさまざまな課題を抱えてきた。本章ではその困難性が最も高い卸売市場のひとつである沖縄県中央卸売市場について分析した。農産物物流における「物流危機」への政策的対応も始まっているが、それは典型的な青果物流通システムに焦点化されており、沖縄県中央卸売市場のような地方都市に開設された中小規模の卸売市場における集荷物流の問題には、ほとんど関心が向けられてこなかった。このような卸売市場において、「物流危機」により集荷の困難性が増大することは、卸売業者の経営を悪化させかねない。特に沖縄県のような地方において、卸売市場が生鮮食品の安定供給のみならず、中小規模生産者の貴重な販路を提供していることを考えれば、「集荷物流」の円滑化を図る物流インフラの整備も重要な課題である。

農産物物流は商品たる農産物が生産地から消費地にまで円滑に渡って、はじめて完結する。その持続性が危ぶまれているのは、大都市へのトラック輸送ばかりではない。本章で扱ったような、実態すら把握されていない多様な物流問題が多く残されていることは、今後の農業市場研究の方向性を考える上でも留意すべきことといえる。

注

1）農産物の鮮度を維持するための輸送技術、保存技術など、技術的な研究は多く蓄積されているが、ここでは経済学的な研究のみを対象としている。
2）それらの研究蓄積の重要性はいうまでもなく、本稿の研究にとっても背景にもなってはいるが、あまりに多岐に渡るためここではその研究史の整理は割愛する。
3）相浦・冨田（2019）、p.19.
4）ここで指摘する特徴は一般的なものといえるが、物流に関連付けた整理は、農林水産省・経済産業省・国土交通省（2017）、p.1.を参考にした。
5）これら特徴の整理は、農林水産省・経済産業省・国土交通省（2020）、p.9.に基づいている。
6）国土交通省（2015）、p.4.
7）農林水産省・経済産業省・国土交通省（2020）、p.9.でも、それが示唆されている。また、筆者のヒアリングでも、運送事業者側の言い値でなければ取扱いを拒むというケースもあった。
8）相浦・冨田（2019）、p.19.
9）本稿に関わる調査は、2021年７月から８月にかけて実施し、それ以降にも補足調査を行っている。
10）ただし、一部にはマルオキ物流自身が第１種利用運送事業者として取り扱う出荷品もある。これらにも荷受物流の作業はあるが受託ではない。
11）トレーラーからの積み降ろしがマルオキ物流の荷受物流に含まれるため、そこで使用する大型フォークリフトも沖縄協同青果が購入している。

引用・参考文献

相浦宣徳･冨田義昭（2019）『激変する農産物輸送』北海道農業ジャーナリストの会.
尾碕亨（2001）「青果物流通への「通い容器」の導入・普及に関する研究―北海道を事例として―」『酪農学園大学紀要（人文・社会科学編）』26（1），pp.19-26.
尾碕亨・樋元淳一（2012）「北海道産ブロッコリーの物流における氷詰め発泡容器とリユース容器の作業時間および物流経費―JA新しのつを事例として―」『流通』（日本流通学会誌）第31号，pp.1-10.
齋藤実・矢野裕児・林克彦（2020）『物流論（第２版）』中央経済社
佐藤和憲（2020）「産地における青果物の加工・保管・輸送対応の現状と課題」『農業市場研究』29（3），pp.15-24.
杉村泰彦（2001）「地方中小規模卸売市場の存立構造に関する研究：北海道東部地域における卸売市場を素材として」『北海道大学農学部法文紀要』24（1），pp.15-65.

首藤若菜（2018）『物流危機は終わらない―暮らしを支える労働のゆくえ』岩波書店
滝澤昭義（1983）『農産物物流経済論』日本経済評論社
種市豊「過疎地・農山村における農産物輸送の課題―「基幹型輸送」と「地域内小ロット輸送」の視点から見た巡回集荷の解明―」『農業市場研究』29（3），pp.25-33.
矢野裕児（2020）「日本における物流危機の現状と食品物流をめぐる諸課題」『農業市場研究』29（3），pp.4-14.

参考資料

国土交通省（2015）「トラック輸送状況の実態調査結果（全体版）」.https://www.mlit.go.jp/common/001128767.pdf（2021年７月15日参照）.
農林水産省・経済産業省・国土交通省（2017）「農産品物流の改善・効率化に向けて（農産品物流対策関係省庁連絡会議　中間とりまとめ）」.https://www.maff.go.jp/j/shokusan/ryutu/attach/pdf/buturyu-9.pdf（2021年７月14日参照）.
農林水産省・経済産業省・国土交通省（2020）「食品流通の合理化に向けた取組について」.
https://www.maff.go.jp/j/shokusan/ryutu/1_gourika_torikumi.pdf（2021年７月30日参照）.

（杉村泰彦）

第13章

農産物の規格・認証制度
（農産・水産領域におけるGAP認証を中心に）

1．今日の規格・認証問題の背景―本章の課題―

食料・農産物市場のグローバル化を背景に、農産物に関する規格・認証制度は著しく増加し、多様化の様相を呈している[1)]。従前からの商品自体の規格化に加え、商品製造を取り巻く周辺環境や資源管理、製造プロセス自体が品質として重視され、有機JAS、食品安全を重視したHACCPやGAP（：Good Agricultural Practice）はもちろん、生産地域を特定する「地理的表示制度：GI」や公正な貿易を認証する「フェアトレード」、動物愛護を認証する「アニマルウェルフェア」等々、認証の対象・領域の拡大は枚挙に暇がない。

こうした規格・認証制度を国内の農産物市場・流通問題として捉えれば、以下の点が肝要となる。まず、前提となる現代の国内農産物市場・流通の特質として、大手事業者（食品製造・小売業）のプレゼンスの増大と国内外に渡るサプライチェーン構築の模索、他方の１次産業従事者における販売問題の深刻化・常態化が挙げられる。大手事業者は規格・認証制度を「品質管理」の手段、すなわち商品調達における食品安全の担保、トレーサビリティの確保に加え、環境への配慮”や“企業イメージの向上”等による商品の訴求・販売手段としても推進し、商品取引における売買操作の容易化、流通過程トータルの効率化・合理化を目指してきたのである。

以上を背景として、国内産地における「品質管理」に関わる規格・認証制度の導入は進展してきた。そして一向に改善に転じない市場条件下で、規格・認証制度が有利販売に向けた産地マーケティングの有力な手段に位置付くことは、研究上でも現場レベルでも市民権を得た認識といえる。ただし、伝統的に小農の価値実現・市場関係の分析を重視してきた農産物市場論においては、規格・検査は「農産物の商品化のための技術」「市場編成の梃子」「流通過程に延長された生産過程（労働）」とも把握され、これらの問題点も認識されてきたのである[2)]。それ故、規格・認証制度の導入過程と影響を検討することは、今後の食料・農産物市場を見据える上で意義がある。

本章ではGAPを中心に焦点を当てていくが、その前段として流通過程における規格・認証の意味を踏まえた上で、グローバル規模の大手企業主導の規格・認証の導入過程を検討する。その上で、国内の農産および水産領域におけるGAP導入の影響と可能性について考察する。

2．国内における規格・認証制度および対象領域の拡大過程

今日の国内外に及ぶ農産物市場・流通において、農産物の規格・認証が不可欠である点は言うまでもない。規格化に基づく商品の単位化・標準化により、円滑な商品評価・取引が可能となるからである。とはいえ、農産物生産は土地・気候等の自然条件の規定や農家の技能・技術水準等に多大に規定され、画一的な形質・食味等を工業製品のように完全にコントロールすることは現在でも不可能といえる。いずれにせよ規格・検査は農産物の商品化の技術の範疇といえ、例えば戦前期の国内の米穀市場の展開が示す通り、規格・検査の発展・充実は市場の形成・拡大をうながし、同時に産地における有利販売の手段としての性格も色濃く帯びてきたのである[3)]。

農産物の規格・認証制度が重要なのは、第一に、産地や小売業における商品訴求の有力な手段として、産品の有用性≒使用価値あるいは品質を示す点が挙げられる[4)]。現代の主流の食品流通においては、商品の質と量を併せた

概念であるロットの形成と安定供給が肝要なのは当然の上、“物質的範疇を超えた有用性”も商品化のコンセプトに用いられ、商品生産を巡る食品安全のリスク管理・環境保全等の管理が重視されてきたのである[5)]。第二に、価格形成・農家の費用価格実現と密接な関わりを持つ点である。広く一次産品価格の全般的低迷基調が常態化し、費用価格実現が困難になる中で、作目毎に事情は異なるものの、国内の諸産地間で熾烈な有利販売・マーケティング競争が繰り広げられた結果、総じて規格・認証制度は細分化・厳格的適用の方向で展開してきたといえる。なお、将来的に環境保全と関わって削減要求が想定される“化学肥料・農薬”も、従前の多投状況は“規格品の効率的な生産”と決して無関係ではなかった筈である。

農産物の規格・認証制度の対象領域の拡大は、1990年代以降に本格化した。商品自体を対象とした規格化では、農産物を破壊せずに糖度・酸度・タンパク値等の食味・成分の計測を可能とする光センサー等の選別装置の実用化を背景とした食味の規格化が、果実類の産地を皮切りに以降も米など他作目へと進んだ[6)]。産地側の導入の意図・背景には、商品の差別化、商品の定質性の担保・安定供給による大手小売業等の取引への結実があった。

本章で考察対象とする認証制度は、主として商品の流通・販売の部面ではマークに基づく安全等の品質に関する証明・訴求として表象する一方、その目的・検査対象は“商品を取り巻く生産・製造工程、自然や労働等の周辺環境に関する管理状況”に向けられている。そして、HACCP、ISOは勿論、GAP、有機JAS、地理的表示制度：GI、フェアトレード認証、ハラール認証、SA8000等々、認証の領域の多様化、および策定主体が国家や地方自治体、民間部門まで多岐に渡る点が特徴である。これらは総じて1995年のWTO体制への移行にともなう貿易自由化・市場開放の促進、国際基準の整合化、ハーモナイゼーションを受けた農産物流通のグローバル化の進展が基底にある。そのもとで、大手食品事業者による海外展開の本格化および国内外に渡るサプライチェーンの形成・構築が進められ、併せて社会的要請となった食品安全や環境保全、さらには企業の社会的責任・倫理への対策・対応として認証制度が重視されつつある[7)]。翻って産地段階における導入は、商品差別化や販売環境・取引条件への対応による有利販売実現が目的である。同時に、絶え間なく続く差別化と標準化（：普及）のループは、産地側に際限なき非価格競争、「踏み車」（コクレン 1963）的な負の影響を及ぼしてきたといえる。

3. 大手食品事業者による認証制度活用の展開と日本国内の導入状況

（1）コンソーシアムの形成とプライベート・スタンダード承認の拡大過程

上述の通り、農産物・食品分野における規格・認証制度は目的・対象・策定主体を多様化させつつ、いわば“乱立”と表現できる状況にある。食品流通の領域では、EU圏と日本を含めたアジア圏で地域差はあれ、概ね2000年代後半以降にGLOBALGAP等のスキーム（＝認証制度）すなわち業界が定めた自主標準＝プライベート・スタンダードの普及が進んできた[8)]。

このことは、食品はもとより広く一般消費財に関わる製造業者、小売業者から成る世界的規模のコンソーシアムであるThe Consumer Goods Forum（：CGF）の活動が背景にある。同組織は2009年に６月に発足し、サプライチェーンの拡大につれて必須となる食品安全の確保、サステナビリティーや社会的責任等の訴求を民間部門の業界が協働して目指すことを大義名分に掲げている。2021年現在、CGFの目的として４つの目標（：E2Eバリューチェーンの構築、心身の健康、社会的・環境的持続可能性、食品安全）が掲げられ、計８つの作業部会を設けている。なかでもCGFの前身であるCIES時代に発足し、2000年代前半より食品安全に関するスキームを承認してきた部会であるGlobal Food Safety Initiative（：GFSI）の影響は多大である[9)]。

GFSIは諸種のスキームの審査・承認を行い、加盟企業における食品の安全性確保とコスト削減、効率的な商品調達の実現、農場から食卓までのトレーサビリティの確保を目指している（**図13-1**）。対象とする領域は、適正農業規範（：GAP）、適性製造規範（：GMP）、適正流通規範（：GDP）、適性小売規範（：GRP）の流通の各段階に加え、家畜の飼料生産や食品を取り扱

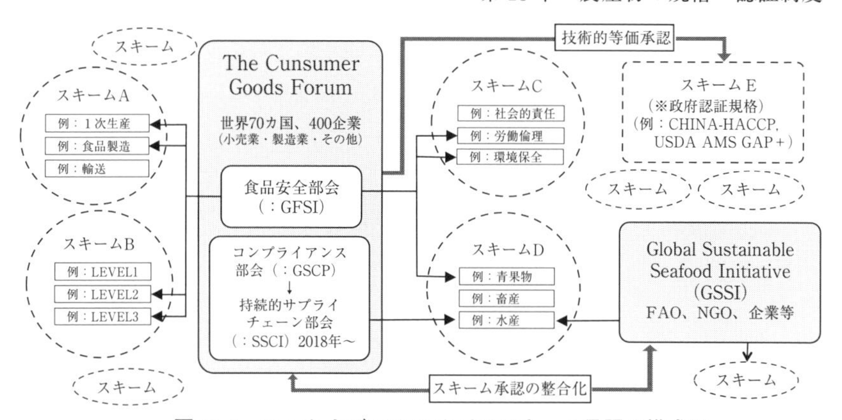

図13-1　CGFおよびGSSIにおけるスキーム承認の模式図
資料：CGFやFAOのHPおよび農林水産省資料等をもとに筆者作成。
注：→はスキーム承認を示す。

う機械にも及んでいる。ただし実際の認証数はGAPとGMPに偏重し、GDP、GRPはほとんど進んでいない点は見落とせない。また、2018年に従前のGSCP部会（：Global Social Compliance Programme）を持続的サプライチェーン部会SSCI（：Sustainable Supply Chain Initiative）に再編・発展させ、スキームに企業の社会的責任（CSR）や環境持続性等の要素を強化しつつある。

ただし、以上に示した業界が一丸となったスキームの認定・導入とサプライチェーン構築の模索は、順風満帆とは決して言えない節がある。上述したスキーム承認は非競争分野と位置付けられているものの、当然ながら加盟企業間においても競争関係・利害関係が存在するからである。すなわち小売間の競争が激化する下で、2010年代前半には加盟がみられた日本有数の大手小売業者がCGFを脱退した点や、スキーム利用の実際は、競争を勝ち抜くための企業イメージやプライベート・ブランド（：PB）商品の差別化、さらには産地の囲い込みの手段としての機能に専ら重点が置かれてきたと考えられる為である。

（2）GFSIによるスキームの承認の全体動向と国内の導入状況

GFSIは自らが作成したガイダンス文書に基づきスキームの審査・承認を

行う。ガイダンス文書自体が適宜改訂・更新される為、従前に承認されたスキームもその都度審査を受ける必要があり、承認スキームは不動ではない。2010年代中葉には、改訂にともなうスキームの脱落（Dutch HACCP）や、スキーム自体の統合（：Synergy22000とFSSC22000）、スキームの整合化の模索（：GLOBALGAP、SQF、CANADAGAP）が読み取れる（**表13-1**）。また見逃せないのは、政府系機関が策定したスキームの承認（：2015年：CHINA-HACCP、2018年：USDA AMS GAP+）や、日本の組織が作成したASIAGAP、JFS-Cの承認（：2018年）である。そして上述のSSCIが重視する要素も取り込み基準を改変しつつ、大手小売業の意向やサプライチェーン構築に適合的な方向でスキーム利用が進められていく可能性がある。

以上のスキームの国内における導入は総体的には低位にとどまるものの、食品加工・製造段階においてはFSSC22000とSQFが顕著である。FSSC22000は2010年代初頭に大手小売業の認証取得要請を受けて大手飲料メーカーが認証取得に動き出した経緯があり、SQFは大手食肉関連企業の取得が多い傾向にある[10)]。食品加工・製造企業側の認証取得の目的は、自社製品（：NB）ならびにPB製造における量販店との取引に際するリスク管理や海外市場への輸出であり、HACCPにみられる衛生管理の政策的な推進・義務化も導入を促したことは間違いない。なお、国内におけるPBの拡大は加工食品が牽引してきた一方、店頭価格の相次ぐ引き下げを背景とした小売業者と製造業者間の対抗関係・矛盾の激化も、認証取得に影響を与えたと考える[11)]。

（3）水産分野におけるスキーム形成および普及の過程

流通がグローバルであり、食品の安全、水産資源の管理・保全や持続的利用などに多くの課題を抱えていた水産分野では、主に２つの方向でスキーム作成や普及が進められてきた。ここでは水産物貿易を対象とし、GAP（Good Aquaculture Practice）との関係から水産養殖に絞って説明する。

第１に、食品の安全（動物医薬品を使用するため水生動物の健康も含む）に関するスキームである。食品の供給システムがグローバル化するなかで

FAOは2003年にフードチェーン・アプローチを提唱した[12)]。これは、農場から食卓までの食品の安全を生産・加工・流通を担う各事業者で責任を分担し合うというものである。具体的には、養殖段階ではGAP、飼料生産や水産物の加工段階ではGMPとHACCPの導入が検討され、各国の実情に合わせた政策がとられた。これより以前には、1997年からアメリカFDA（Food and Drug Administration）は水産食品に対して加工場のHACCPを義務化し、輸入品に対してもCodex基準に基づくアメリカHACCPを求めた。一方、EUでは食品安全に関する分野において「農場から食卓まで」の加盟国共通の法的枠組みがあり、それを各国の所管官庁あるいは委託機関が行政コントロール（監視）している（工藤 2020）。EUは水産物輸出国に対しても同様の公的管理の枠組みのなかで、水産加工場のCodex基準に基づくEUHACCPと養殖場の衛生管理を求めた。両国が求めるWTO貿易協定に基づく国際的なコンプライアンスは、水産物輸出国の生産工程管理体制の在り方に大きな影響を与えている。とくに、東南アジアなどでは、水産政策のEU化といわれるほどの大変革を実行した（山尾 2017）。また、アメリカ・EUは基本的には輸出国に対してGFSI承認スキームを求めていないが、取引上においては小売企業側などが求める場合がある。

第2に、水産資源の管理・保全、労働者の権利の保障、アニマルウェルフェア等の生産者の社会的責任に関するスキームである。なかでも環境の持続性や社会・経済的側面に関する内容は、食品の安全ほどには拘束力のある方法が十分にはとられていない。そのため、任意の認証制度に基づいた市場を通じた管理の可能性が期待され用いられている。契機となったのは、1995年にFAOが示した「責任ある漁業のための行動規範（以下、CoC；Code of Conduct for Responsible Fisheries）」である。各地域・国がCoC理念に基づきそれぞれの実情にあったガイドラインを作成する活動が広がり、持続的な漁業・養殖業を目指す政策体系の確立に向かった。その一方、より積極的で早期な課題の解決を目指す欧米諸国の環境NGOを中心にCoCを認証制度化し大手企業の調達基準とさせる運動が進んだ（石原 2018）。こうしたなか、

表 13-1　GFSI 承認スキームの概要（2014 年時点）

規格の概要			GFSI の承認			日本における認証件数
名称 （：正式名称）	策定・運用年度・普及地域 （認証件数）	策定・運営主体	対象領域	第 5 版	第 6 版	
BRC （：BRC Global Standard for Food Safety）	1998 年 90 ヵ国 （2 万件以上）	The British Retail Consortium （イギリス）	食品製造	○	○	3
IFS （：International Food Standard）	2003 年 96 ヵ国 （1.1 万件）	独・仏・伊 小売協会	食品製造	○	○	0
FSSC 22000 （：Food Safety System Certification 22000）	2008 年 100 ヵ国以上 （3,500 件以上）	Foundation for Food Safety Certification （オランダ）	食品製造	○	○	544
BAP （：Global Aquaculture Alliance Best Aquaculture Practices）	2003 年 70 ヵ国 （1,100 件）	The Global Aquaculture Alliance （アメリカ）	食品製造	○	○	0
GRMS （：Global Red Meat Standard）	2006 年 欧州 （19 件）	Danish Agricultureand Food Council （デンマーク）	食品製造	○	○	0
Dutch HACCP	1995 年 — （—）	Foundation for Food Safety Certification （オランダ）	食品製造	○	×	—
Synergy 22000	2009 年 — （—）	Synergy Global Standardization Services （スイス）	食品製造	○	×	—
SQF （：Safe Quality Food）	1995 年 北米・アジア・オセアニア （3,000 件以上）	The Food Marketing Institute （アメリカ）	食品製造 ・ 一次生産	○	○	74
Primus GFS	2010 年 米国・メキシコ （8,000 件以上）	Azzule Systems （アメリカ）	食品製造 ・ 一次生産	○	○	0
GLOBAL G.A.P （：Global Good Agricultural Practices）	1997 年 100 ヵ国以上 （11.1 万件）	Food Plus （ドイツ）	一次生産	○	○	122
Canada GAP （：Canadian Horticultural Council On-Farm FoodS afety Program）	2005 年 カナダ （約 2,000 件）	The Canadian Horticultural Council （カナダ）	一次生産	○	○	0

資料：GFIS および各スキーム HP、GLOBAL GAP プレスリリース資料、国際貿易センターStandards Map（URL：www.standardsmap.org/）
　　農水省資料（：FCP プロジェクト資料）等より作成。

注：1）認証件数は、国際貿易センター：Standards Map（URL：www.standardsmap.org/）の値。2014 年 7 月アクセス。
　　2）認証件数の単位は、組織数、企業数、農家数等の表記があり、詳細は不明。
　　3）第 5 版、第 6 版とは GFSI のガイダンスドキュメントの版を示し、第 5 版は 2007 年、第 6 版は 2012 年より適用されている。

表示・GFSI 承認スキーム・トレーサビリティ・備考	
商品表示	(1) GFSI 承認スキーム名 (2) トレーサビリティの要件 (3) 備考
×	(1) BRCGLOBAL STANDARD FOR FOOD SAFETY ISSUE 6 (2) （身元識別保持：○隔離：×） (3) 小売業の PB 商品管理輸送及び保管（：GDP）に関する領域を GFSI に申請中。
×	(1) IFSS Food Standard Version 6 IFSP A Csecure,Version1 (2) （身元識別保持：×隔離：○） (3) 小売業の PB 商品管理輸送及び保管（：GDP）に関する領域を GFSI に申請中。
×	(1) FSSC 22000-October 2011 Issue (2) （身元識別保持：×隔離：○） (3) 日本企業の取得数が急増（…645 工場：2014 年 1 月時点）
○	(1) Global Aquaculture Alliance Seafood Processing Standard Issue2-August 2012 (2) （身元識別保持：○隔離：×） (3) 水産品を対象としている。
○	(1) Global Red Meat Standard（GRMS）4th Edition Version 4.1 (2) （身元識別保持：○隔離：○） (3) 食肉を対象としている。
—	(3) 第 6 版、未提出：国際標準から国内標準へ
—	(3) FSSC22000 と将来的に統合
△	(1) SQF CODE 7TH EDITION LEVEL 2 (2) （身元識別保持：○隔離：○） (3) 第 7 版で 1 次生産（SQF-1000）と食品製造（SQF-2000）を統合。 (4) 輸送及び保管（：GDP）に関する領域を GFSI に申請中。 (5) GLOBAL GAP との整合化作業を表明（2007 年 10 月）。
○	(1) Primus GFS Standard（v2.1-December2011） (2) （身元識別保持：×隔離：○）
×	(1) GLOBAL G.A.P. Integrated Farm As surance Schemeversion 4 and Produce Safety Standard version 4 (2) （身元識別保持：○隔離：○） (3) 品目は多岐に渡るが青果物が大半を占める。
×	(1) Canada GAP Scheme Version 6 Options Band C and Program Management Manual Version 3 (2) （身元識別保持：○隔離：○） (2) 2009 年に GLOBAL GAP との整合化を模索（※結果的には中止の模様）

4）"身元識別保持"とは、同一性保持すなわち全流通過程における商品の物理的移動、識別、記録等の分別生産流通管理を示す。
"隔離"とは、全流通の段階における認証製品と非認証製品の隔離の必要性を示す。
5）SQF の商品表示（：ロゴ使用）の△は、SQFLEVEL3 を満たす必要がある。
6）日本における認証取得数は、「食料産業における国際標準戦略検討会報告書概要平成 26 年 9 月国際標準に関する勉強会」の資料より引用。（URL：http：//food-communication-project.jp/pdf/h26study_03_11.pdf）

認証の乱立による消費者の混乱を解消すること、小規模生産者が認証によって市場から排除されないこと、小規模生産者が抱える社会的責任を果たせるよう、FAOは2008年から養殖認証に関する技術的ガイドライン（以下、FAOガイドライン）の検討を始め、2011年に完成させた。これにより、水産業界、政府などが主体となった認証制度の確立が可能となった。FAOガイドラインは、水産養殖に関連する１）水生動物の健康と福祉、２）食品安全、３）環境保全、４）社会経済的側面を考慮した内容となっている[13)]。水産養殖の認証は、上記の内容を含んだものだが、GAPは１）２）を重視したものや、１）～４）全体を包括したものがある。１）、３）および４）を重視したものは環境認証やエコラベルという名称を使うことが多い。2013年には水産物を取り扱う多様な企業、NGO、専門家、政府および政府間組織が協働しGSSIが設立された。GSSIは、2015年にはSDG'sを取り込みつつFAOも関わってベンチマークツールを開発し、既存のスキームの承認を開始した[14)]。2018年には、上述のCGFのSSCI部会と共同でベンチマークツールの開発を表明している。

水産分野では、輸入国が求めるコンプライアンスを基本に、取引先に応じた国際認証が求められる。加工段階ではGFSI承認スキーム、生産段階ではGSSI承認スキームが普及し、巨大な水産物消費市場を有するアメリカやEUの大手小売主導サプライチェーンの構築に利用されている。

４．産地段階におけるGAP認証導入の展開と今後の展望
—農産および水産分野を対象に—

（１）農産分野における動向

１）GAP導入の拡大過程

国内におけるGAP普及・導入過程と特徴を検討する（**表13-2**）。政策的な導入促進は、衛生管理を主眼とした周知（：2000年代初頭）、農業生産段階への周知・普及（：2000年代中葉～）、農産物輸出・オリンピックを旗印と

表13-2　国内におけるGAP導入に関する施策および民間部門の動向の変遷

	GAPを巡る主要な政策的動向	民間部門におけるGAPを巡る主なトピック・動向
1996年 ～ 2004年	・「かいわれ大根生産衛生管理マニュアル」（1996） ・「食品安全基本法」制定、「食品衛生法」改正（2003）・「生鮮野菜生産高度衛生管理ガイド－生産から消費まで－」（2003）	・イオン『イオン農産物取引先様品質管理基準』（2002） ・JAグループ「生産履歴記帳運動」（2002） ・日本生活協同組合連合会『青果物品質保証システム』（2004）
2005年 ～ 2013年	・「食料・農業・農村基本計画」におけるGAP導入の推進を明示（2005） ・『食品安全のためのGAP』策定・普及マニュアル(初版)」（2005） ・「環境と調和のとれた農業生産活動規範（：農業環境規範）」（2005） ・「入門GAP」（2006） ・「基礎GAP」（2007） ・「農業生産工程管理（GAP）の共通基盤に関するガイドライン」（2010） ・「環境保全型農業直接支援対策」におけるGAP取り組みの要件化（2011）	・JAグループ：GAP導入の推進を決議（第24回JA全国大会）　（2006） ・J-GAPの認証制度が開始（2007） ・一部の量販店がPBの調達にGLOBALGAP等の利用を模索 （2009年頃）
2014年 ～ 2020年	・「日本再興戦略」および農林水産業・地域の活力創造本部　「農林水産業・地域の活力創造プラン」（2014） ・「GAP戦略協議会」設立（2015） ・「輸出用ＧＡＰ等普及推進事業」（2015） ・「GAP共通基盤ガイドラインに則したGAPの普及・拡大に関するアクションプラン」（2016） ・「国際水準ＧＡＰ等取得拡大緊急支援事業」（2016） ・自由民主党農林水産業骨太方針実行PT「規格・認証等戦略に関する提言」（2017） ・「環境保全型農業直接支払交付金」の要件に国際水準GAPの実施　（:研修会への参加）を義務化（2018） ・「国際水準GAPガイドライン（試行版）」公表（2020）	・西友が食品PBメーカーにGFSI規格の取得を要請（2015） ・2020年東京オリンピック・パラリンピック大会組織委員会「持続可能性に配慮した調達コード」（2016） ・JAグループ「JAグループGAP第三者認証取得支援事業」（2017） ・ASIAGAP、JFS-CがGFSI承認を取得（2018） ・大手量販店がPB品調達における第3者認証GAP利用の強化を表明（2017年以降～）

資料：筆者作成。

した官邸主導のGAP認証の推進（：2010年代中葉～）に大別できる。ここで見逃せないのは、2000年代前半には大手小売業者が先駆けてGAP策定・導入を進め、PB商品の調達要件とした点であり、以降の農林水産省のGAP策定へも多大な影響を与えていったと考えられるのである[15)]。

2000年代中葉以降の国内産地におけるGAP導入の内実は、青果物産地における基礎GAP、都道府県GAP、JAグループGAPが大半を占め、併せてGAPの目的の認識を巡る混乱もみられた（新山 2010）。第3者認証のGLOBALGAP、J-GAPはわずかであったが、2010年前後より大手小売業が

表13-3 日本におけるGAP認証数の推移（GLOBALGAP、J-GAP、ASIAGAP）

（単位：農場数、経営体数）

	2007年12月	2009年7月	2010年10月	2011年12月	2012年12月	2013年12月	2014年12月	2015年12月	2016年12月	2017年12月	2018年6月	2019年3月	2020年3月	2021年3月	増減
JGAP	236	440	902	1,376	1,681	1,749	1,817	2,529	3,954	3,530	2,797	2,785	4,153	4,802	189.9
ASIAGAP										583	1,416	1,872	2,404	2,427	416.3
GLOBALGAP	6	66	88	20	122	142	251	309	386	479	632	702	669	692	223.9

資料：JGAP公表資料、GLOBALGAP「ANNUALREPORT」および農林水産省「GAPをめぐる情勢」各年次および国立研究開発法人農業・食品産業技術総合研究機構中央農業研究センター公表資料等より作成。

注：1）2018年以降のJGAPの値は、畜産を含む3月末の数値。
2）増減は2015年を基準とした2021年の値。ASIAGAPは2017年基準。
3）GLOBALGAPの2011年12月時点の"20"は集計ミスの可能性があり、認証機関の担当者によれば、認証取得数は前年と殆ど変化がないとのことであった。

PBの要件として提示され始めた点は見落とせない。

2010年代中葉以降、認証数の水準自体はともかく、GAP認証数は増加基調で推移した（**表13-3**）。官邸主導農政の展開にともなう農産物輸出や2020年東京五輪大会における食材調達基準を旗印とし、認証取得の促進が図られた。2016年1月に東京五輪大会組織委員会が提示した「持続可能性に配慮した調達コード」においては、食材の要件として認証取得（＝農畜産物：GLOBALGAP、J-GAP Advance、水産物：MEL、MSC、AEL、ASC）が示された[16)]。そして2020年には農林水産省が「国際水準GAPガイドライン（試行版）」を公表し、国内におけるGAPの水準の引き上げ（＝第3者認証のGAP）を継続していく模様である。なお、GAP認証増加の背景として見逃せない点に、青果物以外の品目産地の取得の拡大や畜産分野におけるGAP推進、農業生産法人による独自販売活動との関連およびJAグループによる認証GAP取得支援（2017年）、さらには農業高校、農業大学校等の教育機関における取得を挙げておく。このようなGAP認証のデファクト・スタンダード化の過程は、今後の規格・認証制度にも影響を及ぼすと考える。

2）取引過程におけるGAP認証の意味

生産者・産地段階におけるGAP認証取得は、農家経営や産地内部の営農指導体制、販売面等、多面的かつ正負の影響を及ぼすことが指摘されてきた[17)]。

表13-4　GAP認証がもたらす取引単価への反映状況と費用負担の意向

（単位：件、%）

GAP認証取得等農畜産物の仕入れ単価への反映について（N＝176）		GAP認証取得費用等の費用の負担者について（N＝1066）	
総じてGAP認証取得等農畜産物の生産者または産地からの単価は高い。	44　(25.1)	生産者段階	540　(50.7)
総じて仕入れ単価は変わらない。	108　(61.7)	製造者・加工者段階	186　(17.4)
総じてGAP認証取得等農畜産物の生産者または産地からの単価は安い。	1　(0.6)	流通者段階	32　(3.0)
その他	16　(9.1)	消費者段階	177　(16.6)
無回答	6　(3.4)	その他	89　(8.3)
		無回答	42　(3.9)

資料：農林水産省「平成29年度食品産業動態調査関係（国産原材料使用実態等調査・分析業務）調査結果報告書」より引用・作成。

注：同調査における回答数計1,066社の内訳は（食品製造業：32.6%、食品卸売業：34.1%、食品小売業：26.6%、外食業：6.8%）である。

産地の市場対応の面では、有利販売と費用負担の兼合いが重要となるものの、取引価格への反映は望めない点と、産地側に専ら費用・負担が課せられる可能性が窺える（**表13-4**）。なお、食品事業者が産地側のGAPの導入について評価するポイントは「食品安全」が首位であり、また、食品安全面に関する仕入の取組・重視点として「信頼できる者からの仕入」が8割台に達した点は見落とせない[18)]。産地におけるGAP導入は、食品事業者の観点ではトレーサビリティの充実や食品安全対策の向上を意味し、取引業者への信頼度の向上につながるものの、取引条件・費用負担の問題を考慮すれば認証取得に2の足を踏むのは当然といえる。

3）小売業による認証利用拡大の意向と可能性

国内の大手小売業がGFSI承認スキームを含めたGAP認証の活用を模索し始めたのは2010年前後であるが、その意図とは裏腹に生鮮部門における利用は低調で推移してきた[19)]。そして、2017年以降にもPB商品の調達における認証GAPへの切り替え・本格化が表明されているものの、小売業側の思惑通りには進まない可能性がある。すなわち、生協を含め大手小売業は引き続きGAP認証の利用促進を謳う一方、調達先である国内産地のおかれた状況・対応が桎梏になるのである。まず、小売業側に関連する背景としては、PB

による販売戦略と消費者の嗜好（：鮮度、産地名重視）の齟齬、小売業間の競争の次元（：インショップ重視）や、産地の衰退を背景とした商品の量的な安定調達が今後の最優先事項となる可能性である[20)]。他方の産地側としては、生鮮品PBのコンセプトに置かれている減農薬や有機農産物に関する取り組みが低調であり、また、小売間の競争の基調が店頭価格の低価格訴求に置かれている限り、認証に関する追加費用の取引価格への反映が展望出来ない点を認識していることが想定される為である。

具体的な取引の部面では今後も小売主導（優位）が続くことが想定される一方、PB戦略による小売マーケティング（≒販売戦略）における認証制度を利用したサプライチェーン構築は限定的なものに留まる可能性がある。ただし、既に多国籍に展開している小売業においてはその限りではなく、日本産のPBを含めた商品を海外市場で販売していく可能性もあり、その際に効率的に食品安全のリスク軽減、トレーサビティの充実をもたらすスキームを重用していくことが考えられる。

（2）水産分野における規格・認証の普及状況

1）水産加工場の認証制度導入の過程

国内で生産される養殖水産物の流通は、産地や消費地周辺で一次処理加工を行ったものが多くなっている。そのため、生産段階と加工段階でそれぞれに認証制度が導入される。また、エコラベルでは非認証生産物との区別を徹底させる認証のトレーサビリティが求められるため加工段階・流通段階の管理認証（Chain of Custody）も必須となる。

国内における養殖水産物を扱う水産加工場の認証制度の普及は、1997年にアメリカの法改正による水産加工場のHACCP導入がきっかけに始まった。80年代から九州のブリ養殖産地ではアメリカに輸出を行なっており、対応を求められた。当時は国内にCodex-HACCPに基づく認証制度がなく、海外の認証スキームを利用していた。98年には厚生労働省、水産庁、一般社団法人大日本水産会（以下、大日本水産会）等によって制度がつくられ、国内の審査機関で認証を取得できるようになった。また、2003年にはEU向けの輸出も行われ、同様に水産加工場のHACCP導入が求められた。EUの場合は所管官庁によるフードチェーン全体の公的管理体制が必要で、厚生労働省、農林水産省、水産庁によって制度がつくられ、認定を担う行政機関等によって水産加工場と養殖場等の審査・監視が行われている。養殖水産物を扱う水産加工場では、GFSI承認スキームの取得はあまり行われていない。現状はアメリカまたはEUのHACCPの取得で対応できている。

２）養殖場の認証制度導入の過程

生産段階においては水産加工場のHACCPが求められるなかで、養殖の生産工程にHACCPの概念を導入しようとする国際的な動きがあった。1998年に国内では「HACCP方式による養殖管理マニュアル」が示されたが、輸出をする一部の養殖場を除いて普及しなかった（舞田 2011）。2007年に「対EU輸出水産食品の取扱要領」改正によって一部の養殖場からEU基準の衛生管理の導入が始まった[21)]。同じ頃、農産物と同様に養殖生産においてもHACCP方式ではなく第一次生産現場の管理に適したGAPの導入が検討された。2007年の水産基本計画にはGAPを策定し普及を促進することが明記され、2010年に養殖生産管理手法（GAP手法）の手引きが公表されている。これも広くは普及していないが、一部の地域でGAP手法に基づく、いわゆる都道府県GAP[22)]として利用されている。この他に、JAS法に基づく生産情報公開JASとして2008年に養殖JAS規格が制定されたが、これも一部の取得にとどまる。また、2018年には新たに人工種苗技術による水産養殖産品JASが加わった。GAPやトレサビリティに関する第三者認証の普及が進まないなか、国内向け養殖生産では、産地流通加工企業や大手量販店の生産管理基準に基づいた２者間点検が行われている。

水産資源の管理・保全等に関する認証の普及も少しずつ始まっている。国内発の漁業を対象とした認証制度として国内の水産関連企業・団体等により2007年にマリン・エコラベル・ジャパン協議会（MEL）が設立された。背景には国内に国際認証が進出しはじめたこと、その認証基準が欧米の漁業・養殖業に基づいており、漁業環境の異なる国内生産者が取得するには大きな困難がともなうこと、審査・認証費用が高額であるという課題に対応する必要性があった。さらに、2014年には一般社団法人日本食育者協会が養殖業を対象としたAEL（Aquaculture Eco-Label）を設立、2018年にMELと統合し、GSSI承認を目指した。このことは、輸出政策の一環として位置づけられるが、大きな契機となったのは、東京オリンピック・パラリンピックの食材調達基準にGSSI承認スキームが求められたことにある。2019年、MELはGSSIの承認を受け、世界９番目、アジアでは初の承認スキームとなった[23)]。

３）エコラベル認証の普及

2006年頃から国内の大手小売業がPB商品で海外産水産物を使ったエコラベル認証製品の販売を始め、順次取り扱いを増やしていくことを公表した。これを受けて、2008年には日本で初めて漁獲漁業における水産エコラベル認証（MSCとMEL）の取得が始まり、養殖漁業では2014年にAEL、2016年にはASCの取得が始まっている。ASCについては、WWFジャパンが2009年からブリ類の審査基準の策定を開始し、2016年にブリ・スギ類基準が発行された。海外の認証制度ではあるが、世界のブリ類養殖の９割は日本が占めており、日本の関係者が参加できるよう基準策定会議は日本でも２回行われた[24)]。**表13-5**からは、認証数そのものは多くはないが、漁業認証よりも養殖認証

表 13-5　国内のエコラベル認証の取得数

	MEL*1			MSC*2		ASC*3	
	漁業認証 Ver2.0 認証数	養殖認証 Ver1.0 認証数	CoC 認証 Ver2.0 認証数	認証取得漁業数	CoC 認証取得者数	認証取得者数	CoC 認証取得者数
2019	2	11	11	6	266	62	132
2020	5	35	42	7	301	68	149
2021	11	49	84	12	305	90	141

資料：各認証団体 HP より筆者作成
注：1）2021 年 10 月 14 日現在
　　2）2021 年 8 月 31 日現在
　　3）2021 年 9 月 1 日現在

の方で増えていることがわかる。認証取得の主な理由は、欧米市場に向けた輸出を積極的に展開しようとしている、エコラベル認証水産物の取り扱いを増やしたいと考える国内量販店との取引がある、水産資源の管理・保護を積極的に行っていることをPRすることによる産地ブランドの強化などである。

5．規格・認証制度問題と農産物市場・流通のこれから

本章では、農産物市場・流通のグローバル化に拍車がかかった2000年代以降の規格・認証制度の動向を、農産・水産領域におけるGAP導入過程を中心に検討した。総体的には、流通過程においてグローバルな規模で展開する大手食品関連企業の協働（：CGF、GFSI、SSCI等）の影響力は多大であり、水産領域におけるFAOを起点とした資源管理に関する認証制度の整合化過程はこの点を雄弁に物語っている。今後も食品安全はもちろんのこと、企業の社会的責任、持続可能性に関する認証制度の本格的利用が模索され、官民挙げた普及・導入が進められていく可能性がある。

とはいえ、現在までの国内における農産領域のGAP認証数、なかでも2010年代中葉以降の動向は“認証取得が先ずありき”の施策展開の帰結であり、大手小売業向けの対応は低位に留まると考える。そして、実際の認証取得数が極めて低位な水準に留まる水産領域においても、それは同様といえる。このことは、大型小売業に適合的な合理化、サプライチェーン構築・強化に適合的な規格・認証制度の導入ではなく、輸入品に席巻され価格水準自体が“低空飛行”を続けてきた市場条件の改善、産地ならびに広く農家・漁家を含めた一次産業の持続性の確保が先決なことを示唆している。すなわち、GAP等の規格・認証制度が食品安全、環境保全やその他の社会的要請への対策・解決に一定程度は寄与していくものの、国内産地の市場対応の観点では決してプラスには作用しない可能性が高いことが想定されるが故である。

今後の規格・認証制度を展望すれば、有機農業や環境保全型農業を推進する「みどりの食料システム戦略」と関連した有機認証への注目が高まること

は間違いなく、並行して、GAP認証の官民挙げた啓蒙・普及も引き続き謳われると考える。ただし今日に至る食料･農産物市場の趨勢からすれば、“農業や食を含めた持続可能性”ならびに一層の“効率的な食料生産・消費”の要請と、相反する社会的課題・矛盾が顕在化・激化する可能性が考えられる。それ故、民主的・持続的な食料・農産物流通の形成が急務なのは自明であり、その為にも、本章でみた規格・認証制度の枠外かつ単なる商品購買者に留まる大多数の消費者の意識変革・関与は不可欠であろう。その際、規格・認証制度の光と影を見据えていくことは強調しても余りある点である。

注

1）本稿で対象とする認証制度は、第三者認証制度とする。本文中のGAP認証はGLOBAL.G.A.P.（：GLOBALGAP)、JGAPを示す。
2）農業市場論で規格問題を扱った代表的論考として、先駆的業績である佐藤(1977)、および滝澤・尾崎（2000）を挙げておきたい。
3）明治期から戦前期の米穀の規格・検査を扱った主要な文献としては、持田(1970）および玉（2013）を挙げておきたい。
4）従前より使用価値については様々な文脈で論じられてきた。例を挙げれば、使用価値と品質の関連を論じた商品学の代表的文献である河野（1984）や、経済学的観点で使用価値を物と商品に区分して論じた成瀬（1988)、マーケティング論の文脈で石井・石原（1996）による「競争的使用価値」の提起などがある。農産物市場・流通の領域では、市場価格との関連・非関連を論じた河相（2008）や、産直商品を使用価値から論じた野見山（1997）がある。使用価値に関する論点は多様で一概に論じるのは困難であり、ここでは農産物流通と関わって規格化が商品の使用価値あるいは品質を表現する技術・過程である点に留めておきたい。
5）宮村（1997）による食糧問題の文脈で頻発する食品安全問題≒使用価値の瑕疵の原因を農業の資本主義的な発展に求め、HACCPについて「使用価値が使用価値として有効であるような技術進歩」と位置付けた上で市場問題の矛盾激化の示唆や、久野（2008）による「品質にまつわる技術的・定量的評価基準は社会的・政治的なプロセスによって調整されている」との指摘は見逃せない点である。加えて、ハリエット・フリードマン（2006）が提唱する企業・環境フード・レジームの重要なファクターとして認証制度を捉えている点も見落とせない。
6）青果物を対象に農業経営論を軸とした徳田（1997)、産地マーケティング論からの佐藤（1998）では、食味の規格の導入を1990年代以降の流通再編に適合した対応という点で肯定的な評価がなされている。他方、例えば米類を対象とした拙稿（2015）では成果と限界にも検討を加えた。

7）小売業主導のサプライチェーン形成との関わりで流通論の観点で論じた木立（2009）（2011）（2014）の一連の論考では、サプライチェーンにおける組織間の協働や信頼、ならびに付加価値や価値創造の目標の共有、当事者間の取引の公平・公正性の必要性が述べられている。

8）本章で扱うGFSI規格以外にも、プライベート・スタンダードは幾多も存在する。欧州の動向を分析した李他（2019）も参照されたい。

9）CIES時代については、中嶋（2004）や藤本（2012）に詳しい。

10）FSSC22000は2014年の645工場から2,801工場（：2021年8月時点）へと、ISO22000を上回る水準に達った。また、製造段階と加工段階を包含するSQFは、2014年の74件から2021年には約500件（:工場）へと伸長した。

11）PBの店頭価格引き下げは、消費者の低価格志向と消費税の税率改正の影響が多大にあると考える。2014年時点で、公正取引委員会が日本スーパーマーケット協会に対してPBに関する取引の公正化の要請を提示している。

12）FAO（2003）*FAO's Strategy for a Food Chain Approach to Food Safety and Quality:A framework document for the development of future strategic direction*, Rome

13）FAO（2011）*Technical Guidelines on Aquaculture Certification*, Roma

14）2016年にはアイスランドの責任ある漁業、アラスカの「責任ある漁業管理」、2017年にはMSC（Marine Stewardship Council）、BAP（Best Aquaculture Practices）、2018年にはGLOBALGAP（水産）、ASC（Aquaculture Stewardship Council）、ルイジアナの「G.U.L.F.責任ある漁業管理」、2019年には日本のMELを承認した。

15）農林水産省において2008年より進められたGAP導入・推進に関わる諸種の検討会等の議事録を参照した。

16）農業生産法人が独自販売の際、取引先の信用を得るために食品安全対策・リスク管理等の証明として認証を取得したケースも多いことが推察される。徳島県における調査では、東京五輪で産品のPRを目的にGLOBALGAPを取得した後、産品の納入ルート・方法を模索していた事例がみられた。

17）総じて産地段階におけるGAP認証導入を対象とした研究は、その導入・推進を前提とし、メリットを強調するものが多いが、拙稿（2012）では認証取得に伴う販売面・費用負担を考察した。近年では団体認証取得による農協組織と大規模経営体の関係構築・意義を考察した高橋・岩崎（2019）が注目される。

18）農林水産省「平成29年度食品産業動態調査関係（国産原材料使用実態等調査・分析業務）調査結果報告書」を参照した。なお、先駆的なGLOBALGAP取得産地であるJAとうや湖調査（2017年）では、取引条件には反映されないものの、産地の信頼度が増したことで、供給過剰の際に他産地よりも優先的に取引が実現出来る点がメリットして挙げられた。
19）2017年時点で、A社が展開するPB農産物のうち認証を取得したものは２割程度に留まっていた（北海道新聞朝刊P11、2017年４月20日付）。
20）筆者が実施した関西圏の複数の主要卸売業者への調査（：2016年）によれば、産地におけるGLOBALGAP等の認証取得の重要性は認識していた一方、都市近郊を中心とした産地の衰退を背景に、確実な商品調達を実現するために大手小売業者のバイヤーが産地訪問の頻度を増やしていることも聞かれた。
21）2020年３月時点で西日本を中心にブリ、マダイ、マグロなどの106養殖場が認定されている。
22）長崎県の「適正養殖業者認定制度」、鹿児島県の「かごしまの農林水産物認証制度（K-GAP）」、静岡県の「しずおか農水産物認証制度」、NPO法人セーフティー・ライフ＆リバーの「宮崎産ウナギ適正養殖規範」などがある。
23）MELHPよりhttps://www.melj.jp/
24）ASCHPよりhttps://www.wwf.or.jp

参考文献

藤本誠（2012）「「GFSIの現状と考察」第6回～「食の安全」における新潮流～」，㈶食品産業センター『明日の食品産業』2012年7月号，pp.28-34.
ハリエット・フリードマン（2006）『フード・レジーム―食料の政治経済学―』（渡辺雅男・記田路子訳）こぶし書房.
橋本直史（2012）「国内青果物産地における量販店GAP導入・進展の影響に関する考察―北海道とうや湖農協を事例として―」『農業市場研究』21（2），pp.9-19.
橋本直史（2015）「「北海道米における「内部規格」導入の影響に関する考察―ホクレンの集荷・販売対応―」『農業市場研究』23（4），pp.1-12.
久野秀二（2008）「多国籍アグリビジネスの事業展開と農業･食料包摂の今日的構造」農業問題研究会編『グローバル資本主義と農業』筑波書房，pp.81-127.
石原広恵（2018）「水産物の認証制度とその政治性」『水産振興』52（7）.
石井淳蔵・石原武政編著（1996）『マーケティング・ダイナミズム―生産と欲望の相克―』白桃書房.
河相一成（2008）『現代日本の食糧経済』新日本出版社，pp.159-187.
河野五郎（1984）『使用価値と商品学』大月書店.
木立真直（2009）「小売主導型食品流通の進化とサプライチェーンの現段階」『フードシステム研究』16（2），pp.31-44.
木立真直（2011）「食品小売市場の再編と小売主導型流通システム―PB供給をめぐる関係性を中心に―」『農業市場研究』20（3），pp.24-34.
木立真直（2014）「食品市場における品質問題と食関連企業の輸入調達行動」『農

業経済研究』86（2），pp.120-126.
工藤春代（2020）「食品安全監視システムの構築―ドイツのケースと日本の課題―」新山陽子編『フードシステムの未来へ２　農業経営の存続、食品の安全』昭和堂，pp.200-224.
李哉泫・森嶋輝也・清野誠喜（2019）『EU青果農協の組織と戦略』日本経済評論社.
舞田正志（2011）『安心安全のための養殖管理マニュアル』緑書房.
宮村光重（1997）「農業問題をめぐる食糧問題」日本農業市場学会編集『農業市場の国際的展開』筑波書房，pp.29-53.
持田恵三（1970）『米穀市場の展開過程』、東京大学出版会.
中嶋康博（2004）『食品安全問題の経済分析』日本経済評論社.
中嶋康博（2012）「GAPの機能と国際的要素」斎藤修・下渡敏治・中嶋康博編『東アジアフードシステム圏の成立条件』農林統計出版，pp.265-288.
成瀬龍夫（1988）『生活様式の経済理論―現代資本主義の生産・労働・生活過程分析―』御茶の水書房，pp.133-150.
新山陽子（2010）「食品安全のためのGAPとは何か」『農業と経済』76（7）pp.5-15.
野見山敏雄（1997）『産直商品の使用価値と流通機構』日本経済評論社，p.17.
滝澤昭義・尾崎亨（2000）「物流家庭の再編と食料・農産物市場」滝澤昭義・細川充史編『流通再編と食料・農産物市場』筑波書房，pp.131-153.
玉真之介(2013)『近現代日本の米穀市場と食糧政策―食糧管理制度の歴史的性格―』筑波書房.
徳田博美（1997）『果実需給構造の変化と産地戦略の再編―東山型果樹農業の展開と再編―』農林統計協会.
佐藤和憲（1998）『青果物流通チャネルの多様化と産地のマーケティング戦略』養賢堂.
佐藤治雄（1977）「農産物市場における選別、輸送,保管機能」川村琢・湯澤誠・美土路達雄編『農産物市場の再編過程』農山漁村文化協会，pp.315-343.
高橋昭博・岩崎真之介（2019）「農協連合会によるGAP団体認証取得の意義と参加農業経営体に与える影響―大規模法人経営体を対象とした全農みやぎの取り組みを事例として―」『協同組合研究』40（2），pp.23-31.
ウィラード・W・コクレン（1963）『農産物価格論』（山下貢訳）農政調査会pp.103-133.
山尾政博（2017）「「責任ある漁業」から水産物のグローバル認証へ」『農業と経済』83（9），pp.63-67.

（橋本直史・天野通子）

編者・著者一覧

編者　木立　真直（中央大学）・坂爪　浩史（北海道大学）

序　章　　木立　真直（きだち　まなお）　中央大学
第１章　　徳田　博美（とくだ　ひろみ）　名古屋大学
第２章　　小林　茂典（こばやし　しげのり）　石川県立大学
第３章　　佐藤　和憲（さとう　かずのり）　東京農業大学
第４章　　小池（相原）　晴伴（こいけ　はるとも）　酪農学園大学
第５章　　坂爪　浩史（さかづめ　ひろし）　北海道大学
第６章　　戴　容秦思（だい　ようしんし）　摂南大学
第７章　　野口　敬夫（のぐち　たかお）　東京農業大学
第８章　　佐藤　信（さとう　まこと）　北海学園大学
第９章　　櫻井　清一（さくらい　せいいち）　千葉大学
第10章　　脇谷　祐子（わきや　ゆうこ）　就実短期大学
第11章　　末永　千絵（すえなが　ちえ）　秋田県立大学
第12章　　杉村　泰彦（すぎむら　やすひこ）　琉球大学
第13章　　橋本　直史（はしもと　なおし）　徳島大学
　　　　　天野　通子（あまの　みちこ）　愛媛大学

講座　これからの食料・農業市場学　第３巻

食料・農産物の市場と流通

2022年7月1日　第１版第１刷発行

編　者　木立　真直・坂爪　浩史
発行者　鶴見　治彦
発行所　筑波書房
東京都新宿区神楽坂２－16－５
〒162－0825
電話03（3267）8599
郵便振替00150－３－39715
http：//www.tsukuba-shobo.co.jp

定価はカバーに示してあります

印刷／製本　平河工業社

ISBN978-4-8119-0630-0 C3033